沼液农业利用理论与实践

伍钧 杨刚 沈飞 著

科学出版社

北京

内 容 简 介

本书针对我国西南地区主栽作物轮作模式，开展了沼液还田多年定位研究，是作者团队长期从事沼液肥料化教学及科研的成果总结。本书全面、系统地介绍了畜禽粪便沼液基本肥料特征、相关利用途径和潜在的环境风险；此外，基于水稻-油菜的轮作模式，研究了当季沼液还田对水稻和油菜产量、品质的影响及对土壤肥力性能的改善，并系统地评价了介入重金属对大米和油菜籽的食品安全风险和土壤环境质量的影响；另外，本书对三年长期施用沼液对大米和油菜籽的品质、土壤环境质量和土壤微生物变化等关键性状进行了定位跟踪观测，明确沼液还田在西南水稻-油菜轮作模式下，土地的沼液承载量。

本书可供从事畜禽养殖废物资源化、生态农业、农业资源利用等领域的高等院校师生、研究人员、管理人员和技术推广人员参考阅读。希望本书的出版能为我国农业生产中种养循环模式的发展发挥积极推动作用。

图书在版编目(CIP)数据

沼液农业利用理论与实践 / 伍钧, 杨刚, 沈飞著. —北京：科学出版社，
2019.6
ISBN 978-7-03-060320-3

Ⅰ.①沼⋯　Ⅱ.①伍⋯　②杨⋯　③沈⋯　Ⅲ.①有机肥料–液体肥料–农田
–利用–研究　Ⅳ.①S141②S28

中国版本图书馆 CIP 数据核字（2018）第 298810 号

责任编辑：华宗琪 / 责任校对：彭　映
责任印制：罗　科 / 封面设计：墨创文化

科学出版社出版

北京东黄城根北街16号
邮政编码：100717
http://www.sciencep.com

成都锦瑞印刷有限责任公司印刷

科学出版社发行　各地新华书店经销

*

2019 年 6 月第 一 版　　开本：787×1092 1/16
2019 年 6 月第一次印刷　　印张：17
字数：400 000
定价：136.00 元

《沼液农业利用理论与实践》
著者名单

主要著者：伍　钧　杨　刚　沈　飞

著者成员：徐　敏　唐　微　杨　琴　李　艳

　　　　　刘　敏　李小宇　张璘玮　冯丹妮

　　　　　王静雯　吕汶霖　赵麒淋　陈璧瑕

　　　　　卢多威　毛晓月　张智慧　罗　伟

　　　　　赖　星　肖　亨

前　言

近年来，随着中国沼气行业的快速发展，沼气工程（即：厌氧发酵处理技术）对新农村建设的贡献和农村清洁能源的供应在不断增加。沼气工程作为一种处理废弃物、回收再生能源的环境工程技术，不但能够有效合理地利用农业废弃物来解决部分农村能源短缺问题，而且还能在改善农业生态环境，保护森林资源，促进生态与经济系统良性循环等方面作出贡献，是一项带动农民脱贫致富，实现社会、经济、生态效益相统一的生态建设工程，对当代推动生态型农业发展有着重要意义。

现代农业种植模式下，农户过分追求作物高产而向土壤投入的过量化肥，已引起土壤不同程度的板结，原始肥力下降显著，且随着雨水的冲刷，化肥流失严重，污染了地表水和地下水。农业生态环境恶化，农产品品质下降，生产成本大幅度上升问题凸显。随着农业结构的调整和新农村建设的实施，规模化、集约化畜禽养殖业发展迅速，养殖废水猛增，这是农村水污染的主要来源。沼气工程作为处理农村生活污水和畜禽养殖废水的主要技术，在此得到了广泛有效的利用。沼液是沼气工程中人畜粪便和农作物秸秆等有机物经厌氧池厌氧发酵后的固液残余物。沼液成分复杂，因发酵原料种类、配比和发酵条件不同而有所差异，其含有较高浓度的化学需氧量（chemical oxygen demand, COD）、总氮、总磷，且其中的氨氮易挥发，产生异味，这些发酵残余物若不加以利用、随意排放，势必会导致较高的环境污染风险，不仅造成资源的浪费，还将成为新的农业污染源，影响我国农业的可持续发展。2016年我国畜禽粪便年产生量约38亿t，但安全利用率不到50%，畜禽污染跃居农业污染源之首。因此，如何将沼液有效合理地利用在农业生产上成为亟待解决的问题。

沼液是利用畜禽养殖粪便、废水和作物秸秆经厌氧发酵而来，其组分受养殖场喂养饲料的影响很大。近年，采用配合饲料养殖畜禽的农户越来越多，沼液所含成分及其所占的比例发生了明显改变，除含有以往的营养成分外，还增加了重金属、致病菌、农药残留物等危害性物质。研究表明，沼液中所含的重金属、抗生素、激素等有毒有害物质，其含量与喂养方式及发酵原料密切相关。若发酵过程管理不善，沼液中还会存在致病菌。因此，在施肥过程中，控制好沼液的施用量至关重要，若过多施用，会造成重金属、抗生素等物质在土壤中累积，再通过食物链转移到农产品中，导致农产品污染，品质下降；若过少施用，虽然重金属、抗生素等物质在土壤中的含量得到一定控制，但由于营养成分相对减少，将不能满足作物正常生长的需求。因此，开展沼液农业利用研究对于沼液的有效利用、畜禽养殖业的可持续发展都具有重要意义。

本书在国家科技支撑项目"南方山丘区沼液生态达标处理型沼气工程示范"（2008BADC4B04）和四川省科技支撑计划项目"乡村生产生活废弃物能源化利用技术体

系研究与示范"（2014NZ0045）的支持下，通过多年的田间定位试验，探讨了水稻－油菜轮作体系下，沼液农用对土壤环境质量和水稻、油菜品质的影响。研究成果可为沼液施用模式、沼液农用土壤承受力研究和沼液安全农用标准的建立提供数据支撑和科学依据。可供从事农业环境保护和农业废弃物利用领域的高等院校师生、研究人员、管理人员和工程技术人员参考。

本书素材主要来源于四川农业大学环境学院承担的多项项目，以及伍钧教授指导完成的多篇硕士学位论文和发表的学术期刊论文，在此对参与此项工作的研究人员和研究生表示诚挚的谢意。本书在编写的过程中，参考了大量国内外同行专家及学者撰写的著作和论文，在此表示深深的谢意。科学出版社的华宗琪编辑对本书的撰写给予了热情的帮助和指导，在此表示感谢。

由于本书内容涉及面较广，加之编者学识和水平有限，书中难免存在疏漏和不足之处，敬请专家和读者批评指正。

目　　录

第 1 章　沼液特性及农用现状

1.1　沼气发酵的国内外现状

1896 年，英国埃克塞特市用马粪发酵制取沼气点燃街灯是人类首次开发应用经济型生物能源。1936 年，英国首先在泰晤士河畔的废水工厂中应用厌氧消化技术，并将回收的沼气用作本厂的补充能源。但直到 20 世纪 70 年代，随着世界性能源危机和环境污染问题的产生，利用厌氧消化器分解各种有机物来获得能源并资源化处理利用废弃物的沼气发酵系统才真正引起人们的关注[1]。沼气技术在实现废弃物资源循环利用，改善农村能源、环境、卫生条件等方面发挥着巨大作用，而且还能减少温室气体的排放。沼气技术的这些作用日益受到世界各国政府的重视，沼气发酵处理畜禽粪污的卫生效果和缓解能源危机的潜力成为许多国家应用和推广沼气技术的重要动力[2-5]。这有利于世界经济朝着可持续、循环型和可再生能源的方向发展。

据国际能源署 2010 年统计数据[6,7]，经济合作与发展组织成员国 2008 年沼气产量为 265 亿 m^3。到 2009 年，欧盟 25 国生产了约 840 万吨油当量沼气(约 167 亿 m^3 沼气)，其中市政、工业污泥厌氧消化所产沼气占 12%，垃圾填埋所产沼气占 36%，市政固体废弃物沼气工程、分散农场沼气工程、集中联合发酵沼气工程所产沼气共占 52%。德国是欧洲沼气工程发展最好的国家，在 2009 年，生产了 450 万吨油当量沼气，占欧洲沼气产量的 50%，沼气发电量占欧洲总量的 50%，截至 2009 年底，沼气工程已达 5000 座。英国 2009 年沼气产量约为 35 亿 m^3，其中填埋沼气为 29.5 亿 m^3，占总量的 86%。意大利作为欧洲第四大沼气生产国，农业沼气是其沼气工程发展的主力，2009 年产量达 44.5 万吨油当量(约 8.9 亿 m^3)。美国作为全球最大的能源消费国，其沼气规模位居欧美前列，在 20 世纪 80~90 年代，建造了 140 座沼气工程，2009 年产沼气约 101.9 亿 m^3。据美国环境保护署 2010 年数据，美国沼气工程的平均投资为 100 万美元。沼气在印度有着很长的使用历史，但真正得到发展是在 1981 年提出沼气发展国家计划之后。此计划在 1985~1992 年间取得了巨大发展，在此阶段，每年都有 16 万~20 万口农村沼气池被安装利用。

与欧美国家相比，我国沼气工程整体技术水平和经济效益差距明显。中国沼气建设起步于 1970 年，经历三个阶段。1973~1983 年，为高速发展与回落阶段，政府急于解决农民生活燃料短缺问题而在全国推广沼气。1976 年达到高潮，当年统计推广 257 万户，紧跟着是大回落阶段，从 700 多万户回落到约 400 万户。1984~1991 年，为调整阶段。该阶段重视沼气工程技术系统研究，暂时放慢发展速度。1992~1998 年，为回升发展阶段，每年建池在 50 万户左右。截至 2002 年底，我国户用沼气池达 1110 万口，年产沼气

37 亿 m³，综合利用率达 50％以上；生活污水净化沼气池累计 12 万处，年处理污水 385 万 t；以处理规模化畜禽场粪污为主的大中型沼气工程累计 1560 处，总容积达 77 万 m³，年产沼气 1.9 亿 m³，年处理粪污 5000 万 t[8]。成都凤凰山畜牧场沼气工程是我国最早的养殖场沼气工程，具有很强的代表性。现今，我国每年养殖场沼气工程建设投资达 10 亿以上规模。全国沼气用户超过 4000 万户，沼气工程达 7.27 万处，其中小型沼气工程为 4.53 万处，中型沼气工程为 2.28 万处，大型沼气工程为 4634 处，形成的年节能相当于 2400 多万吨标准煤，减排 CO₂ 约 5000 万 t，减排化学需氧量（chemical oxygen demand，COD）约 76 万 t。

　　沼气具有高效、清洁、可再生、安全四大特征。在我国，沼气研究是与沼肥综合利用、废弃物资源化处理、生态环境保护等活动紧密联系的。目前，世界经济正朝着可再生能源、循环型经济和可持续发展的方向发展，因此沼气工程在实现废弃物资源回收利用，生物质多层次利用，改善农村能源经济、环境卫生条件，减少温室气体排放等方面逐渐引起世界各国的重视。

1.2　沼液的成分

　　沼液是发酵后残留的液体，主要包括发酵过程中分解释放的有机、无机盐类，如钾盐、磷酸盐等可溶性物质，总固体含量小于 1％。由于发酵物长期浸泡在水中，一些可溶性养分自固相转入液相，提高了速效养分含量[9]。沼液不仅含有丰富的氮（0.03％～0.08％）、磷（0.02％～0.07％）、钾（0.05％～1.40％）等大量常量营养元素和钙、铜、铁、锌、锰等微量营养元素，还含有丰富的氨基酸、B 族维生素、各种水解酶、某些植物激素、对病虫害有抑制作用的物质或因子等[10]，在工农业生产和生活中应用广泛。此外，人们发现沼液能显著地改善土壤环境，有效地调节土壤中的水、肥、气、热，促进土壤生态环境良性循环。

1.2.1　丰富的营养元素和矿物质元素

　　沼气发酵原料中的营养元素在发酵完成后基本已转化为简单的、易于动植物直接吸收的状态。因发酵原料的差异，沼气发酵残留物中各种养分的含量有所差异，具体参见表 1-1。

表 1-1　沼气发酵残留物中矿物质元素的含量　　　　　　单位：mg/kg

元素	粪便＋秸秆（沼液）	猪粪＋稻草（沼液）	猪粪＋稻草（沼渣）	人畜粪＋玉米秸秆（沼液）	猪粪（沼液）	粪水（沼渣）
铁(Fe)	0.82	9.87	44.3	3.406	10.4	1.6
锌(Zn)	0.39	2.558	35.09	0.618	2.45	4.5
铜(Cu)	0.13	0.662	8.768	0.105	1.62	0.80
镍(Ni)	<0.04	0.1170	1.009	0.018		
钒(V)	0.003		0.11			

元素	粪便+秸秆（沼液）	猪粪+稻草（沼液）	猪粪+稻草（沼渣）	人畜粪+玉米秸秆（沼液）	猪粪（沼液）	粪水（沼渣）
锰(Mn)	1.27	3.309	69.35	0.696	1.39	0.30
铬(Cr)	0.02	0.148	1.62		<0.02	
钴(Co)	<0.02	0.46	0.349		0.027	
硼(B)	0.52	0.362	1.15			
锂(Li)	0.03	0.06	0.699			
铝(Al)	3.41					
钡(Ba)	0.35	0.668	1.164		0.27	
钛(Ti)						
硒(Se)						0.0028
镁(Mg)		125.8	164.6			49.0
钙(Ca)		397.6	338.2	237		130
磷(P)	56.88	112.9	29.35	20.1	113	43.0

1.2.2 B 族维生素类

沼气发酵残留物中含有丰富的 B 族维生素。目前，人们已测定了不同发酵原料的沼气发酵残留物中 B 族维生素的含量，见表 1-2。

表 1-2 沼气发酵残留物中 B 族维生素的含量

样品	B_1	B_2	B_5	B_6	B_{11}	B_{12}
秸秆+粪便的沼液/(mg/L)	0.089	0.022		0.53	0.078	0.0093
玉米酒糟/(mg/kg)		2.91	36.50			2.65
玉米酒糟的 MFR/(mg/kg)		3.89	72.56			21.66

注：MFR(methane fermentative residues)为沼气发酵残留物。

1.2.3 生物活性的物质

沼气发酵过程中微生物的复杂代谢产生一些具有生物活性的物质，如氨基酸类、B 族维生素类、植物激素类、抗生素类、抗冷物质和各类水解酶类等。

1. 氨基酸类

沼气发酵残留物中既有必需氨基酸，又有非必需氨基酸。在对沼气发酵原料和其残留物的氨基酸分析中发现，残留物中各种氨基酸的含量明显增加[11]。1996 年，山东医学院的孟庆国等[12]对鸡粪、猪粪及猪皮汤三种原料厌氧发酵残留液中游离氨基酸的测定结果表明，鸡粪厌氧发酵残留液中氨基酸种类最多，且含量比其他两种残留液高，鸡粪残留液更适于作为饲料添加剂，已测的主要氨基酸含量见表 1-3。

表 1-3　沼液中的氨基酸含量　　　　　　　　　单位：mg/L

氨基酸	天冬氨酸	苏氨酸	谷氨酸	甘氨酸	丙氨酸	半胱氨酸	缬氨酸
含量	12.30	5.42	14.01	8.07	6.56	26.79	12.7

氨基酸	异亮氨酸	亮氨酸	苯丙氨酸	赖氨酸	色氨酸	天冬酰胺+谷氨酰胺
含量	7.16	1.24	12.03	7.65	7.10	356.03

2. B族维生素类

B1、B2、B5、B6、B11 和 B12 等 B 族维生素类可促进植物的生长发育，增加作物抵抗病虫害的能力。日本小野英男于 1950 年就报道了测定酒精沼气残留物中维生素 B12 的含量；美国的石家兴教授研究发现鸡粪沼液中维生素 B12 比原鸡粪高 6 倍；冉隆勋研究发现以猪粪和秸秆、果品饮料、酒精废液为厌氧发酵原料的残留物中维生素含量为 209～1923ng/g[13]。目前，人们已测定了不同发酵原料的沼气发酵残留物中维生素 B1、B2、B5、B6、B11、B12 等的含量[14]。

3. 植物激素、抗生素、腐殖酸

植物激素能有效地促进及刺激植物的生长发育，而多烯类等抗生素则能抑制和杀灭植物病原菌，从而增强植物的抗病能力[15,16]。沼液中的腐殖酸可增加土壤团粒结构，改善土壤理化性质，有效地调节土壤中的水、肥、气、热，促进土壤生态环境的良性循环[17-19]。上海市农科院土肥所于 20 世纪 80 年代在应用沼液进行蔬菜肥效试验时，就注意到沼液中激素的问题，他们应用物理、化学及生物测定等方法多方面探测激素的存在状况，并初步发现沼液中存在赤霉素、吲哚乙酸等激素。目前，已从沼液中检测到细胞分裂素、吲哚乙酸、赤霉素等植物激素，以及多烯类抗生素，同时沼液中还含有大量的腐殖酸。

4. 水解酶类

沼气发酵残留物中存在脂肪酶、蛋白质酶、纤维素酶、淀粉酶等，并具有一定的活性，具体参见表 1-4。

表 1-4　沼气发酵残留物中的水解酶活性

样品	蛋白酶活性	淀粉酶活性	纤维素酶活性
玉米酒糟的 MFR/(100mL·h)	82.35mg 酪素	2678.25mg 淀粉	1775.14mg 葡萄糖
玉米秸秆+人畜粪/(U/mL)	1.43		7.65
猪粪的 MFR/(U/mL)	5.7	15.6	5.6

1.3　沼液的利用途径

沼气综合利用的重点研究方向是沼液的资源化利用。所谓沼液综合利用，是指把沼液多种类、多层次地利用到农业生产中，从而达到降低成本，获得经济、生态等综合效益的技术措施。与其他堆沤方法相比，厌氧发酵处理后得到的沼液有机肥养分含量最高，氮、磷、钾回收率在 90％以上，且养分形态主要为速效态[20]，合理利用将会有不可估量的经济价值和环境价值。沼液资源化利用主要包括肥料利用、生物农药、饲料利用、培养料液四个方面。目前，沼液作为肥料和生物农药使用仍然是沼气工程厌氧发酵残留物的主要利用方式。

1.3.1　肥料利用

目前，沼液应用于各种作物，如粮食、果树和蔬菜等，研究方向大多集中在沼液增产和改善品质的作用上。胡向军等[21]、王卫平等[22]对椪柑树进行沼液喷施和追肥试验，结果表明，沼液可提高椪柑树的坐果率，单株产量增加 44.05％～57.19％；可食率增加 3.75％～8.04％；维生素 C 含量增加 2.12％～16.81％；果实糖酸比显著提高；土壤中总氮、有机质（organic matter，OM）等含量有所增加。Jothi 等[23]和 Yu 等[24]研究发现，施用沼液能够促进番茄生长，提前花果期，有利于提高番茄的产量和品质，并能减轻病虫害。王祥辉等[25]、王月霞等[26]对辣椒施用沼液，发现辣椒叶面喷施沼液有增产效果，辣椒品质得到改善，土壤氮、磷、钾及有机质含量升高，且沼液可全部替代化学肥料施用于辣椒。有研究表明[27]，沼液作用于桃树，对桃树产量及果实品质的影响显著，它能增强桃树叶片与果实的光合作用能力、维持桃树生长平衡、增加果实的糖分与水分，提高果实商品率，其中以 60％喷施、100％根施浓度效果最好。对小麦追施沼液，小麦杆更加粗壮，抗倒伏性更好，亩①产量比追清水加尿素的亩产量增加 10％；比与氮、磷化肥配施增产 20.5％，比单与氮肥配施、磷肥配施分别增产 14.5％、5.6％[28]，且土壤微生物数量和土壤脲酶活性显著提高[29]。张媛[30]等的试验研究表明，在等量氮、磷、钾的条件下，沼液、化肥配施能提高油菜产量，增加油菜籽粒的维生素 C 和还原糖含量，降低油菜籽粒中的硝酸盐含量，从而有效地改善油菜的品质。陈永杏[31]等研究沼液对油菜品质的影响，结果显示，施用低浓度沼液，油菜总糖、维生素 C、粗蛋白等含量分别达 11％、310％、28％，当与化肥配施，与对照相比，硝酸盐含量降低 50％，且亚硝酸盐未检测出。沼液作追肥比单纯用尿素水作追肥应用于油菜生产效果好，明显促进植株生理性状，对角果数、千粒重、角果粒数等产量构成因子具有良好的促进作用，产量提高明显[32]。

目前，沼肥在各种蔬菜（大蒜[33]、生姜[34]、空心菜[35]、小白菜[36]等）和水果（香蕉[37]、甘蔗[38]、西瓜[39]、葡萄[40]、板栗[41]、苹果[42]等）的应用上效果十分显著，沼液在农业生产中的应用地位正在被广泛重视。

1.3.2　生物农药

1. 防治病虫害

沼液因无污染、无残毒、无抗药性而被称为"生物农药"，其在抗病防虫方面的作用

---

① 1 亩≈666.7m²。本书试验中用亩，以符合实际生产中的计量。

已经被发现并经实践证明。沼液中的乳酸菌、赤霉素、叶枯酸、维生素、酪酸、生长素等生物活性物质有促进植株生长和诱导作物抗病性的作用。沼液通过直接喷施及浸种方式有效地抑制、杀灭植物病原菌和害虫，从而减少病虫害的发生，少施或不施化学农药。沼液能有效地抑制猪丹毒杆菌、猪霍乱、沙门氏菌、副伤寒杆菌和大肠杆菌等 17 种致病菌，对青霉和曲霉的抑制效果显著。沼液的抗病防虫原理分四个方面：①沼肥厌氧发酵使原料中大分子矿物质转变为离子态矿质元素，增强作物的抗病害能力；②沼液中生长素、酪酸、乙酸、抗生素、NH_4^+、赤霉素等都是防治作物病虫害的主要因子；③施用后作物周围产生 C_2H_4 和 CH_4 等挥发性气体，形成厌氧保护圈，对病毒、害虫进行生理夺氧，从而将其消灭；④沼液的附着力和渗透力强，与农药混用能快速被植物吸收，直达病灶，消灭病原体。研究表明[43,44]，沼液中含有的成分约有 120 种，极大部分为营养物质，有二十多种成分使得沼液具有防治病虫害的作用。王家品[45]等探索沼液防治白菜主要病害的研究显示，沼液与清粪水灌根相比，白菜黑斑病、霜霉病发生率显著降低，沼液灌根配合使用喷雾对白菜的防效优于沼液灌溉处理，黑斑病的防病效果达 65%。

研究表明，沼液能抑制大多数植物病原真菌，且抑菌率随沼液浓度的增大有所升高。沼液与具有显著药效的多菌灵相比较，防治小麦赤霉病的效果相当，且以喷施 $750kg/hm^2$ 以上原沼液效果最佳[46]。张学琪[47]等的试验研究表明，沼液对西芹病虫害的平均防治效果为 94.2%，西芹增产 29%。姚雍静[48]等对茶树主要病虫害及天敌田间发生量的研究发现，茶园施沼液肥对茶饼病、茶炭疽病和茶假眼小绿叶蝉的防治效果很好，优于清水对照、常规肥及生态肥处理；对茶棍蓟马的防效优于清水对照、常规肥及生态肥处理。另外，沼液对蚕豆枯萎病、甘薯秧苗黑斑病和软腐病、烟草斑点病和花叶病等都有一定的防治效果[49]。

2. 沼液浸种

沼液除含肥料三要素（氮、磷、钾）外，还含有钙、铁、铜、锌、锰、镁等矿质元素及供作物种子萌发及发育所需的各类养分。在厌氧发酵系统中，微生物通过分解发酵原料分泌出多种生物活性物质，如生长素、B 族维生素、赤霉素、腐殖酸等，具有提高作物种子细胞酶活性，促进种子芽生长发育的作用。沼液中的 PO_4^{3-}、NH_4^+、K^+ 等都能通过生理特性或渗透作用浸透到种子细胞中，被作物种子不同程度地吸收。另外，这些离子在作物幼苗生长期，可增强酶的活性，加快养分运输和新陈代谢过程。利用沼液浸种，可促进作物种子破胸、快速杀灭病菌、虫卵，提高发芽率，降低烂秧率，芽壮根粗，长势好，成本花费少，效果好，秧苗抗逆性增强，且还具有明显的抗寒作用。范成五[50]等用沼液浸辣椒种育苗试验显示，经沼液浸种的辣椒产量均高于清水浸种，增产率为 5.17%～9.09%；以沼液浸种 16h 的产量最高，鲜椒产量达 $2429.79kg/667m^2$，增产率为 9.09%。杨闯[51]等对陆地棉种进行沼液处理的试验表明，沼液浸种处理的出苗率高于对照组 0.5%～3.5%；浸种 8h 的陆地棉出苗率最高，为 85.5%。胡建平[52]用沼液进行浸种和育秧，水稻发芽率和成秧率提高，抗病率增强。据研究，低浓度沼液施用有利于作物种子发芽和芽的生长，而高浓度沼液对种子发芽则表现出抑制作用。沼液对香菜、茴香、辣椒、水稻种、小麦种、玉米种的发芽也有显著的影响[53-56]。

1.3.3　饲料利用

沼肥被称为"绿色添加剂"，是畜禽养殖的好饲料。有研究证明，沼液中含有 14 种微量元素、17 种氨基酸，是可再生利用的宝贵资源。作为潜在的新型饲料资源，沼肥正在逐渐受到各国的重视。在动物饲料中适当添加沼液，有加快肥猪增重的作用，一般能提前 15～30 天出栏，用它喂猪不仅不需增加任何成本，还能提高收入；用沼液喂鸡可明显改善鸡的营养、发育，增加鸡的体重，延长产蛋期，提高产蛋量，并对鸡粪便有显著的除臭作用；将沼液与精饲料混合后喂兔，平均每只成年兔增产兔毛 28g；沼液配饲料喂牛，产奶量平均每天增加 2.3～2.4kg，经济效益十分明显[57,58]。郝民杰[59]等研究沼液对蚯蚓生长和繁殖的影响得出，在蚯蚓的生长期，沼液的添加对成年蚯蚓和幼年蚯蚓的生长促进作用明显，但在蚯蚓的繁殖期，沼液的添加将会抑制蚯蚓繁殖及蚓茧的孵化。

1.3.4　培养料液

传统无土栽培技术复杂，一次性设备投入成本高，用作无土栽培的营养液价格高昂，硝态氮含量超标严重，这些都阻碍了无土栽培技术的发展。沼液作为一种优质高效的液体有机肥已在生产上得到广泛应用。研究表明，沼液作为营养液进行无土栽培可行性强。王卫[60]等用沼液、沼渣对辣椒进行无土栽培，得出沼液、沼渣无土栽培能明显提高辣椒果实中维生素 C 含量、可溶性糖和可溶性固形物含量，降低辣椒硝酸盐含量，提高辣椒产量。以沼液作为营养液无土栽培甜瓜，甜瓜株高、开展度、根茎粗均高于土培，产量比土培增加 87%，单果质量也大，而且还能有效地避免甜瓜土传病害枯萎病的发生，病毒病、白粉病和蔓枯病的发病情况也得到明显改善[61]。利用沼液进行无土栽培时，不能单施，要根据作物营养需求适当添加营养物质。

1.4　沼液农用对土壤环境的影响

1.4.1　对土壤环境质量的改良作用

土壤是指具有肥力特征，能够供人类和生物生存，厚度一般在 2m 左右的陆地疏松表层。1995 年，美国土壤学会把土壤质量定义为，在自然生态系统或人为管理的生态系统范围内，土壤具有维持动植物正常生长，保持和提高水、气质量及人类健康与生活的能力。近年来，随着耕地利用强度加大，农业化学水平的提高，大量化肥及喷洒的农药散落到土壤环境中，使得土壤退化现象变得日趋严重。为了防止耕地土壤退化，确保粮食安全，寻求科学合理的施肥模式显得极为重要。沼液营养成分丰富，对环境副作用小，其作为新兴肥料应用于农业的研究正在逐渐受到重视。沼液对土壤的改良作用主要体现在土壤肥力、土壤微生物、土壤酶活性三个方面。

1. 对土壤肥力影响

沼液是一种优质高效的液态有机肥，其含有的营养物质不仅能促进作物生长，而且能提高土壤肥力。试验结果表明[62-64]，施用沼液能调节耕层土壤 pH，改良碱性土壤，改善土壤结构，显著增加土壤相对密度及土壤有机质、全氮、全钾、全磷、硝态氮等物质。长期施用有机肥能改善土壤肥力，土壤有机碳含量增加，土壤生物学活性增强，土壤化学及生物学性质提高，为作物生长提供更好的土壤环境条件和物质基础[65-67]。倪亮[68]等研究沼液施用对土壤质量和生态安全的影响，结果表明，在等氮、磷、钾养分条件下，纯沼液灌溉、沼液化肥配施均能改善土壤肥力，重金属等有害元素含量在国家土壤环境质量标准范围内。而连续 4 年沼液处理的农田土壤全氮、OM、速效氮、速效钾和速效磷的含量均分别比施用化肥的高，这与目前普遍存在的地力下降和土壤结构破坏的情况形成鲜明对比，表明施用沼液可以明显改善农田土壤结构和肥力状况。施用沼液能改善土壤松散性、通透性、缓解土壤墒情，使土壤耕作便易，遇到干旱季节沼液既能当追肥又能作抗旱灌溉[69]。

2. 对土壤微生物影响

土壤微生物是土壤的重要组成部分，是土壤 OM 积累的先锋，它能够转化土壤中难溶性的矿质养分，对土壤性质、肥力的形成有重要作用。由于土壤 OM 的变化过程能够被土壤中微生物提前预测，因而将其作为评价土壤质量优劣的灵敏指标[70]。张无敌等[71]研究沼液对土壤生物学特性的影响，结果表明，沼液施用能使土壤耕作层细菌、放线菌、真菌、酵母菌数量不同程度增加，沼液处理组与对照组相比，微生物多样性指数较高。李轶等[72]研究发现，在保护地生产中，追施沼液有利于土壤中多种微生物的均衡生长，有利于土壤微生物种群的均匀分布。冯伟[73]等研究在等氮量条件下，沼液、化肥配合施用对小麦根际土壤微生物的影响，得到不同施肥方式下小麦根际土壤微生物数量呈现"先减少后增多"的变化趋势，说明若沼液化肥配施得当将能明显增加作物根际土壤微生物数量。

3. 对土壤酶活性的影响

土壤酶是土壤中各类酶的总称，其一般吸附在土壤胶体表面或以复合体形式存在于土壤中，是一种来于微生物、动植物活体及残体，产生特定生化反应的生物催化剂。土壤酶活性是反映土壤生物活性和土壤肥效的重要指标之一。孙瑞莲等[74]研究结果显示，沼液对土壤多酚氧化酶、脲酶、蔗糖酶等的活性改善效果显著，对土壤中作物所需营养物质的矿化作用加强，土壤肥力得到提高[75]。研究表明，随着生育期的推进，不同沼液追施水平下冬小麦根际土壤蛋白酶和脲酶活性均呈 V 字形变化趋势，且适量的沼液追施能有效增强土壤脲酶和蛋白酶活性，其中以 $120kg/hm^2$、$60kg/hm^2$ 沼液追施量效果最显著。另有研究显示，沼渣、沼液配施较沼渣、化肥配施更能提高土壤磷酸酶活性，追施沼液比追施化肥更能提高土壤呼吸强度。

1.4.2　沼液长期农用的环境风险

畜禽粪便作为土壤的改良剂已经有上千年的历史，而作为畜禽粪便厌氧发酵残留物的沼液，其营养价值及安全系数更高，功能更全面，合理使用具有提高作物产量，改善土壤环境等作用。沼液农用一直是处理畜禽粪水最经济有效的措施之一。但目前养殖场畜禽粪水的成分跟以往相比发生了质的变化，由于养殖场缺乏科学系统的管理方式，畜禽养殖户大量滥用和超标使用兽药，在动物饲料中大量加入各种能促进生长和抑制有害菌的微量元素、添加剂，导致沼液各成分比重发生变化，使得沼液长期农用存在一定的环境风险。欧美发达国家 20 世纪 80 年代就开始重视畜禽粪污、沼肥农用对环境污染问题的研究，如对土壤-作物重金属及硝酸盐含量的影响，对地表水、地下水的影响，对大气环境质量的影响，等等。

1.　对土壤-作物重金属及硝酸盐含量的影响

沼液是畜禽粪便与锯末、秸秆等混合在一起，在特定条件下，经厌氧发酵得到的残留液。它成分复杂，营养价值极高，被多功能应用于农业生产中。沼液成分的多样性与发酵原料密切相关。目前，配合饲料被广泛用来喂养动物，而配合饲料不是一般的生态饲料，它里面加入了能促进动物生长和防止动物疾病的添加剂，添加剂中的重金属含量一般都很高，研究表明，砷、锌、镉、铬、铜等元素含量占有相当大的比例[76-79]，而畜禽对其的利用率比较低，只有极少部分被动物吸收，其他的经新陈代谢作用残留于排泄物中，导致排泄物重金属含量超标，进而造成沼肥中重金属含量超标[80]，且沼液中的腐殖酸对重金属具有溶出、吸附和解析等作用[81]。现今，把沼肥作为肥料施入土壤中，使得沼肥中重金属参与土壤圈循环，对环境安全和人类健康产生威胁，加大了沼肥农用的风险。Achiba 等[82]对沼肥处理后的突尼斯石灰土壤进行重金属分析发现，与土壤重金属本底值相比，施用沼肥后的土壤重金属含量明显增加。姜丽娜等[83]通过 3 年定位田间小区试验得出，水稻年消解沼液在 $135\sim540\text{kgN/hm}^2$ 范围内，比化肥组年产量略有增加，稻谷中有害重金属镉、汞、铅、砷含量增加不明显。超过农学需要量 1 倍的沼液作用于农田土壤，土壤重金属积累不显著。赵麒淋等[84]研究不同沼液施用量对土壤-玉米重金属累积的影响，结果显示，种植玉米后的土壤铬、镉、汞含量比清水对照略有增加，铅、砷含量变化幅度小；随沼液施用量增大，玉米籽粒中铅、镉、铬含量增加，汞未检出，砷含量变化不明显，均在国家土壤及食品安全标准范围内。Liu 等[85]通过沼肥灌溉冬小麦试验发现，随着沼肥灌溉量加大，土壤中可交换态和可溶态镉含量下降，无机态和有机态镉含量上升，残余态变化不大。艾天等[86]采用化肥和沼肥两种方式种植生菜，研究结果显示，沼肥组生菜中的砷含量明显高于化肥组，铅含量也比化肥组高。韩晓莉等[87]采用盆栽试验方案，遵循等养分原则研究沼液配方肥施用对油菜籽粒硝酸盐含量的影响，得出，沼液配方肥施用可使油菜籽粒硝酸盐含量降低 $5.6\%\sim17.4\%$，沼液配方肥肥效显著高于无机复合肥。段然[88]等对连施 6 年沼液的土壤进行分析，得出，施用沼液的土壤铜、锌含量升高明显，沼液与土壤重金属含量具有相关性，与对照组相比，施沼液的土壤中重金属含量明显升高。综上，沼液长期施用对土壤-作物的影响还需深入研究。

2. 对水环境的影响

沼液作为有机液态肥应用于农业生产中，对农业环境来说本身就是一种污染源。沼液成分复杂，长期作用于土壤，有毒物质通过农田水分运移，对周围水环境造成潜在的污染风险。研究发现，沼液作用于土壤后，过量的氮素一方面以硝态氮的形式渗透到地下水中，高锰酸盐指数峰值不断向下层迁移，造成土壤、地下水氮污染[89]，另一方面致氨挥发加剧，通过大气湿沉降进入水体，加剧水体富营养化，同时加剧对鱼、虾等水产资源的危害。

3. 对大气的污染

氨态氮是畜禽养殖粪水中的主要氮成分，沼液施用中氨挥发现象比较严重，且随沼液施用量增加而加重。国内对沼液施用后农田环境氨挥发现象的影响研究较少，国外对畜禽粪水农田施用氨挥发现象研究较多，Zhou 等[90]、Hou 等[91]的研究表明，沼液氨挥发量高于化肥处理，且随施用量增加而增大，提出在土壤湿润或淹水条件下可减少氨的挥发，深施、施后旋耕、与土壤混合都可比表面喷施显著降低氨的挥发 30％以上。吴华山等[92]做了猪粪沼液施用对土壤氨挥发损失的研究，结果显示，在对夏玉米和春玉米基施猪粪沼液时，夏玉米土壤氨挥发程度明显高于春玉米，施沼液土壤的氨挥发量大于施化肥土壤的氨挥发量，且挥发量随着沼液施用量的增加而增大。靳红梅等[93]在沼液灌溉蔬菜试验中得出，对菜地施入沼液 48h 内，菜地土壤氨挥发剧增，全生长季氮素损失率和氨挥发总量明显高于化肥。而且还发现，沼液中的可溶性有机碳可能激发土壤微生物活性，加快分解底物中的有机氮，使得土壤氨挥发量增大。氨挥发不仅是沼液施用区空气污染和恶臭的主要原因之一，而且会降低沼液肥效，因此找出控制氨挥发的措施极有必要，今后应该加大降低沼液氨挥发技术的研究力度。

综上所述，国内外对沼液的研究多侧重于对沼肥组分含量、沼肥对作物产量和品质、防病虫害及土壤肥效性影响的研究，对沼肥重金属含量的研究也有相关报道，但研究偏向于沼液短期、单施或配施对农作物及土壤的影响，化肥长期施用对作物产量品质的影响，不同种类施肥方式的比较，而长期定位于水稻-油菜系统的纯沼液利用对作物产量、品质及土壤环境质量的影响的研究尚少。

1.5　基于沼液长期施用对主栽农作物品质及土壤质量影响的核心研究思路

目前，对于沼液还田对农作物产量、品质改善的研究多集中于当季农作物。而土壤环境质量的变化是一个长期的过程。因此，对于沼液农用对主栽农作物品质及土壤质量的影响需要在固定的种植模式下，开展长期的定位试验和跟踪性研究。基于此，本研究基于西南地区典型的稻(水稻)-油(油菜)种植模式，选取典型丘陵地区(四川省邛崃市固驿镇新安乡黑石村三组(东经 103.61°，北纬 30.36°)，开展 3 年定位试验，在定位试验过

程中，对当年当季农作物的产量、品质及土壤环境质量进行跟踪性调查与研究。在 3 年
定位试验研究结束后，对水稻－油菜模式下，沼液连施土壤微生物环境进行调查。基于
此本研究的技术路线如图 1-1 所示。

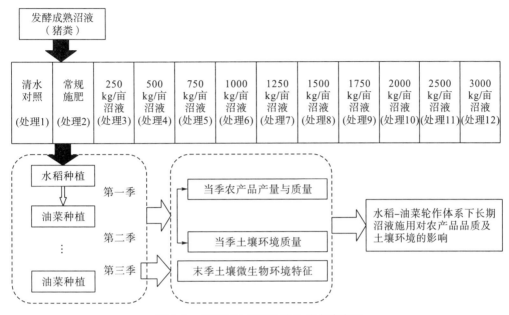

图 1-1　本研究的主要思路及技术路线图

　　在研究过程中，所有研究划定的小区固定，当季农作物均按照当地种植习惯进行田
间管理。当季农产品主要涉及指标和内容主要包括生育期记载、基本植物生理指标、产
量及作物食用品质和重金属含量；土壤环境主要涉及指标包括土壤基本的 pH、有机质、
土壤阳离子交换量（cation exchange capacity，CEC）、氮、磷、钾等基本理化性质及中微
量元素和重金属含量。土壤微生物环境指标主要包括可培养微生物数量、PCR-DGGE 多
样性、土壤酶活性等主要指标。在此基础上，对农产品安全性及土壤环境质量进行评价
和分析。

参 考 文 献

[1] 邓良伟，陈子爱. 欧洲沼气工程发展现状[J]. 中国沼气，2007，25(5)：23-31.

[2] Weiland P. Anaerobic waste digestion in Germany-status and recent development[J]. Biodegredation，2000
　　(11)：415-421.

[3] Akinbami F K，Ilori T O，Oyebisi I O，et al. Biogas energy use in Nigeria：current status，future prospects and
　　policy implications[J]. Renewable and Sustainable Energy Reviews，2001(5)：97-112.

[4] Singh K，Jatinder H，Sooch P，et al. Comparative study of economics of different models of family size biogas plants
　　for state of Punjab，India[J]. Energy Conservation and Management，2004，45(10)：1329-1341.

[5] Omer A M，Fadalla Y. Biogas energy technology in Sudan[J]. Renewable Energy，2003(28)：499-507.

[6] IEA Statistics. Energy balances of OECD countries 2010[R]. 2010－10－18. https：//www. oecd-ilibrary. org/
　　search？value1 ＝ 2010 ＋ energy ＋ balances ＋. Energy ＋ balances ＋ of ＋ OECD ＋ countries&option1 ＝
　　quicksearch&facetOptions＝51&facetNames＝pub _ igoId _ facet&operator51＝AND&option51＝pub _ igoId _

facet&value51=％27igo％2Foecd％27.

[7]IEA Statistics. Energy statistics OECD countries 2010[R]. 2010－10－18. https：//www. oecd-ilibrary. org/
　　search? value1 = Energy ＋ Statistics ＋ OECD ＋ Countries ＋ 2010&option1 = quicksearch&facetOptions =
　　51&facetNames= pub _ igoId _ facet&operator51 = AND&option51 = pub _ igoId _ facet&value51 =％27igo％
　　2Foecd％27.

[8]屠云璋. 沼气产业 2002 年度发展报告[J]. 中国沼气，2003(21)：11-20.

[9]周孟津. 沼气实用技术[M]. 北京：化学工业出版社，2004.

[10]张无敌，周长平，刘士清. 厌氧消化残留物对改良土壤的作用[J]. 生态农业研究，1996，4(3)：35-37.

[11]张夫道，张俊清，赵秉强，等. 无公害农产品市场准入及相关对策[J]. 植物营养与肥料学报，2002，8(1)：3-7.

[12]孟庆国，张铁垣. 厌氧消化残留液中游离氨基酸含量的测定[J]. 氨基酸和生物资源. 1996(3)：34-36.

[13]冉隆勋. 沼肥在桃树节本生产中的应用和评价[D]. 贵阳：贵州大学，2007.

[14]张无敌. 沼气发酵残留物利用基础[M]. 昆明：云南科技出版社，2002.

[15]马文元，郭玉兰. 对沼气发酵残留物中生物活性物质的探讨[J]. 中国沼气，1993，11(002)：50-51.

[16]沈瑞芝. 一种光谱性的生物肥料和生物农药——厌氧功能消化液与植物抗逆性[J]. 上海农业学报，1997，3
　　(2)：89-96.

[17]兰家泉，田启建，罗来和，等. 玉米栽培施用沼渣沼液的肥效试验[J]. 山地农业生物学报，2004，23
　　(006)：475-478.

[18]张美良，彭齐东. 不同肥料结构氮在棉田生态系统中的吸收利用和去向研究[J]. 江西农业学报，2009，21
　　(001)：6-9.

[19]蒋华，王忠义，李忠碧，等. 沼液对番茄－萝卜－芹菜－豇豆产量及品质的影响[J]. 贵州农业科学，2007，35
　　(2)：99-100.

[20]周孟津，张榕林，蔺金印. 沼气实用技术[M]. 北京：化学工业出版社，2005.

[21]胡向军，余东波. 沼液对椪柑生长发育、产量和品质的影响[J]. 中国沼气，2008，26(3)：29-33.

[22]王卫平，路新苗，魏章焕，等. 施用沼液对柑桔产量和品质以及土壤环境的影响[J]. 农业环境科学学报，2011，
　　30(11)：2300-2305.

[23]Jothi G，Pugalendhi S，Poornima K，et al. Management of root-knot nematode in tomato Lycopersicon esculentum，
　　Mill. ，with biogas slurry[J]. Bioresource Technology，2003，89(2)：169-170.

[24]Yu F B，Luo X P，Song C F，et al. Concentrated biogas slurry enhanced soil fertility and tomato quality[J]. Acta
　　Agriculturae Scandinavicaon，Section B-Plant Soil Science，2010，60(3)：262-268.

[25]王祥辉，张明刚. 辣椒叶面喷施沼液的效果[J]. 农技服务，2011，28(7)：979，982.

[26]王月霞，符建荣，王强，等. 沼液农田消解利用对辣椒产量、品质及土壤肥力的影响[J]. 浙江农业学报，2010，
　　22(6)：89-863.

[27]蒋华，石远奎，王中书，等. 施用沼液肥对桃树产量、品质的影响[J]. 中国园艺文摘，2011(10)：26，41.

[28]Gupta R K，Rsharma V，Shrma K N. Increase the yield of paddy and wheat with the application of biogas slurry
　　[J]. Progressive Farming，2002(39)：22-24.

[29]管涛，冯伟，王化岑，等. 追施沼液对冬小麦根际土壤生物活性的影响[J]. 麦类作物学报，2010，30
　　(4)：721-726.

[30]张嫒，洪坚平，任济星，等. 沼液对油菜产量及品质的影响[J]. 山西农业科学，2007，35(5)：54-57.

[31]陈永杏，尚斌，董红敏，等. 猪粪发酵沼液对油菜(Brassica chinensis L.)品质的影响[J]. 中国农业科技导报，
　　2011，13(3)：117-121.

[32]安金燕，蒙建邦，韦忠凯，等. 沼液在油菜生产上的应用效果研究[J]. 现代农业科技，2011(15)：57-61.

[33]刘勇，王敬之，邢小强，等. 施用沼液对大蒜产量的影响[J]. 贵州农业大学，2008，36(3)：145-146.

[34]潘万勇. 生姜大田追施沼肥的效果[J]. 农技服务，2009，26(1)：47，96.

[35]武海英. 蔬菜追肥施用沼液与化肥比较试验[J]. 北方园艺，2006(1)：1-2.

[36]张进，张妙仙，单胜道，等. 沼液对无土栽培小白菜(Brassica chinensis L.)产量及品质的影响初探[J]. 科技通

报，2010，26(3)：407-412.

[37]胡晓燕. 农村户用沼气池建设效益评价——以江苏省涟水县为例(D). 南京：南京农业大学，2005.

[38]蒋华，刘文慈，陆永远，等. 施用沼液对甘蔗产量和品质的影响[J]. 贵州农业科学，2007，35(2)：104.

[39]路新苗，王卫平，魏章焕，等. 不同沼液灌溉量对西瓜产量及土壤环境的影响[J]. 天津农业科学，2010，16(5)：142-144.

[40]李建军. 有机肥、沼液对"红地球"葡萄生长、产量和果实品质的影响[J]. 北方果树，2011(4)：18.

[41]操松林. 板栗增产施沼肥[J]. 湖南林业，2006(10)：16.

[42]许卫娜. 沼气发酵残留物对苹果产量和品质以及土壤生态环境的影响[D]. 杨凌：西北农林科技大学，2008.

[43]杨贵明. 沼气发酵肥料及其在蔬菜设施栽培中的应用[J]. 北方园艺，2004(6)：24.

[44]李正华. 厌氧发酵液的抗病防虫机理及其应用技术研究[D]. 郑州：河南农业大学，2002.

[45]王家品，罗东黔，隆祖燕. 沼液对白菜病虫的防治效果及其产量的影响[J]. 贵州农业科学，2010，38(5)：119-121.

[46]杨闰，徐文修，李钦钦，等. 沼液浸种对陆地棉生长及产量的影响[J]. 新疆农业科学，2009，46(1)：138-141.

[47]张学琪，苏静，张毓麟. 沼气综合利用试验[J]. 宁夏农林科技，2011，52(10)：77-78.

[48]姚雍静，牟小秋，赵志清，等. 施肥技术对茶树主要病虫害及天敌田间发生量的影响[J]. 贵州农业科学，2011，39(9)：84-87.

[49]张无敌，宋洪川，丁琪，等. 沼气残留物防治农作物病虫害的效果分析[J]. 农业现代化研究，2001，22(3)：167-170.

[50]范成五，刘德军，陈量，等. 辣椒沼液浸种育苗效果研究[J]. 江西农业学报，2011，23(1)：77-78.

[51]杨闰，徐文修，李钦钦，等. 沼液浸种对陆地棉生长及产量的影响[J]. 新疆农业科学，2009，46(1)：138-141.

[52]胡建平，苏凤辉，李福明. 利用沼肥栽培杂交水稻的试验浅析[J]. 中国沼气，2011，29(4)：51-53.

[53]张亚莉，刘桂芹，尹立红，等. 沼液浸种对蔬菜生长发育的影响[J]. 北方园艺，2011(06)：41-42.

[54]罗毅，颉建明，郭岩. 沼液浸种对辣椒苗期生长影响初探[J]. 农业科技与信息，2011(15)：36-37.

[55]李积安. 不同浓度沼液浸种对小麦农艺性状和产量的影响[J]. 现代农业科技，2011(16)：39，41.

[56]娄经刚. 水稻应用沼液浸种的效果研究[J]. 现代农业科技，2011(16)：43.

[57]王玉法. 饲料添加沼液对农村育肥猪影响的试验[J]. 福建畜牧兽医，2007，29(3)：11-12.

[58]李秀萍. 沼液沼渣在养殖业中的应用[J]. 现代农业科技，2009(20)：314，318.

[59]郝民杰，张硌，庄松林. 沼液对蚯蚓生长和繁殖的影响[J]. 安徽农业科学，2010，38(25)：13739-13740.

[60]王卫，朱世东，袁凌云，等. 沼液·沼渣在辣椒无土栽培上的应用研究[J]. 安徽农业科学，2009，37(24)：11499-11500.

[61]林碧英. 甜瓜无土(沼液和基质)栽培与土培比较试验[J]. 长江蔬菜(学术版)，2009(20)：52-53.

[62]杨乐，张凤华，庞玮，等. 沼液灌溉对绿洲农田土壤养分的影响[J]. 石河子大学学报，2011，29(5)：542-546.

[63]Gutser R，Ebertseder T，Weber A，et al. Short-term and residual availability of nitrogen after long-term application of organic fertilizers on arable land[J]. Journal of Plant Nutrition and Soil Science，2005，168(4)：439-446.

[64]陈道华，刘庆玉，艾天，等. 施用沼肥对温室内土壤理化性质影响的研究[J]. 可再生能源，2007，25(1)：23-25.

[65]Garg N，Pathak H，Tom R. Use of fly ash and biogas slurry for improving wheat yield and physical properties of soil[J]. Environmental Momitoring and Assessment，2005(107)：1-9.

[66]王慎强，将其繁，钦绳武，等. 长期施用有机肥和化肥对潮土土壤化学及生物学性质的影响[J]. 中国生态农业学报，2001，9(1)：67-69.

[67]王树起，韩晓增，乔云发，等. 长期施肥对东北黑土酶活性的影响[J]. 应用生态学报，2008，19(3)：551-556.

[68]倪亮，孙光辉，罗光恩，等. 沼液灌溉对土壤质量的影响[J]. 土壤，2008，40(4)：608-611.

[69]叶伟宗，成国良，陆宏，等. 沼液对甘蓝产量、品质及土壤肥力的影响[J]. 长江蔬菜，2006(9)：50-51.

[70]Insam H，Mitchell C C，Dormaar J F. Relationship of soil microbial biomass and activity with fertilization practice

and crop yield of three ultisols [J]. Soil Biology and Biochemistry, 1991, 23(5): 459-464.

[71]张无敌, 尹芳, 徐锐, 等. 沼液对土壤生物学性质的影响[J]. 湖北农业科学, 2009, 48(10): 2403-2406.

[72]李轶, 张玉龙, 谷士艳, 等. 施用沼肥对保护地土壤微生物群落影响的研究[J]. 可再生能源, 2007, 25 (2): 44-46.

[73]冯伟, 管涛, 王晓宇, 等. 沼液与化肥配施对冬小麦根际土壤微生物数量和酶活性的影响[J]. 应用生态学报, 2011, 2(4): 1007-1012.

[74]孙瑞莲, 赵秉强, 朱鲁生, 等. 长期定位施肥对土壤酶活性的影响及其调控土壤肥力的作用[J]. 植物营养与肥料学报, 2003, 9(4): 406-410.

[75]Iovieno P, Morra L, Leone A, et al. Effect of organic and mineral fertilizers on soil respiration and enzyme activities of two Mediterranean horticultural soils[J]. Biology and Fertility of Soils, 2009, 45(5): 555-561.

[76]Nicholson F A, Chambers B J, Williams J R, et al. Heavymetal contents of livestock feeds and animal manures in England and Wales[J]. Bioresourse Technology, 1999(70): 23-31.

[77]Cang L, Wang Y J, Zhou D M, et al. Heavy metals pollution inpoutry and livestock feeds and manures under intensive farming in Jiangsu Province, China[J]. Journal of Environmental Science, 2004(16): 371-374.

[78]董占荣, 陈一定, 林咸永, 等. 杭州市郊规模化养殖场猪粪的重金属含量及其形态[J]. 浙江农业学报, 2008, 20(1): 35-39.

[79]王瑾, 韩剑众. 饲料中重金属和抗生素对土壤和蔬菜的影响[J]. 生态与农村环境学报, 2008(24): 90-93.

[80]苏秋红. 规模化养猪场饲料和粪便中铜含量分析及高铜猪粪对土壤的影响[D]. 泰安: 山东农业大学, 2007.

[81]李静, 陈宏, 陈玉成, 等. 腐殖酸对土壤汞、镉、铅植物可利用性的影响[J]. 四川农业大学学报, 2003, 21 (3): 234-237.

[82]Achiba W B, Gabteni N, Lakhdar A, et al. Effects of 5-year application of municipal solid waste compost on the distribution and mobility of heavy metals in a Tunisian calcareous soil Agriculture[J], Ecosystems and Environment, 2009(130):156-163.

[83]姜丽娜, 王强, 陈丁江, 等. 沼液稻田消解对水稻生产、土壤与环境安全影响研究[J]. 农业环境科学学报, 2011, 3(7): 1328-1336.

[84]赵麒淋, 伍钧, 陈璧瑕, 等. 施用沼液对土壤和玉米重金属累积的影响[J]. 水土保持学报, 2012, 26 (2): 251-255.

[85]Liu L, Chen H S, Cai P, et al. Immobilization and phytotoxicity of Cd in contaminated soil amended with chicken manure compost[J]. Journal of Hazardous Materials, 2009(163): 563-567.

[86]艾天, 刘庆玉, 李金洋, 等. 沼肥对生菜中重金属含量的影响[J]. 安徽农业科学, 2007, 35(16): 4890.

[87]韩晓莉, 李博文, 王小敏, 等. 沼液配方肥肥效特点及其对油菜硝酸盐含量的影响[J]. 水土保持学报, 2012, 26(3): 265-268.

[88]段然, 王刚, 杨世琦, 等. 沼肥对农田土壤的潜在污染分析[J]. 吉林农业大学学报, 2008, 30(3): 310-315.

[89]李彦超, 廖新, 林东教, 等. 不同沼液灌溉强度对土壤和渗滤液的影响[J]. 家畜生态学报, 2009, 30 (4): 52-56.

[90]Zhou S, Nishiyama K, Watanabe Y, et al. Nitrogen budget and ammonia volatilization in paddy fields fertilized with liquid cattle waste[J]. Water, Air, and Soil Pollution, 2009, 201(1): 135-147.

[91]Hou H, Zhou S, Hosomi M, et al. Ammonia emissions from anaerobically-digested slurry and chemical fertilizer applied to flooded forage rice[J]. Water, Air, and Soil Pollution, 2007, 183(1): 37-48.

[92]吴华山, 郭德杰, 马艳, 等. 猪粪沼液施用对土壤氨挥发及玉米产量和品质的影响[J]. 中国生态农业学报, 2012, 20(2): 163-168.

[93]靳红梅, 常志州, 郭德杰, 等. 追施猪粪沼液对菜地氨挥发的影响[J]. 土壤学报, 2012, 49(1), 86-95.

第2章 沼液农用对单季水稻品质及土壤环境质量的影响

针对山丘区沼液科学农用的问题，本章以大型养猪场的猪粪尿进行发酵的沼液（COD_{Cr}为7033mg/L，总氮为323.2mg/L，氨氮为290.0mg/L）为原料，以单季水稻为研究对象，在四川省邛崃市以黄壤母质发育而来的水稻土上进行大田种植，设置不同的沼液施用量，以清水和常规施肥为对照，探讨沼液对单季水稻生长发育、产量、品质、食品安全及土壤环境质量的影响，探究适于山丘区水稻种植的沼液施用量。

2.1 材料与方法

2.1.1 试验材料

水稻：T优8086（籼型水稻）。

沼液：生猪养殖场已发酵完全的沼液，发酵原料为猪粪尿，成分见表2-1。

表 2-1 沼液（pH=7.101）成分含量表   单位：mg/L

成分	COD_{Cr}	TN	NH_4^+-N	TP	TK	Fe	Mn	Cu	
含量	7033	323.2	290.0	87.63	330.4	29.25	21.71	13.59	
成分	Zn	Ca	Mg	Pb	Cd	Cr	As	Hg	Ni
含量	20.78	81.27	11.58	0.8718	0.1001	1.256	10.33	0.0386	0.5705

2.1.2 试验地点及条件

试验于2009年5～9月在四川省邛崃市固驿镇新安乡黑石村三组的承包田内进行，地形为浅丘，土壤类型为以黄壤母质发育的水稻土，试验田土壤理化性质及重金属含量见表2-2。

表 2-2 土壤（pH=4.801）基本理化性质及重金属含量表

项目	含量	项目	含量
全氮/%	0.2113	有效 Zn/(mg/kg)	20.71
碱解氮/(mg/kg)	184.83	Ca/(mg/kg)	134.1
速效磷/(mg/kg)	80.44	Mg/(mg/kg)	109.1
速效钾/(mg/kg)	33.13	Pb/(mg/kg)	42.17
有机质/%	4.213	Cd/(mg/kg)	0.4802

项目	含量	项目	含量
CEC/(cmol/kg)[①]	12.21	Cr/(mg/kg)	46.18
有效 Fe/(mg/kg)	688.5	As/(mg/kg)	7.629
有效 Mn/(mg/kg)	55.62	Hg/(mg/kg)	0.1362
有效 Cu/(mg/kg)	17.19	Ni/(mg/kg)	24.69

注：①100cmol＝1mol。

2.1.3　试验设计

研究共设置 12 个处理，3 次重复，包括 1 个清水对照(处理 1)、1 个常规施肥处理 (处理 2)和 10 个纯沼液处理(处理 3～12)，随机区组排列。纯沼液试验小区的沼液总用量分别设计为 250kg/亩、500kg/亩、750kg/亩、1000kg/亩、1250kg/亩、1500kg/亩、1750kg/亩、2000kg/亩、2500kg/亩、3000kg/亩。按照当时当地的耕作情况，移栽前不施基肥，全部用肥均作为追肥分三次施用。追肥采取稳前、攻中、补后的方法进行[1]，用肥比例为分蘖期：拔节期：齐穗期＝5：4：1。具体施肥方案见表 2-3。

表 2-3　施肥方案　　　　　　　　　　　　　　　　　单位：kg/亩

处理	沼液总用量	分蘖肥(栽后 7 天)	穗肥(拔节期)	粒肥(齐穗期)
1	0	0	0	0
2	0	8kg 尿素(TN≥46.4％)，35kg 磷肥(含有机质磷肥，速效磷不小于 12％，有机质不小于 3.0％)，10kg 钾肥(K₂O≥60％)作为分蘖肥一次性全部施用		
3	250	125	100	25
4	500	250	200	50
5	750	375	300	75
6	1000	500	400	100
7	1250	625	500	125
8	1500	750	600	150
9	1750	875	700	175
10	2000	1000	800	200
11	2500	1250	1000	250
12	3000	1500	1200	300

2.1.4　主要栽管措施

2009 年 5 月 15 日翻耕大田并垒埂分置试验小区，小区面积为 4m×5m，小区间垒土埂，宽 30cm，高 20cm，并用塑料膜包埂，防止水肥串流；单排单灌，周围设 1m 宽的保护行；重复间设走道 50cm。5 月 24 日将农户培育的秧苗移栽至大田中，行株距为 25cm ×18cm，每小区栽 15 行，每行 22 穴，合 1.1 万穴/亩，栽时带蘖基本苗 2.5 苗/穴，合 2.75 万基本苗/亩。

田间施肥按照试验设计的用量和时间进行，7 月 22 日始穗，7 月 30 日左右齐穗，8

月 26 日左右收获。其他的栽管措施同大田生产。

2.1.5　调查测定项目与方法

1. 生育期的记载

记录各处理的播种期、栽插期、始穗期、齐穗期和成熟期。

2. 茎蘖生长动态的调查

自移栽后，各小区定点 20 穴，自移栽至抽穗每隔 7 天观察分蘖动态，直至孕穗期。

3. 叶片叶绿素含量

自移栽后 20 天起，每 10 天用叶绿素计（SPAD-502 型）测定叶片（抽穗期前测定心叶以下 1 叶，抽穗后测定剑叶）的叶绿素含量，以 SPAD 读数直接表示叶绿素含量。各小区每次测定 20 片叶片，每片叶片测定上、中、下部 3 点，取平均值。

4. 成熟期叶片光合面积的测定

收获前 10 天，选取生长一致的剑叶，利用长宽系数法计算单株光合叶面积。叶面积 $S = LBK$，其中 L 为叶片的长，B 为叶片宽，K 为校正系数（取 $K = 0.75$）。

5. 干物质的测定

分别于穗分化期、抽穗期和成熟期按小区平均有效茎蘖数（不包括边行）取 5 穴，剪去根后，分叶片、茎鞘和穗 3 个部分称出鲜重，然后于 105℃杀青 1h，75℃烘干至恒重，分别称取各器官干物质重。

6. 收获及考种

各小区实收计产；收获时每处理选取 5 株，用尺子准确测定株高、穗长等，并用万分之一天平称量千粒重，数出其穗粒数，计算出结实率和有效穗数。

7. 大米品质分析

各处理取放置 1 个月以上的稻谷 1kg 测定大米蛋白质（粗蛋白质）、亚硝酸盐、矿质元素及重金属含量。

蛋白质的测定采用半微量凯氏法（LNK-871 型凯氏定 N），测定结果乘以 5.95 换算成蛋白质含量；亚硝酸盐的测定采用盐酸萘乙二胺法；中微量元素和重金属的测定分为两个步骤：①样品预处理，称取精米粉 0.5000g 于 50mL 消化管中，用（4＋1）NHO_3-$HClO_4$ 浸泡过夜，然后在 LabTech EHD36 电热消解仪上以 100℃消解，直至消化管内精米粉全部变成溶液，且管内残留少量红棕色烟，最后升至 180℃赶酸，待管内溶液呈无色透明，且只有 2～3mL，停止消解，待溶液冷却后用 1‰的硝酸溶液全部转入 50mL 容量瓶，同时作空白，定容后用于测定 Fe、Mn、Ca、Mg、Cr、Cd、Ni、Pb，或用 5% 的盐酸溶液转移定容后用于测定 Hg、As；②采用 MKII M6 型原子吸收光谱仪（美国 Thermo Elemental 公司）测定 Fe、Mn、Ca、Mg 等元素含量，AFS-230E 原子荧光光度计（北京海光仪器公司）测定 Hg、As 元素含量。

8. 土壤样品采集、测定指标及分析方法

基础土样采于试验处理前，共采集 15 个点，取样深度为 0～20cm，充分混合后用四分法去掉多余部分，留 0.5～1kg，标好标签带回实验室。处理后土样采于水稻收获后，分小区分别取样。所有土壤样品按照样品处理规程，风干、磨细、过筛后进行基本理化性质、中微量元素和重金属测定，具体分析指标及测定方法[2]见表 2-4。

表 2-4 土壤各指标的测定方法

项目	测定方法
pH	电位法（土水比 1∶2.5）
有机质	重铬酸钾容量法——外加热法
CEC	1mol/L 中性乙酸铵淋洗——蒸馏法
全氮	半微量开氏定氮——蒸馏法
碱解氮	碱解扩散——滴定法
速效磷	0.03mol/L 氟化铵－0.025mol/L 盐酸浸提——钼锑抗比色法
速效钾	1mol/L 乙酸铵浸提——火焰光度计法
有效 Fe、Mn、Cu、Zn	0.1mol/L HCl 浸提——原子吸收光谱法
Ca、Mg	
重金属（Cr、Cd、Ni、Pb）	王水－高氯酸消解——原子吸收分光光度法
重金属（As、Hg）	王水水浴加热——原子荧光分光光度法

9. 沼液测定指标及分析方法

沼液在每次施肥之前采集，按照《水和废水监测分析方法（第四版）》[3]中的方法对沼液中各项指标进行测定，具体方法见表 2-5。

表 2-5 沼液各项目的测定方法

项目	测定方法
pH	电位法
NH_4^+-N	纳氏试剂分光光度法
NO_3^--N	酚二磺酸分光光度法
TN	碱性过硫酸钾消解紫外分光光度法
TP	钼酸铵分光光度法
TK、Na	火焰光度计法
总残渣	差量法
矿质元素（Fe、Mn、Cu、Zn、Ca、Mg）	原子吸收分光光度法
重金属（Cr、Cd、Ni、Pb）	
重金属（As、Hg）	原子荧光分光光度法

2.2　沼液不同施用量对水稻生长发育的影响

2.2.1　沼液不同施用量对水稻生育期的影响

从表2-6可以看出，沼液对水稻始穗期的影响不明显，全生育期最大的相差2天。清水处理的生育期最短，为154天，先始穗，并缩短了生育期，提前早熟。常规施肥处理(处理2)和沼液处理较之清水对照(处理1)，其生育期延长，可能是由施肥引入氮所引起的；对于处理3~12，随着沼液施用量的增加，氮的加入量也增加，当氮的加入量达到一定程度后，其始穗期延迟，全生育期也延长。这可能是氮素可以增强水稻上部三片功能叶的活性，从而延迟水稻的各个生育期和全生育期；而随着沼液施用量的增加，其所带入的氮素不断增加，大量施用沼液所带入的氮素如果过量，还可能出现水稻生长过旺、贪青晚熟的现象[4]。

表 2-6　沼液不同施用量对水稻全生育期及生育时期的影响

处理	播种期	栽插期	始穗期	齐穗期	成熟期	全生育期/d
1	2009-03-24	2009-05-24	2009-07-20	2009-07-28	2009-08-24	154
2	2009-03-24	2009-05-24	2009-07-21	2009-07-29	2009-08-25	155
3	2009-03-24	2009-05-24	2009-07-22	2009-07-30	2009-08-25	155
4	2009-03-24	2009-05-24	2009-07-22	2009-07-30	2009-08-25	155
5	2009-03-24	2009-05-24	2009-07-22	2009-07-30	2009-08-25	155
6	2009-03-24	2009-05-24	2009-07-22	2009-07-30	2009-08-25	155
7	2009-03-24	2009-05-24	2009-07-22	2009-07-30	2009-08-25	155
8	2009-03-24	2009-05-24	2009-07-22	2009-07-30	2009-08-25	155
9	2009-03-24	2009-05-24	2009-07-22	2009-07-30	2009-08-25	155
10	2009-03-24	2009-05-24	2009-07-22	2009-07-30	2009-08-25	155
11	2009-03-24	2009-05-24	2009-07-23	2009-07-31	2009-08-26	156
12	2009-03-24	2009-05-24	2009-07-23	2009-07-31	2009-08-26	156

注：记录日期形式为年-月-日。

2.2.2　沼液不同施用量对水稻分蘖的影响

水稻靠分蘖成穗结实而构成产量，分蘖的多少、分蘖成穗的高低在一定程度上决定着水稻群体的大小及水稻群体质量的优劣。水稻分蘖成穗受品种、秧龄、施肥、密度、土壤、气候等诸多因子的影响，其中施肥是影响分蘖成穗及产量构成的最重要因子，一般情况下，施基蘖肥可促进水稻分蘖生长[5]。本研究通过施用沼液提供氮素，以研究水稻分蘖的情况。

分蘖率和成穗率的计算如下：分蘖率=$\frac{最高苗-基本苗}{基本苗}$；成穗率=$\frac{有效穗数}{最高苗}$。

方差分析结果表明，总体上，各处理间水稻分蘖率、有效穗数和成穗率的差异不显著(分蘖率：$F=0.834$，$P=0.610$，有效穗数：$F=1.550$，$P=0.178$，成穗率：$F=0.991$，$P=0.481$)，说明施用沼液对水稻分蘖率、有效穗数和成穗率的影响不明显。但经 LSD 检验可知，清水对照与处理 5 的分蘖率差异显著，清水对照与处理 5、7~9 的有效穗数差异显著，各处理两两间的茎蘖成穗率差异不显著。各处理水稻的茎蘖消长动态、分蘖率、有效穗数和成穗率如图 2-1 所示。

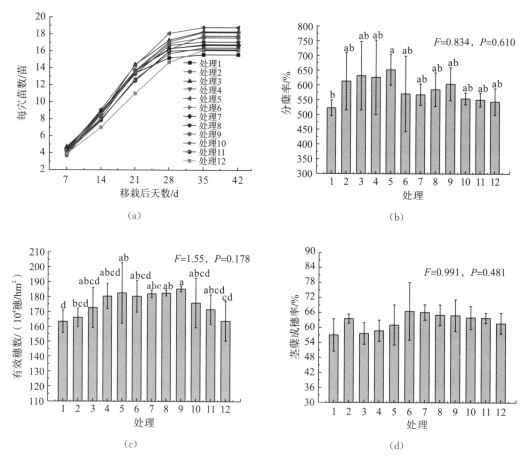

图 2-1　沼液不同施用量对水稻分蘖的影响

由茎蘖消长动态可知[图 2-1(a)]，移栽后 7~21 天是水稻分蘖旺盛期，35 天后基本停止分蘖。其中，处理 5 的最高苗数最高，达 18.8 苗/穴；处理 3、4 次之，分别为 18.3 苗/穴、18.2 苗/穴；而清水对照的最高苗数最低，仅为 15.6 苗/穴。如图 2-1(b)所示，与茎蘖消长动态相对应，处理 5 的分蘖率最高，为 652%；处理 3、4 次之，分别为 632%和 626.7%；清水对照的分蘖率最低，为 522.7%。

由图 2-1(c)可知，处理 9 的有效穗数最高，为 185.4×10^4 穗/hm^2(11.2 穗/穴)，清水对照的最低，为 163.4×10^4 穗/hm^2(9.9 穗/穴)。而成穗率的顺序是 6>7>8>9>10>11>2>12>5>4>3>1[图 2-1(d)]，处理 6 成穗率最高，达 66.60%；清水对照最低，为 57.02%；处理 6~11 的有效穗数和成穗率相对较高。

与常规施肥相比，施用沼液能明显促进水稻分蘖，增加单位面积有效穗数，但当沼液量增加到一定数量时，再多施用反而降低水稻的有效穗数，产量亦随之降低。总体来说，沼液能促进水稻的有效分蘖，增加成穗率，增产效果显著[6]。

分析产量和茎蘖生长关系可知，产量与最高茎蘖数间为不显著的二次抛物线关系，回归方程为 $y=-0.6823x^2+394.9x-51831$（$R^2=0.300$，$P=0.288$），随着最高茎蘖数的增长，水稻产量先升高后降低，即最高茎蘖数最高时产量并非最高，如果茎蘖数少也不能获得较高的产量，因此栽培中应注意茎蘖数的发展，将茎蘖数控制在适宜的范围内，有利于实现高产。

2.2.3　沼液不同施用量对水稻生育期叶绿素变化的影响

作物产量的形成是通过植物体内的叶绿素将光能转变为化学能，生产有机物质的过程。而氮素可以增强功能叶的活性，提高功能叶片的叶绿素含量，提高光合作用率，所以，叶绿素含量的高低亦能反映功能叶寿命的长短，间接反映作物产量的高低。研究表明，若在水稻正常生长的成熟时期延长功能叶寿命 1 天，理论上可增产 2% 左右[7]，而且还能改善其品质[8]。本研究在水稻生长过程中记录了水稻抽穗前心叶下第一叶和抽穗后剑叶的叶绿素含量，如图 2-2 所示。

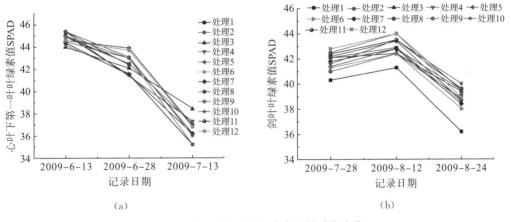

(a)　　　　　　　　　　　　　(b)

图 2-2　各处理叶片叶绿素含量的动态变化

由图 2-2 可知，所有处理的心叶下第一叶的叶绿素含量均呈现逐渐降低的趋势，剑叶叶绿素含量均呈现先升高后降低的一致性变化趋势。在分蘖期，水稻植株生长旺盛，光合作用产物进入植株促进植株生长发育，功能叶叶片中叶绿素含量逐渐降低，到穗分化期(7 月 13 号左右)叶绿素含量达到最低，随着抽穗期的到来，剑叶光合作用增强，叶绿素含量逐渐升高，进入灌浆期后，叶片光合作用产物转移到籽实中，使其饱满，剑叶叶绿素含量逐渐降低，直至水稻成熟。本研究中，在分蘖中后期，常规施肥处理和处理 9~12 的叶片叶绿素含量相对较高。

2.2.4 沼液不同施用量对水稻株高和穗长的影响

1. 株高

株高主要由品种基因型决定，但同一品种，栽培条件不同，株高也不同。本试验在研究沼液不同施用量的情况下，对株高性状进行分析。

各处理间水稻平均株高的方差分析结果显示，各处理的水稻平均株高之间呈极显著差异（$F = 5.177^{**}$，$P = 0.0001$），说明沼液施用量对水稻株高的影响很大。各处理间平均株高的 LSD 多重比较结果（图 2-3）显示，常规施肥处理与清水对照及处理 3、11、12间差异极显著，与处理 10、11 间差异显著，但与其他处理间差异不显著。

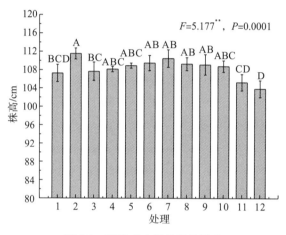

图 2-3　沼液对水稻株高的影响

由图 2-3 可知，常规施肥处理的株高最高，为 111.5cm；处理 7 次之，为 110.5cm，处理 12 最低，为 103.9cm；而清水对照为 107.3cm。纯施沼液时，随着沼液施用量的增加，水稻株高先逐渐升高后逐渐降低。

对于沼液处理来说，株高与产量间为极显著的一元二次抛物线关系，回归方程为 $y = 16.164x^2 - 3360.6x + 179470$（$R^2 = 0.771^{**}$，$P = 0.002$），随着株高的升高，产量呈先降低后升高的趋势。在本研究中，常规施肥处理的株高最高（111.5cm），但处理 7 的产量最高（5542.5kg/hm²），说明生育期水稻植株高低指标不能反映水稻目标产量的情况，与张进等[9]的研究成果一致。

2. 穗长

各处理间水稻穗长的方差分析结果显示，各处理的水稻穗长之间差异不显著（$F = 0.993$，$P = 0.479$），说明沼液施用量对水稻穗长的影响不大。水稻穗长如图 2-4 所示：处理 7 的穗长最长，为 27.41cm，处理 8 次之，为 27.38cm，处理 12 的水稻穗长最短，仅为 26.29cm，而常规施肥处理的穗长为 26.99cm，清水对照为 26.57cm。

对于沼液处理来说，穗长与产量间为极显著的一元二次抛物线关系，回归方程为

$y = 437.01x^2 - 22887x + 304451（R^2 = 0.8406^{**}，P = 0.002）$，在本试验沼液施用范围内，随着穗长的增加，产量逐渐升高。

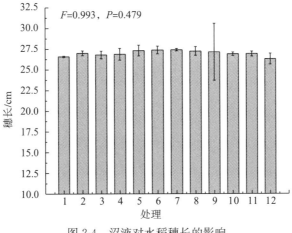

图 2-4　沼液对水稻穗长的影响

2.2.5　沼液不同施用量对水稻干物质积累及成熟期叶面积指数的影响

1. 对水稻干物质积累的影响

沼液不同施用量情况下，经方差分析可知，总体上，各处理穗分化期的干物质积累量间达到极显著差异水平（$F = 3.069^{**}$，$P = 0.010$），但灌浆期和成熟期的差异不显著（灌浆期：$F = 1.907$，$P = 0.090$；成熟期：$F = 1.177$，$P = 0.352$）。但经 LSD 检验可知，清水对照与处理 8、10 的穗分化期干物质积累量差异极显著，与处理 3~7、10 灌浆期干物质积累量差异显著，与处理 7、8 的成熟期干物质积累量差异显著。各时期的干物质积累量及其 LSD 检验结果如图 2-5 所示。

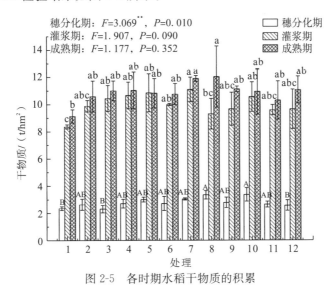

图 2-5　各时期水稻干物质的积累

由图 2-5 可知，随着沼液施用量的增加，水稻各时期的干物质积累量均有所增加，且沼液对穗分化期的干物质积累影响很大，对灌浆期和成熟期的影响则不明显，灌浆期和成熟期的干物质积累量随着沼液施用量的增加虽明显增加，但相互之间均无明显差异。在本试验范围内，处理 7 在各时期的干物质积累量均处于较高水平。在穗分化期和成熟期，沼液各处理的干物质的积累量均高于清水对照和常规施肥处理；在灌浆期，沼液各处理和干物质积累量呈现波动性变化，部分处理的积累量低于常规施肥。总的来说，沼液比常规化肥更利于水稻干物质的积累。

2. 对水稻成熟期光合叶面积及其 LAI 的影响

叶片是制造有机物的主要场所，作物产量的高低，在一定范围内与叶面积的大小呈正相关关系，通常一个作物群体叶面积的大小用叶面积指数(leaf area index，LAI，即叶面积与土地面积之比)表示。叶面积指数越大，表明单位土地面积上的叶面积越大，但是叶面积指数并不是越大越好，各种作物的不同生育时期都有一个适宜的叶面积指数，其适宜范围与品种、气候等条件密切相关。在干物质不断积累的过程中，适宜的 LAI 是水稻群体高产的关键。

成熟期的叶面积及其 LAI 的方差分析表明，各处理之间成熟期的叶面积及其 LAI 均没有明显差异(叶面积：$F=1.242$，$P=0.314$，LAI：$F=1.244$，$P=0.313$)，说明沼液对水稻成熟期的叶面积及其 LAI 的影响不明显。水稻成熟期的叶面积及其 LAI 如图 2-6 所示。

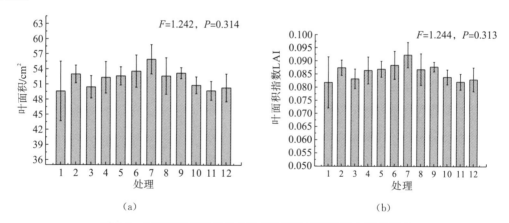

(a) 　　　　　　　　　　　　　　　(b)

图 2-6　沼液不同施用量对水稻成熟期叶面积及其 LAI 的影响

从图 2-6 可以看出，沼液各处理的叶面积及其 LAI 均呈现先增后减的一致性变化趋势，且最大值为处理 7，其次是处理 6、9、8；常规施肥处理的叶面积及其 LAI 处于中间水平，而清水对照最小。

综上，当沼液施用量在 1000～1750kg/亩范围内时，沼液处理比常规施水和清水更有利于水稻生长后期干物质的积累及延缓后期植株的衰老。

2.3　沼液不同施用量对水稻产量及其产量构成因素的影响

2.3.1　沼液农用的产量效应

水稻产量方差分析结果表明，各处理水稻产量间无明显差异（$F=0.542$，$P=0.855$），说明沼液施用量对水稻产量影响不大。分析其原因，从基本土壤的基础肥力（表 2-2）中可以看出，原本的土壤肥力较高，即使不施任何肥料（处理 1），小区中的水稻仍可以依靠原本的土壤肥力正常生产。各处理间的产量比较如图 2-7 所示。

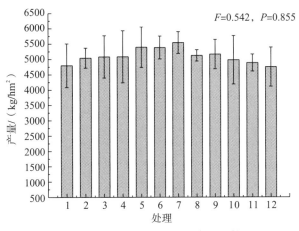

图 2-7　不同处理间的水稻产量比较

由图 2-7 可知，在本试验范围内，处理 7 的产量最高，达 5542.5kg/hm²，比清水对照和常规施肥处理分别高 15.52% 和 9.93%；处理 12 的产量最低，为 4761.5kg/hm²，比清水对照低 0.76%，比常规施肥处理低 5.56%；而常规施肥处理的产量为 5042.0kg/hm²，比清水对照高 5.09%。

总体上，沼液比常规施肥有利于提高水稻产量，但当沼液施用量过高（超过 2000kg/亩）时，水稻产量又会卜降，甚至低于常规施肥处理，所以必须要将沼液施用量控制在适宜的范围内。本研究确定，当沼液施用量为 750~1250kg/亩时，水稻产量相对较高。

2.3.2　沼液农用对水稻产量构成因素的影响

水稻的产量由单位面积上的有效穗数、每穗实粒数、结实率和千粒重所构成，沼液农用对水稻产量的影响，是对各个产量构成因素的影响共同作用的结果。

水稻各产量构成因素的方差分析结果表明，各处理水稻千粒重之间存在极显著差异（$F=20.442^{**}$，$P=0.0001$），有效穗数、每穗实粒数、结实率之间均无明显差异（有效穗数：$F=1.367$，$P=0.250$，每穗实粒数：$F=1.007$，$P=0.469$，结实率：$F=0.779$，$P=0.658$），这说明，沼液对水稻千粒重的影响较大，而对有效穗数、每穗实粒数、结实率的影响则不明显。沼液对水稻产量构成因素的影响见表2-6。

从表2-7分析可知，沼液处理比常规施肥处理和清水对照的有效穗数、结实率、千粒重都要高，与前人的研究结果一致[6,10]。沼液不同施用量对水稻各产量构成因素的影响程度不尽相同。在本试验范围内，水稻每穗实粒数的变异系数最高，为10.41%；其次是有效穗数，为6.23%；结实率和千粒重最小，分别为5.88%和3.14%。这说明每穗实粒数受施肥量的影响较大，属于产量构成因素中的肥料反应敏感因子，其改良潜力最大，是调控的重点，而结实率和千粒重的稳定性则相对较好。

表 2-7　沼液不同施用量对水稻产量构成因素的影响

处理	有效穗数/(10^4穗/hm^2)	每穗实粒数	结实率/%	千粒重/g
1	166.10	135.83	84.12	26.48　f F
2	163.35	122.03	83.56	27.63　e E
3	172.70	115.37	84.90	28.63　d D
4	180.40	116.63	84.12	28.99 bcd ABCD
5	182.60	116.67	84.53	28.64　cd D
6	180.40	110.93	84.37	29.65　a A
7	182.05	122.10	86.84	29.52　ab AB
8	176.00	121.00	81.06	29.43　ab ABC
9	182.60	116.43	86.97	28.81　bcd BCD
10	185.35	108.43	79.29	28.72　cd CD
11	171.60	112.47	78.83	29.16 abc ABCD
12	180.40	115.10	82.68	28.49　d D
均值	176.96	117.75	83.44	28.68
变异系数/%	6.23	10.41	5.88	3.14

注：表中有相同字母的数值间（$P<0.05$ 或 $P<0.01$）差异不显著，下同。

2.3.3　水稻产量与产量构成因素的相关性分析

水稻群体由个体组成，只有健壮个体组成的群体才能成为高产群体，群体大小最终体现为单位面积穗数的多少。水稻产量与产量构成因素的相关性结果见表2-8。

表 2-8　水稻产量与产量构成因素的回归方程

项目	回归方程	R^2	P
有效穗数	$y=-3.7021x^2+1335.5x-115223$	0.174	0.513
每穗粒数	$y=3.69x^2-827.79x+51467$	0.259	0.350
结实率	$y=54.76x+575.69$	0.416*	0.044
千粒重	$y=367.26x^2-21045x+306516$	0.284	0.112

由表2-8可知，有效穗数、每穗实粒数和千粒重均与水稻产量呈不显著的一元二次抛物线关系。水稻产量随着有效穗数的增加，先升高后降低，过分增加穗数容易导致每穗成粒数降低，从而导致产量并不理想。随着每穗粒数和千粒重的增加，水稻产量先降低后升高；而结实率与产量间呈显著的线性正相关关系，随着结实率的增加，水稻产量不断升高。因此，栽培中使群体的实际穗数接近该品种的最适穗数，并在此基础上尽量争取大穗，提高结实率，即穗粒结合，较易获得高产。

2.4 沼液不同施用量对大米品质的影响

2.4.1 沼液不同施用量对大米蛋白质及矿质元素的影响

1. 沼液对大米蛋白质含量的影响

蛋白质是生命的营养物质基础,是构成人体和动植物细胞组织的重要成分之一。人体蛋白质的来源主要靠食物供给,我国目前膳食蛋白质的供给主要来自谷类食物,约占总摄入量的 60% 以上,因此,谷物中蛋白质的含量成为评价食品营养价值的重要指标之一。

大米蛋白质含量的方差分析结果表明,各处理间大米蛋白质含量达到极显著差异(F =4.680**,P=0.001)。经 LSD 检验(图 2-8)表明,常规施肥处理的大米蛋白质含量与处理 7、8 之间的差异达极显著水平,而与其他处理间差异不明显。这说明,沼液对大米蛋白质含量的影响很大。

由图 2-8 可知,在本试验中,清水对照的大米蛋白质含量最低,为 8.15%;常规施肥处理的大米蛋白含量为 8.59%;沼液处理的大米蛋白质含量变幅为 9.10%~10.08%。随沼液施用量的增加,大米蛋白质含量呈先升后降的趋势,且均高于清水对照;常规施肥处理亦使大米中的蛋白质含量升高,但低于沼液各处理下大米蛋白质含量。在本研究中,蛋白质含量最高的是处理 8,其次是处理 7,其含量分别为 10.08%、9.93%;比清水对照、常规施肥处理的大米蛋白质含量分别升高了 23.68%、21.84% 和 17.35%、15.60%。由此可见,与清水对照常规施肥相比,沼液更有利于大米蛋白质含量的升高。

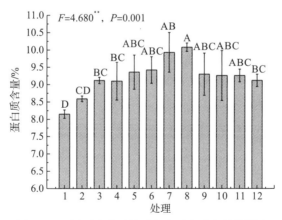

图 2-8 不同沼液施用量对大米蛋白质含量的影响

大米蛋白质含量与沼液施用量之间呈不显著的一元三次函数关系,其回归方程为 $y=-2\times10^{-10}x^3-1\times10^{-6}x^2+0.0021x+8.4823(R^2=0.5158,P=0.198)$。总体上,大米中蛋白质的含量随着沼液施用量的增加呈先升后降的趋势。

2. 沼液不同施用量对大米中矿质元素的影响

矿质元素是一切植物生长不可缺少的物质,也是人和其他动物的重要营养物质,是维持人体健康必不可少的条件。但目前，通过大量施用化肥满足植物生长对各种矿质元素的需求已成为农业生产的主要措施之一，所以植物体的各种矿质元素的检测分析结果已成为判断植物营养水平和检测环境污染的主要指标之一。本研究仅从 Fe、Mn、Ca、Mg 4 种元素来讨论。

1）大米中矿质元素含量的比较

各处理大米中矿质元素的方差分析结果表明，各处理间大米中 Mn 含量存在极显著差异（$F=3.895^{**}$，$P=0.003$），Mg 含量存在显著差异（$F=2.610^*$，$P=0.024$），而 Fe、Ca 含量差异不显著（Fe：$F=1.452$，$P=0.214$；Ca：$F=1.643$，$P=0.149$），各处理间的差异结果如图 2-9 所示。

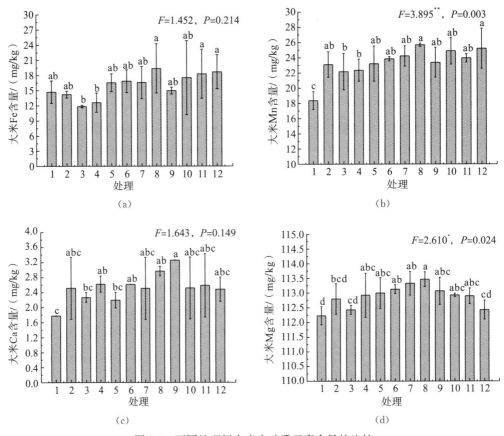

图 2-9 不同处理间大米中矿质元素含量的比较

从图 2-9 可以看出，处理 3 的大米中 Fe 含量最低，为 11.84mg/kg，处理 8 Fe 含量最高，达到 19.37mg/kg，其次为处理 12、11，分别为 18.68mg/kg、18.30mg/kg；清水对照的大米中 Mn 含量最低，为 18.37mg/kg，处理 8 Mn 含量最高，为 25.68mg/kg，其次为处理 12，为 25.21mg/kg；清水对照的大米中 Ca 含量最低，为 1.777mg/kg，处理 9 Ca 含量最高，为 3.262mg/kg；处理 8 的大米中 Mg 含量最高，达到 113.5mg/kg，其次为处理 7，为 113.3mg/kg，清水对照最低，仅为 112.2mg/kg。

2)沼液施用量与大米中矿质元素含量的相关性

沼液施用量与大米中矿质元素含量的关系列于表 2-9。由表 2-9 可知，大米中 Fe、Mn 的含量与沼液施用量呈极显著的对数关系，二者均随着沼液施用量的增加而不断升高；大米中 Mg 的含量与沼液施用量呈极显著的一元二次抛物线关系，随着沼液施用量的增加，大米中 Mg 含量先升高后降低；大米中 Ca 的含量与沼液施用量呈不显著的一元二次抛物线关系。总体上来说，沼液施用量对大米中 Fe、Mn 和 Mg 的影响较大，而对 Ca 的影响不明显。

表 2-9　大米中 4 种矿质元素含量与沼液施用量的回归方程

矿质元素	回归方程	R^2	P
Fe	$y = 2.7318 \ln x - 2.9652$	0.7023^{**}	0.002
Mn	$y = 1.1939 \ln x + 15.47$	0.6283^{**}	0.006
Ca	$y = 2 \times 10^{-7} x^2 + 0.0008 x + 2.0361$	0.3721	0.196
Mg	$y = 4 \times 10^{-7} x^2 + 0.0013 x + 112.28$	0.8210^{**}	0.002

注：表中"*"和"**"分别表示差异显著($P < 0.05$)或极显著($P < 0.01$)，下同。

3)大米中矿质元素含量的变异分析

各处理间大米中矿质元素的变异分析见表 2-10。可以看出，Fe、Mn、Ca、Mg 的平均含量分别为 16.01mg/kg、23.37mg/kg、2.53mg/kg、112.89mg/kg。从变异系数来看，Mg、Ca、Fe 的变异系数较大，均超过了 20%，说明沼液对 Mg、Ca、Fe 的调控和改善效果相对较大。

表 2-10　不同处理下大米中 4 种矿质元素含量的变异分析

矿质元素	平均含量/(mg/kg)	变化范围/(mg/kg)	变异系数/%	F
Fe	16.01	11.84~19.37	22.84	1.452
Mn	23.37	18.37~25.68	9.88	3.895^{**}
Ca	2.53	1.78~3.26	21.66	1.643
Mg	112.89	112.23~113.47	26.39	2.611^{*}

2.4.2　沼液不同施用量对大米重金属含量的影响

1. 沼液农用对大米 Pb 含量的影响

大米 Pb 含量的方差分析结果表明，各处理间大米中的 Pb 含量达到极显著差异($F = 3.160^{**}$，$P = 0.009$)。LSD 检验(图 2-10)表明，常规施肥处理与清水对照、处理 3、处理 7、处理 8 间差异极显著，与其他处理间差异不显著。这说明，沼液对大米中 Pb 含量的影响很大。由图 2-10 可知，在本试验范围内，随着沼液施用量的增加，大米中的 Pb 含量逐渐升高。在所有处理中，常规施肥处理的大米 Pb 含量最高，达 0.2385mg/kg，高沼液量处理 12 次之，为 0.2260mg/kg；清水对照的 Pb 含量最低，为 0.1684mg/kg，低沼液量处理 3 稍高于清水对照，Pb 含量为 0.1837mg/kg。总体上，与常规施肥相比，沼液能显著降低大米中 Pb 的含量。

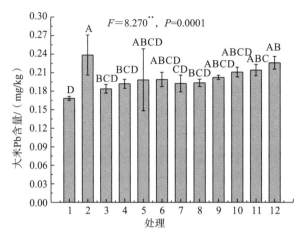

图 2-10　不同沼液施用量对大米 Pb 含量的影响

对大米中 Pb 含量与沼液施用量的相关性进行分析可知，两者之间呈极显著的线性关系，其回归方程为 $y=1\times10^{-5}x+0.1821$（$R^2=0.8513^{**}$，$P=0.001$），随着沼液施用量的增加，大米 Pb 含量有不断升高的趋势，当沼液施用量超过 1790kg/亩时，大米中的 Pb 含量将超过含量限量标准(0.2mg/kg)。

2. 沼液农用对大米 Cd 含量的影响

大米 Cd 含量的方差分析结果表明，各处理间大米中的 Cd 含量达到极显著差异($F=4.049^{**}$，$P=0.002$)。LSD 检验(图 2-11)表明，常规施肥处理与处理 9～12 两两间差异极显著，而与其他处理两两间差异不显著。这说明，沼液对大米中 Cd 含量的影响很大。

由图 2-11 可知，在本试验范围内，随着沼液施用量的增加，大米中的 Cd 含量也逐渐升高。在所有处理中，常规施肥处理的大米 Cd 含量最高，达 0.2208mg/kg，高沼液量处理 12 次之，为 0.1925mg/kg，清水对照最低，为 0.1195mg/kg，低沼液量处理 3 和 4 稍高于清水对照，分别为 0.1229mg/kg 和 0.1246mg/kg。总体上，与常规施肥相比，沼液能显著降低大米中 Cd 的含量。

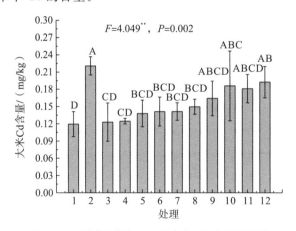

图 2-11　不同沼液施用量对大米 Cd 含量的影响

对大米中 Cd 含量与沼液施用量的相关性进行分析可知，两者之间呈极显著的线性关系，其回归方程为 $y=3\times10^{-5}x+0.114$（$R^2=0.9283^{**}$，$P=0.0001$），随着沼液施用量的增加，大米 Cd 含量有不断上升的趋势。

3. 沼液农用对大米 Cr 含量的影响

大米 Cr 含量的方差分析结果表明，各处理间大米中的 Cr 含量达到极显著差异（$F=12.596^{**}$，$P=0.0001$）。LSD 检验（图 2-12）表明，常规施肥处理与处理 10、11 间差异不显著，而与其他处理间差异极显著。这说明，沼液对大米中 Cr 含量的影响很大。

由图 2-12 可知，在本试验范围内，随着沼液施用量的增加，大米中的 Cr 含量也逐渐升高。在所有处理中，高沼液量处理 12 的大米 Cr 含量最高，达 0.6460mg/kg；处理 11 次之，为 0.6109mg/kg；而常规施肥处理为 0.4639mg/kg，清水对照最低，为 0.2079mg/kg；低沼液量处理 3 和 4 稍高于清水对照，分别为 0.2329mg/kg 和 0.2461mg/kg。当沼液施用量控制在一定范围内时（本试验中为 250~2000kg/亩），与常规施肥相比，沼液能显著降低大米中 Cr 的含量。

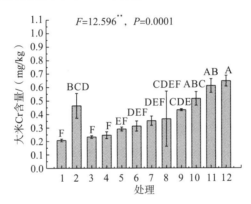

图 2-12　不同沼液施用量对大米 Cr 含量的影响

对大米中 Cr 含量与沼液施用量的相关性分析可知，两者之间呈极显著的线性关系，其回归方程为 $y=0.2104e^{0.0004x}$（$R^2=0.9786^{**}$，$P=0.0001$），随着沼液施用量的增加，大米 Cr 含量急剧上升。

4. 沼液农用对大米 As 含量的影响

大米 As 含量的方差分析结果表明，各处理间大米中的 As 含量无明显差异（$F=0.225$，$P=0.993$）。这说明，沼液对大米中 As 含量的影响不大。沼液农用对大米 As 含量的影响如图 2-13 所示。

由图 2-13 可知，在本试验范围内，随着沼液施用量的增加，大米中的 As 含量也逐渐升高。在所有处理中，高沼液量处理 11 的大米 As 含量最高，达 0.0490mg/kg；处理 12 次之，为 0.0474mg/kg；而常规施肥处理为 0.0445mg/kg；清水对照最低，为 0.0424mg/kg；低沼液量处理 3 和 4 稍高于清水对照，分别为 0.0427mg/kg 和 0.0429mg/kg。当沼液施用量控制在一定范围内时（本试验中为 250~1500kg/亩），与常规施肥相比，沼液能降低大米中 As 的含量。

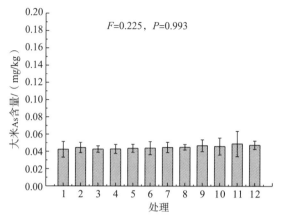

图 2-13　不同沼液施用量对大米 As 含量的影响

对大米中 As 含量与沼液施用量的相关性进行分析可知，两者之间呈不显著的线性关系，其回归方程为 $y=2\times10^{-6}x+0.0421(R^2=0.866，P=0.124)$，随着沼液施用量的增加，大米 As 含量不断上升。

5. 沼液农用对大米 Hg 含量的影响

在本试验范围内，只有在常规施肥处理的大米中检测到极少量的 Hg(0.004mg/kg)，而在沼液处理和清水对照中均未检测出 Hg，说明沼液处理能使大米减少对 Hg 的吸收，甚至不吸收 Hg。

6. 沼液农用对大米 Ni 含量的影响

不同沼液施用量对大米 Ni 含量的影响如图 2-14 所示。大米 Ni 含量的方差分析结果表明，总体上，各处理间大米中的 Ni 含量差异不显著($F=1.539$，$P=0.182$)，说明沼液对大米中 Ni 含量的影响不大。但经 LSD 检验可知，清水对照与常规施肥处理、高沼液量处理 12 的大米 Ni 含量差异显著。

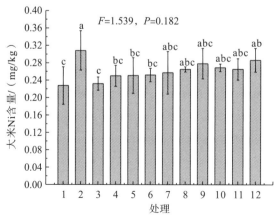

图 2-14　不同沼液施用量对大米 Ni 含量的影响

由图 2-14 可知，在本试验范围内，随着沼液施用量的增加，大米中的 Ni 含量也逐渐升高。在所有处理中，常规施肥处理的大米 Ni 含量最高，达 0.3084mg/kg；高沼液量处理 12 次之，为 0.2865mg/kg；清水对照最低，为 0.2277mg/kg，低沼液量处理 3 为 0.2322mg/kg。

对大米中 Ni 含量与沼液施用量的相关性进行分析可知，两者之间呈极显著的线性关系，其回归方程为 $y = 2 \times 10^{-5}x + 0.2378$（$R^2 = 0.7981^{**}$，$P = 0.006$），随着沼液施用量的增加，大米 Ni 含量有不断上升的趋势。

2.5　沼液不同施用量对土壤基本理化性质的影响

2.5.1　沼液农用后土壤基本理化性质的变化

1. pH 变化比较

种植水稻前的土壤 pH 为 4.801，水稻收获后，清水对照的土壤 pH 为 4.990，常规施肥处理的 pH 为 4.952，沼液处理 3~12 的 pH 变化范围为 4.865~5.163。与水稻种植前相比，所有处理的土壤 pH 均有不同程度的提高，经方差分析可知，各处理土壤 pH 存在极显著的差异（$F = 3.326^{**}$，$P = 0.007$），说明沼液对土壤 pH 的影响很大，而且沼液处理中除 3~5 以外，其余沼液处理的土壤 pH 均高于清水对照和常规施肥处理，施用沼液能显著提高土壤 pH，有效防止土壤酸化。

2. 土壤营养元素含量的变化比较

1）全氮

水稻收获后，各处理土壤全氮含量的方差分析表明，各处理土壤全氮含量之间存在极显著的差异（$F = 3.890^{**}$，$P = 0.003$）。LSD 检验（图 2-15）表明，常规施肥处理与清水对照、处理 3、处理 4 两两间差异极显著，而与其他处理两两间差异不显著，说明沼液对土壤全氮含量的影响很大。水稻种植前后土壤全氮含量的变化如图 2-15 所示。

从图 2-15 可以看出，在各试验处理中，除清水对照、处理 3 和处理 4 在水稻种植后全氮含量略有降低外，其他试验处理的全氮含量均有不同程度的升高。其中，土壤全氮含量降低最多的是清水对照，比种植前降低了 4.26%，处理 3 和 4 分别降低了 0.66% 和 0.52%。分析全氮降低的原因，土壤全氮养分含量一方面与施肥氮量直接相关，另一方面也与水稻施氮、磷、钾肥的平衡度有关，而沼液中的氮、磷、钾含量比例并没有达到水稻生长所需的比例（N∶P∶K=1∶0.5∶1.3）。

处理 6~9 的土壤全氮有较大幅度的升高，结合水稻产量的分析，本研究认为，沼液施用量为 1000~1750kg/亩时，其所带入的氮、磷、钾量可能比较适中，不但能使水稻在生长过程中合理利用各种土壤养分而增产，而且能减少氮素养分的流失和提高土壤养分利用率。另外，高沼液量处理 11、12 土壤全氮含量升高最大，分别升高 28.96% 和

21.17%，说明沼液能有效提高土壤全氮含量。

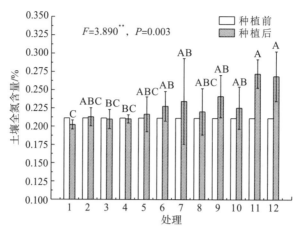

图 2-15　水稻种植前后土壤全氮含量的变化

分析处理 11、12 土壤全氮含量急剧升高的原因，可能与沼液施用量过大，远远超过了水稻生长所需的肥量，从而导致沼液中的氮素大量积累下来有关。高施用量虽然可以保持较高的土壤全氮含量，但氮素过分积累将会导致氮素养分通过挥发、径流和渗漏等方式流失，最终对于保持土壤氮素养分极为不利，还有可能形成该区域农业面源的重要污染源。

2）碱解氮

土壤碱解氮含量是土壤的有效氮指标，代表土壤的供氮强度，反映当季作物可利用的氮含量。水稻收获后，各处理土壤碱解氮含量的方差分析结果表明，各处理土壤碱解氮含量之间存在极显著差异（$F=16.247^{**}$，$P=0.0001$）。经 LSD 检验（图 2-16）可知，高沼液量处理 12 与所有处理间的差异均达到极显著水平，说明沼液对土壤碱解氮含量的影响很大。水稻种植前后土壤碱解氮含量的变化如图 2-16 所示。

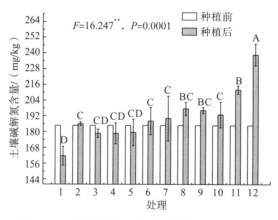

图 2-16　水稻种植前后土壤碱解氮含量的变化

　　从图 2-16 可以看出，水稻收获后，清水对照和处理 3～5 的土壤碱解氮含量比种植前有所降低，清水对照降低最多，为 161.65mg/kg，比种植前降低了 12.54%；而高沼液量处理 12 和 11 升高最多，分别为 238.78mg/kg 和 212.40mg/kg，比种植前分别升高了 29.19%、14.75%，其余各试验处理的碱解氮含量均比种植前有不同程度的升高。这可能有两个方面的原因：一是大量施用沼液时，引入的氮素较多，如高沼液量处理 12，从而提高了碱解氮含量；二是施用较适宜的沼液量，其土壤碱解氮升高量相对较平稳，如处理 6～10，仅比种植前升高了 2.93%～6.90%。另外，常规施肥处理的土壤在水稻收获后其碱解氮含量仅升高了 0.65%。总体上来说，施用沼液有助于土壤碱解氮含量的提高。

　　进一步分析种植水稻后的土壤碱解氮含量与沼液施用量的关系可知，土壤碱解氮含量与沼液施用量之间呈极显著的一元二次抛物线关系，其回归方程为 $y = 7 \times 10^{-6}x^2 - 0.0036x + 180.48$（$R^2 = 0.9366^{**}$，$P = 0.010$），随着沼液施用量的增加，土壤碱解氮含量先降低后升高。在本试验范围内，当沼液施用量为 750kg/亩时，土壤碱解氮含量达到最低，之后，随着沼液施用量的增加，碱解氮含量不断升高，且升高幅度较大，如果不严格控制沼液施用量，大量增施沼液最终将增加土壤氮素流失的环境风险。

3）速效磷

　　水稻收获后，各处理土壤速效磷含量的方差分析结果表明，各处理土壤速效磷含量之间存在极显著的差异（$F = 5.618^{**}$，$P = 0.0001$）。LSD 多重比较结果（图 2-17）说明，清水对照与处理 2～5 间差异不显著，而与其他处理间差异极显著，说明沼液对土壤速效磷含量的影响很大。种植前后速效磷含量的变化情况如图 2-17 所示。

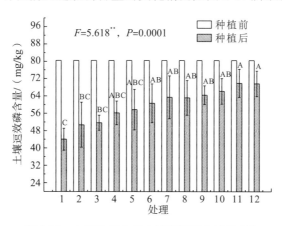

图 2-17　水稻种植前后土壤速效磷含量的变化

　　从图 2-17 可知，种植后各处理的土壤速效磷含量呈先升高后降低，且与种植前相比均有不同程度的降低，其中清水对照的降低幅度最大，速效磷含量为 44.03mg/kg，比种植前降低了 45.26%；常规施肥处理次之，速效磷含量为 50.72mg/kg，比种植前降低了 36.94%；在施用沼液的 10 个处理中，种植水稻后的土壤速效磷含量逐渐升高，处理 3 的降低幅度最大，含量为 51.67mg/kg，降低了 35.76%；高沼液量处理 11 和 12 的降低幅度最小，含量为 69.89mg/kg 和 69.68mg/kg，分别降低了 13.11％和 13.36％。这说明沼液比常规施肥更利于土壤速效磷的保持，有助于补给水稻生长对其的消耗，从而减小其降低幅度。

分析种植水稻后的土壤速效磷的含量与沼液施用量的关系可知，土壤速效磷含量与沼液施用量之间呈极显著的一元二次抛物线关系，其回归方程为 $y = -2 \times 10^{-6} x^2 + 0.0124x + 49.6 (R^2 = 0.9768^{**}$，$P = 0.001)$，随着沼液施用量的增加，土壤速效磷含量先升高后降低。在本试验范围内，当沼液施用量在 2500kg/亩时，土壤速效磷含量达到峰值，之后，随着沼液施用量的增加，速效磷含量将开始下降。

4) 速效钾

水稻收获后，各处理土壤速效钾含量的方差分析结果表明，总体上，各处理土壤速效钾含量之间无明显差异($F = 1.473$，$P = 0.206$)，说明沼液对土壤速效钾含量的影响不大。但经 LSD 检验可知，清水对照与高沼液量处理 12 的土壤速效钾含量差异显著。种植前后速效钾含量的变化情况如图 2-18 所示。

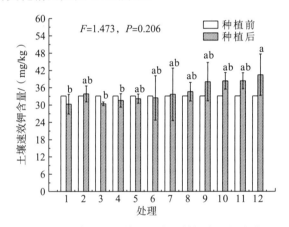

图 2-18   水稻种植前后土壤速效钾含量的变化

从图 2-18 可以看出，与水稻种植前相比，清水对照和处理 3~6 的土壤速效钾含量有所下降，清水对照下降最多，速效钾含量为 30.30mg/kg，比种植前下降了 8.54％；而常规施肥处理和处理 7~12 的速效钾含量则比种植前有不同程度的升高，其中处理 12、11 的速效钾含量升高最多，分别为 40.49mg/kg 和 38.42mg/kg，分别比种植前升高了 22.22％和 15.97％；常规施肥处理的速效钾含量为 33.86mg/kg，仅升高了 2.20％。纯施沼液时，各处理相互之间的土壤速效钾虽无显著差异，但随着沼液施用量的增加，速效钾含量逐渐升高，说明沼液农用可以提高土壤速效钾含量。

进一步分析种植水稻的土壤速效钾与沼液施用量的关系可知，土壤速效钾含量与沼液施用量之间呈显著的一元二次抛物线关系，其回归方程为 $y = -3 \times 10^{-7} x^2 + 0.0049x + 28.862 (R^2 = 0.9393^*$，$P = 0.011)$，随着沼液施用量的增加，土壤速效钾含量先升高后降低。在本试验范围内，随着沼液施用量的不断增加，土壤速效钾含量也不断升高。

3. 土壤有机质含量和 CEC 的变化比较

1）有机质

水稻收获后，各处理土壤有机质含量的方差分析结果表明，各处理土壤有机质含量之间存在着极显著差异（$F = 4.562^{**}$，$P = 0.001$）。LSD 检验结果（图 2-19）显示，各沼液处理间差异不显著，但与清水对照和常规施肥处理间差异达极显著，说明沼液对土壤有机质含量的影响很大。种植前后有机质含量的变化情况如图 2-19 所示。

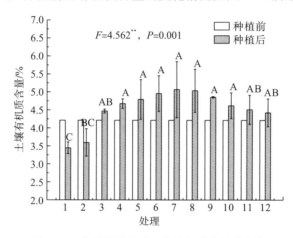

图 2-19　水稻种植前后土壤有机质含量的变化

从图 2-19 可以看出，水稻收获后，清水对照和常规施肥处理的土壤有机质含量比水稻种植前分别降低了 18.21％和 14.67％；各沼液处理均比种植前有所升高，且相互之间无明显差异，其中处理 7 的升高幅度最大，有机质含量为 5.07％，比种植前升高了 2.03％；处理 8、6 次之，有机质含量分别为 5.04％和 4.96％，比种植前分别升高了 19.08％和 17.66％。这说明沼液有利于提高土壤中有机质的含量。

从沼液施用量与有机质的关系可以看出，纯施沼液时，土壤有机质含量与沼液施用量呈显著的一元二次抛物线关系，其回归方程为 $y = -3 \times 10^{-7} x^2 + 0.0007x + 4.3844$（$R^2 = 0.7308^*$，$P = 0.048$），随着沼液施用量的不断增加，有机质含量呈现出先升高后降低的趋势，在本研究中，当沼液施用量为 1000～1500kg/亩时，有机质含量达到最高值，超过该用量时，土壤有机质含量又开始下降，所以应尽量把沼液施用量控制在 1000～1500kg/亩范围内为宜。

2）CEC

水稻收获后，各处理土壤 CEC 的方差分析结果表明，总体上，各处理之间土壤 CEC 无明显差异（$F = 2.079$，$P = 0.065$），这说明沼液对土壤 CEC 的影响不大。但经 LSD 检验可知，处理 7 与处理 10 的土壤 CEC 差异显著。种植前后土壤 CEC 的变化情况如图 2-20所示。

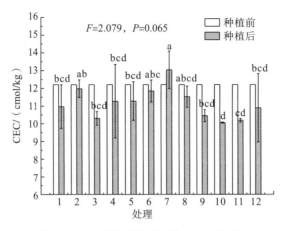

图 2-20　水稻种植前后土壤 CEC 的变化

从图 2-20 可以看出，除处理 7 的土壤 CEC 在水稻种植后比种植前升高 6.80%（其CEC 为 13.04cmol/kg）以外，其余各处理均比种植前有不同程度的下降，且相互之间无明显差异。其中，处理 10 的降低幅度最大，CEC 为 10.06cmol/kg，比种植前降低了17.51%，而清水对照的 CEC 为 10.97cmol/kg，比种植前降低了 10.16%；常规施肥处理的 CEC 为 11.98 cmol/kg，比种植前降低了 1.88%。

从沼液施用量与 CEC 的关系可以看出，纯施沼液时，土壤 CEC 含量与沼液施用量呈极显著的一元三次函数关系，其回归方程为 $y = 1 \times 10^{-6} x^3 - 7 \times 10^{-6} x^2 + 0.0092x + 8.1901$（$R^2 = 0.698^{**}$，$P = 0.010$），随着沼液施用量的不断增加，CEC 含量呈现出"升—降—升"的变化趋势，本研究中，CEC 在沼液施用量为 1000~1500kg/亩时达到最高值。

2.5.2　土壤理化性质的变异性分析

各处理土壤养分之间的变异性分析见表 2-11。

表 2-11　沼液农用后土壤基本理化性质的变异性分析

指标	变化范围	平均值	变异系数/%	F
pH	4.865~5.163	5.013	2.38	3.326**
全氮/%	0.1623~0.2725	0.2221	17.13	3.890**
碱解氮/(mg/kg)	161.65~238.78	191.80	10.45	16.247**
速效磷/(mg/kg)	44.03~69.89	59.82	16.40	3.631**
速效钾/(mg/kg)	30.30~40.49	34.55	15.34	1.473*
有机质/%	34.46~50.66	45.38	13.58	4.562**
CEC/(cmol/kg)	10.06~13.04	11.15	10.86	2.079

从变异系数来看，全氮>速效磷>速效钾>有机质>CEC>碱解氮>pH。全氮的变异性最大，速效磷次之，这可能与不同沼液施用量所带入氮和磷的差异性及水稻带走的氮和磷的量的差异性有关。另外，人为活动和作物自身生长也容易引起土壤养分的空间不

均匀性。综上，关于不同处理间土壤理化性质的变化，CEC 无明显差异，速效钾存在显著差异，其余各指标间均存在极显著差异，且除 pH 的变异系数为 2.38％以外，其余各指标的变异系数均大于 10％，这说明沼液对土壤基本理化性质的调控余地较大。

2.6　沼液不同施用量对土壤中微量元素的影响

2.6.1　土壤中微量元素含量的变化比较

1. 土壤有效 Fe 含量的变化比较

水稻收获后，各处理土壤有效 Fe 含量的方差分析结果表明，总体上，各处理土壤有效 Fe 之间无明显差异（$F=0.847$，$P=0.599$），说明沼液对土壤有效 Fe 含量的影响不大。但经 LSD 检验可知，清水对照与处理 8 的土壤有效 Fe 含量差异显著。种植前后有效 Fe 含量的变化情况如图 2-21 所示。

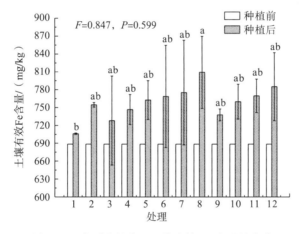

图 2-21　水稻种植前后土壤有效 Fe 含量的变化

从图 2-21 可以看出，水稻种植后各处理的土壤有效 Fe 含量的变化均比种植前有不同程度的升高，其中处理 8 的有效 Fe 含量升高幅度最大，含量为 809.2mg/kg，比种植前升高了 17.54％；其次是处理 12 和 7，有效 Fe 含量分别为 785.13mg/kg 和 775.17mg/kg，比种植前分别升高了 14.04％和 12.59％；常规施肥处理的有效 Fe 含量为 754.63mg/kg，比种植前升高了 6.91％；而清水对照的有效 Fe 含量为 706.2mg/kg，仅升高了 2.87％。

从沼液施用量与有效 Fe 含量的关系可知，有效 Fe 含量与沼液施用量呈不显著的一元三次函数关系，其回归方程为 $y=2\times10^{-8}x^3-0.0001x^2+0.1805x+686.18$（$R^2=0.5199$，$P=0.193$），随着沼液施用量的增加，土壤有效 Fe 的含量逐渐升高，并在 1500kg/亩施用量时，达到最大值（809.2mg/kg）。此后，再增加施用量，有效 Fe 含量降低，而当施用量继续在 1750～3000kg/亩范围增加时，仍出现小幅增加，但有效 Fe 含量整体都低于 1500kg/亩施用量。

2. 土壤有效 Mn 含量的变化比较

水稻收获后，各处理土壤有效 Mn 含量的方差分析结果表明，各处理土壤有效 Mn 含量之间无明显差异（$F=0.575$，$P=0.830$），说明沼液对土壤有效 Mn 含量的影响不大。种植前后有效 Mn 含量的变化情况如图 2-22 所示。

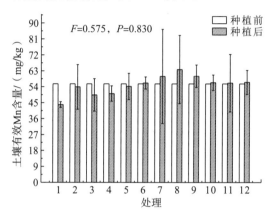

图 2-22　水稻种植前后土壤有效 Mn 含量的变化

从图 2-22 可以看出，清水对照、常规施肥处理和处理 3~5 在水稻种植后，其土壤有效 Mn 含量比种植前有所降低，其中清水对照的有效 Mn 含量为 43.92mg/kg，比种植前降低了 21.04%；常规施肥处理为 53.91mg/kg，比种植前降低了 3.07%；低沼液量处理 3 降低幅度较大，含量为 49.34mg/kg，比种植前降低了 11.29%。随着沼液施用量的增加，从处理 6 开始，有效 Mn 含量逐渐超过水稻种植前的水平，其中处理 8 升高幅度最大，土壤有效 Mn 含量为 63.80mg/kg，比种植前升高了 14.71%；其次是处理 9、7，土壤有效 Mn 含量分别为 60.02mg/kg 和 59.85mg/kg，比种植前分别升高了 7.91% 和 7.01%。

从沼液施用量与有效 Mn 含量的关系可知，土壤有效 Mn 含量与沼液施用量呈显著的一元二次抛物线关系，其回归方程为 $y=-4\times10^{-6}x^2+0.0159x+45.002$（$R^2=0.7256^*$，$P=0.011$），随着沼液施用量的增多，土壤有效 Mn 含量呈现先升高后降低的趋势。在本研究中，当沼液施用量为 1500kg/亩时，土壤有效 Mn 含量达到峰值 63.80mg/kg。

3. 土壤有效 Cu 含量的变化比较

水稻收获后，各处理土壤有效 Cu 含量的方差分析结果表明，各处理土壤有效 Cu 之间存在极显著差异（$F=12.425^{**}$，$P=0.0001$）。LSD 检验结果（图 2-23）显示，常规施肥处理与清水对照、处理 3~6 间差异不显著，而与其他处理间差异极显著，说明沼液对土壤有效 Cu 含量的影响很大。

从图 2-23 可以看出，水稻种植前后土壤有效 Cu 含量的变化趋势与有效 Mn 基本一致。水稻种植后，处理 1~5 的土壤有效 Cu 含量比种植前有所降低，其中清水对照的有效 Cu 含量为 11.23mg/kg，比种植前降低了 34.56%；常规施肥处理为 13.59mg/kg，比种植前降低了 20.80%；沼液处理中处理 3 降低幅度最大，含量为 12.49mg/kg，比种植前降低了 27.21%。从处理 6 开始，各处理种植水稻后的有效 Cu 含量高于种植前的水平，其中处理 7 升高幅度最大，含量为 23.71mg/kg，比种植前升高了 38.17%；其次是处理 8，含量为 22.71mg/kg，比种植前升高了 32.34%。

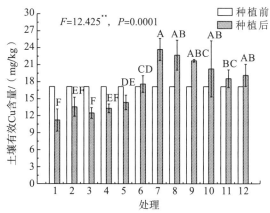

图 2-23　水稻种植前后土壤有效 Cu 含量的变化

土壤有效 Cu 含量与沼液施用量呈极显著的一元二次抛物线关系，其回归方程为 $y = -4 \times 10^{-6}x^2 + 0.0145x + 7.9228$（$R^2 = 0.7907^{**}$，$P = 0.004$），随着沼液施用量的增加，土壤有效 Cu 含量呈现先升高后降低的趋势。在本研究中，当沼液施用量为 1250kg/亩时，土壤有效 Cu 含量达到峰值 23.71mg/kg。

4. 土壤有效 Zn 含量的变化比较

对水稻收获后各处理的土壤有效 Zn 含量做方差分析可知，各处理之间土壤有效 Zn 含量存在显著差异（$F = 2.352^*$，$P = 0.039$）。LSD 检验结果（图 2-24）显示，清水对照与处理 3~5、处理 11 间差异不显著，而与其他处理间差异显著，说明沼液对土壤有效 Zn 含量的影响较大。

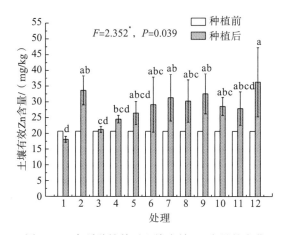

图 2-24　水稻种植前后土壤有效 Zn 含量的变化

从图 2-24 可以看出，水稻种植前后土壤有效 Zn 含量变化较大。水稻种植后，清水对照的土壤有效 Zn 的含量仅为 18.13mg/kg，比种植前降低了 12.46%；其余各处理均比种植前有不同幅度的升高，其中高沼液量处理12的升高幅度最大，有效锌含量达36.3mg/kg，比种植前升高了75.28%；常规施肥处理次之，含量为33.65mg/kg，比种植前升高了62.48%；升高幅度最小的是低沼液量处理3，有效Zn含量为21.26mg/kg，仅升高了2.17%。

土壤有效Zn含量与沼液施用量呈极显著的对数关系，其回归方程为$y=4.6368\ln x-3.8871$（$R^2=0.7097^{**}$，$P=0.002$），随着沼液施用量的增加，有效Zn含量不断升高。Zn虽然是作物生长的必要元素之一，但如果过量还是会对作物产生危害，所以必须要控制沼液施用量，不能一味地认为施用量越高越好。在本研究中，当沼液施用量为3000kg/亩时，土壤有效Zn含量达到峰值36.3mg/kg。

5. 土壤Ca含量的变化比较

水稻收获后，各处理土壤Ca含量的方差分析结果表明，各处理土壤Ca含量之间存在极显著差异（$F=3.276^{**}$，$P=0.007$）。LSD检验结果（图2-25）显示，清水对照与处理6、7、8间差异极显著，与其他处理间差异不显著，说明沼液对土壤Ca含量的影响很大。

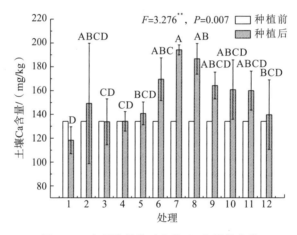

图2-25 水稻种植前后土壤Ca含量的变化

从图2-25可以看出，水稻种植后各处理的土壤Ca含量有较大的变化。水稻收获后，清水对照的土壤Ca含量为118.3mg/kg，比种植前降低了11.78%；低沼液量处理3的Ca含量为133.8mg/kg，比种植前降低了0.22%；其余各处理与种植前相比则有不同程度的升高，其中处理7的升高幅度最大，含量为194.2mg/kg，比种植前升高了44.82%；其次是处理8，含量为186.7mg/kg，比种植前升高了39.22%；处理4的土壤Ca含量升高幅度最小，含量为134.2mg/kg，仅比种植前升高了0.07%。

土壤Ca含量与沼液施用量呈显著的一元二次抛物线关系，其回归方程为$y=-2\times10^{-5}x^2+0.0794x+109.15$（$R^2=0.6790^*$，$P=0.019$），随着沼液施用量的增加，土壤Ca含量先升高后降低。在本研究中，当沼液施用量为1250kg/亩时，土壤Ca含量达到峰值194.2mg/kg。

6. 土壤 Mg 含量的变化比较

水稻收获后，各处理土壤 Mg 含量的方差分析结果表明，各处理土壤 Mg 之间存在极显著差异（$F=4.338^{**}$，$P=0.001$）。LSD 检验结果（图 2-26）显示，清水对照与处理 3、4 间差异不显著，但与其他处理间差异极显著，说明沼液对土壤 Mg 含量的影响很大。种植前后土壤 Mg 含量的变化如图 2-26 所示。

从图 2-26 可以看出，水稻种植后，除清水对照和处理 3 的土壤 Mg 含量为 108.57mg/kg 和 108.97mg/kg，比种植前分别降低了 0.49% 和 0.12% 以外，其余各处理均比种植前有不同幅度的升高，其中高沼液量处理 12 升高幅度最大，含量为 109.77mg/kg，比种植前升高了 0.61%，而常规施肥处理为 109.2mg/kg，仅比种植前升高了 0.09%。

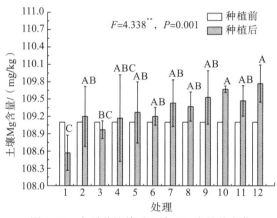

图 2-26　水稻种植前后土壤 Mg 含量的变化

土壤 Mg 含量与沼液施用量呈极显著的一元二次抛物线关系，其回归方程为 $y=-6\times10^{-8}x^2+0.0004x+108.92$（$R^2=0.8583^{**}$，$P=0.0001$），随着沼液施用量的增加，土壤 Mg 含量先升高后降低。在本研究中，当沼液施用量为 3000kg/亩时，土壤 Mg 含量达到峰值 109.77mg/kg。

2.6.2　土壤中微量元素的变异性分析

土壤各中微量元素的变异性分析见表 2-12。

表 2-12　不同处理下土壤中 6 种中微量元素含量的变异性

矿质元素	平均含量/(μg/g)	变化范围/(μg/g)	变异系数/%	F
Fe	758.69	706.2~809.2	6.54	0.847
Mn	55.02	43.92~63.80	20.62	0.575
Cu	17.40	11.23~23.71	25.94	12.425**
Zn	28.36	18.13~36.30	26.65	2.352*
Ca	154.33	118.33~194.17	18.30	3.276**
Mg	109.30	108.57~109.77	0.35	4.338**

从变异系数来看，有效 Zn>有效 Cu>有效 Mn>Ca>有效 Fe>Mg。有效 Zn、有效 Cu、有效 Mn 的变异性很大，均超过了 20%，Ca 的变异性次之，也达到了 18.30%，说明施用沼液对土壤有效 Zn、有效 Cu、有效 Mn 及 Ca 的调控和改善效果均较大。

2.7 沼液不同施用量对土壤重金属含量的影响

2.7.1 土壤 Pb 含量的变化比较

水稻收获后，各处理土壤 Pb 含量的方差分析结果表明，各处理间土壤的 Pb 含量存在极显著差异($F=9.408^{**}$，$P=0.0001$)。LSD 检验(图 2-27)结果表明，清水对照、常规施肥处理与处理 6、7、8 间差异极显著，但与其他处理间差异不显著，说明沼液对水稻收获后土壤 Pb 含量的影响很大。水稻种植前后土壤 Pb 含量的变化如图 2-27 所示。

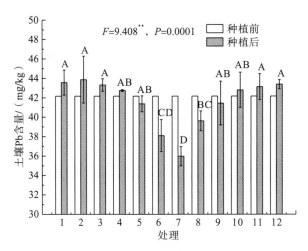

图 2-27   水稻种植前后土壤 Pb 含量的变化

由图 2-27 可知，种植水稻后，只有处理 5~9 的 Pb 含量低于种植前，而其余处理均高于种植前。其中，处理 7 的土壤 Pb 含量最低，为 35.98mg/kg，比种植前降低了 14.68%；处理 6 次之，含量为 38.10 mg/kg，比种植前降低了 9.65%；而常规施肥处理 Pb 含量最高，为 43.87mg/kg，比种植前升高了 4.03%；清水对照的 Pb 含量也较高，为 43.57mg/kg，比种植前升高了 3.32%。对于沼液处理来说，沼液施用量太低(如处理 3、4)或太高(如处理 11、12)，其种植后土壤中的 Pb 含量都比较高，只有当沼液施用量为 750~1750kg/亩时，土壤 Pb 含量才会稍微低一些。

土壤 Pb 含量与沼液施用量呈不显著的三次函数关系，其回归方程为 $y=-2\times10^{-9}x^3-1\times10^{-5}x^2-0.0222x+49.236(R^2=0.6965，P=0.054)$，随着沼液施用量的增加，土壤 Pb 含量先逐渐升高后逐渐降低，然后又急剧升高。在本研究中，当沼液施用量为 3000kg/亩时，土壤 Pb 含量达到峰值 43.39mg/kg。

结合大米中的 Pb 含量可知，所有处理中，处理 5~9 的大米中 Pb 含量相对来说并不高，但是其土壤中的 Pb 含量却低于种植前的水平，原因可能是，在处理 5～9 的沼液施用范围内，水稻长势较好，干物质积累量较高，随着沼液施入农田中的 Pb 可能大多积累在秸秆中，而未进入籽粒中。这可能也是处理 5～9 的大米品质较高的原因之一。

2.7.2　土壤 Cd 含量的变化比较

水稻收获后，土壤 Cd 含量的方差分析结果表明，各处理间土壤 Cd 含量存在显著差异（$F = 3.050^*$，$P = 0.011$）。LSD 检验结果（图 2-28）表明，较高沼液量处理 10、11、12 间差异不显著，但与其他处理间差异显著，说明沼液对水稻收获后的土壤 Cd 含量的影响很大。水稻种植前后土壤 Cd 含量的变化如图 2-28 所示。

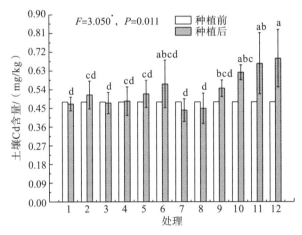

图 2-28　水稻种植前后土壤 Cd 含量的变化

从图 2-28 可以看出，种植水稻后，清水对照、处理 3、处理 7 和处理 8 的土壤 Cd 含量低于种植前，其余各处理均高于种植前。其中，处理 7 和 8 的 Cd 含量最低，分别为 0.4404mg/kg 和 0.4491mg/kg，分别比种植前降低了 8.29% 和 6.48%；而清水对照为 0.4707mg/kg，仅比种植前降低了 1.98%；高沼液量处理 12 的 Cd 含量最高，为 0.6894mg/kg，比种植前升高了 43.57%；处理 11 次之，含量为 0.6650mg/kg，比种植前升高了 38.48%；常规施肥处理的 Cd 含量为 0.5141mg/kg，比种植前升高了 7.06%。

土壤 Cd 含量与沼液施用量呈极显著的一元二次抛物线关系，其回归方程为 $y = 3 \times 10^{-8} x^2 - 3 \times 10^{-5} x + 0.4929$（$R^2 = 0.7094^{**}$，$P = 0.001$），随着沼液施用量的增加，土壤 Cd 含量先降低后升高。在本研究中，当沼液施用量为 1250kg/亩时，土壤 Cd 含量达到最低，为 0.4404mg/kg。

2.7.3　土壤 Cr 含量的变化比较

水稻收获后，土壤 Cr 含量的方差分析结果表明，各处理土壤 Cr 含量存在极显著差异（$F = 10.599^{**}$，$P = 0.0001$）。LSD 测验结果（图 2-29）表明，常规施肥处理与处理 10

～12间差异不显著,但与其他处理间差异极显著,说明沼液对水稻收获后土壤Cr含量的影响很大。水稻种植前后土壤Cr含量的变化如图2-29所示。

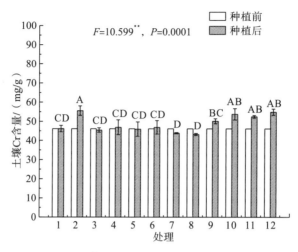

图2-29 水稻种植前后土壤Cr含量的变化

从图2-29可以看出,水稻种植后,处理3、5、7、8的土壤Cr含量比种植前有所降低,清水对照略有降低,其余各处理均比种植前有所升高。其中,常规施肥处理的Cr含量最高,为55.56mg/kg,比种植前升高了20.31%;其次是高沼液量处理12,含量为54.86mg/kg,比种植前升高了18.80%;处理8的Cr含量最低,为43.21mg/kg,比种植前升高了6.43%;处理7次之,含量为43.89mg/kg,比种植前升高了4.96%;清水对照为46.20mg/kg,仅比种植前降低了0.04%。

土壤Cr含量与沼液施用量呈极显著的线性关系,其回归方程为$y = 0.0037x + 42.999$($R^2 = 0.6079^{**}$,$P = 0.008$),随着沼液施用量的增加,土壤Cr含量不断升高。在本研究中,当沼液施用量为3000kg/亩时,土壤Cr含量达到峰值54.86mg/kg。

2.7.4 土壤As含量的变化比较

水稻收获后,土壤As含量的方差分析结果表明,各处理间的土壤As含量无明显差异($F = 1.959$,$P = 0.082$),说明沼液对水稻收获后的土壤As含量的影响不大。水稻种植前后土壤As含量的变化如图2-30所示。

从图2-30可以看出,种植水稻后,各处理的土壤As含量均高于种植前。其中,高沼液量处理12的土壤As含量最高,为9.431mg/kg,比种植前升高了14.68%,处理11次之,为9.070mg/kg,比种植前升高了9.65%;而常规施肥处理的As含量为8.211mg/kg,比种植前升高了4.03%;清水对照的As含量最低,为7.657mg/kg,比种植前升高了3.32%。纯施沼液时,处理6的As含量最低,为8.088mg/kg,仅比种植前升高了6.02%。

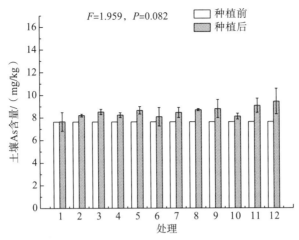

图 2-30　水稻种植前后土壤 As 含量的变化

土壤 As 含量与沼液施用量呈极显著的一元二次抛物线关系，其回归方程为 $y=2\times10^{-7}x^2-0.0005x+8.5936$（$R^2=0.6088^{**}$，$P=0.0001$），随着沼液施用量的增加，土壤砷含量先降低后升高。在本研究中，当沼液施用量为 3000kg/亩时，土壤 As 含量达到峰值 9.431mg/kg。

2.7.5　土壤 Hg 含量的变化比较

水稻收获后，土壤 Hg 含量的方差分析结果表明，各处理的土壤 Hg 含量间存在极显著差异（$F=4.014^{**}$，$P=0.002$）。LSD 检验结果（图 2-31）表明，常规施肥处理与清水对照、处理 3～5 间差异极显著，但与其他处理间差异不显著，说明沼液对水稻收获后的土壤 Hg 含量的影响很大。水稻种植前后土壤 Hg 含量的变化如图 2-31 所示。

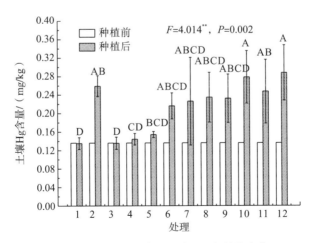

图 2-31　水稻种植前后土壤 Hg 含量的变化

从图 2-31 可以看出，种植水稻后，清水对照和处理 3 的土壤 Hg 含量略低于种植前，而其余各处理的 Hg 含量均高于种植前。其中，高沼液量处理 12 的土壤 Hg 含量最高，为 0.2878mg/kg，比种植前升高了 14.68%；处理 10 次之，含量为 0.2784mg/kg，比种植前升高了 9.65%；而常规施肥处理的 Hg 含量为 0.2592mg/kg，比种植前升高了 4.03%；清水对照的 Hg 含量最低，为 0.1352mg/kg，比种植前降低了 3.32%。纯施沼液时，处理 3 的 Hg 含量最低，为 0.1358mg/kg，比种植前降低了 0.29%。

土壤 Hg 含量与沼液施用量呈极显著的一元二次抛物线关系，其回归方程为 $y = -2 \times 10^{-8} x^2 + 0.0001x + 0.0984$（$R^2 = 0.9057^*$，$P = 0.021$），随着沼液施用量的增加，土壤 Hg 含量先升高后降低。在本研究中，当沼液施用量为 3000kg/亩时，土壤 Hg 含量达到峰值 0.2878mg/kg。

2.7.6　土壤 Ni 含量的变化比较

水稻收获后，土壤 Ni 含量的方差分析结果表明，各处理间的土壤 Ni 含量存在显著差异（$F = 2.227^*$，$P = 0.049$）。LSD 检验结果（图 2-32）表明，常规施肥处理与处理 5、6、11、12 间差异不显著，但与其他处理间差异显著，说明沼液对水稻收获后的土壤 Ni 含量的影响较大。水稻种植前后土壤 Ni 含量的变化如图 2-32 所示。

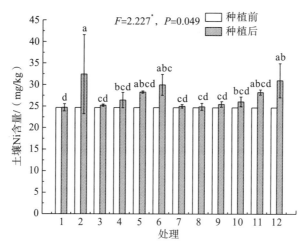

图 2-32　水稻种植前后土壤 Ni 含量的变化

从图 2-32 可以看出，水稻种植后，各处理的土壤 Ni 含量均高于种植前的水平。其中，常规施肥处理的 Ni 含量最高，为 32.43mg/kg，比种植前升高了 31.35%；其次是处理 12，为 31.00mg/kg，比种植前升高了 25.56%；清水对照 Ni 含量最低，为 24.72mg/kg，仅比种植前升高了 0.12%；处理 7、8 次之，分别为 24.91mg/kg 和 25.02mg/kg，比种植前分别升高了 0.89% 和 1.34%。

土壤 Ni 含量与沼液施用量呈不显著的三次函数关系，其回归方程为 $y = -2 \times 10^{-9} x^3 - 9 \times 10^{-6} x^2 - 0.0108x + 23.503$（$R^2 = 0.6965$，$P = 0.106$），随着沼液施用量的增加，土壤 Ni 含量先逐渐升高后逐渐降低，然后又急剧升高。在本研究中，当沼液施用量为 3000kg/亩时，土壤 Ni 含量达到峰值 31.00mg/kg。

2.8　沼液施用后的安全性评价

2.8.1　水稻的安全性评价

水稻的安全问题即无公害食品——大米的生产问题,是指将大米中的重金属、农药残留等污染及有害物质控制在人们食用后不足以对人体健康造成危害的范围内。本书仅对大米的重金属含量进行评价。

评价标准:大米安全质量评价采用《食品安全国家标准　食品中污染物限量》(GB 2762—2017)[11]中的规定(表 2-13)。

表 2-13　食品中污染物限量　　　　　　　　单位: mg/kg

序号	污染物	食品	限量	标准来源
1	铅(Pb)	谷类	0.2	
2	镉(Cd)	大米	0.2	
3	铬(Cr)	粮食	1.0	GB 2762—2017
4	无机砷(以 As 计)	大米	0.2	
5	总汞(以 Hg 计)	粮食(成品粮)	0.02	

评价方法:单因子指数法。

大米质量的评价指标主要有富集系数(enrichment coefficient,EC)和污染指数,其计算方法如下:

$$富集系数 = \frac{大米有害元素含量}{土壤中有害元素含量}$$

$$I_i = \frac{P_i}{S_i}$$

式中,I_i——污染物污染指数;

$\quad\quad P_i$——测定值;

$\quad\quad S_i$——大米限量标准值。

1. 大米重金属含量的积累及其安全性评价

从食品安全方面关注的重金属污染,目前最引起人们关注的主要是 Hg、Cd、Pb、Cr,以及类金属 As 等有显著生物毒性的重金属。重金属主要通过污染食品、饮用水及空气而最终威胁人类健康。受到重金属污染的蔬菜、水果、粮食、肉类等并不能通过浸泡、清洗或蒸煮来去除其所含有的重金属。重金属在环境中大多不能被生物所降解,相反却能在食物链的生物放大作用下成千百倍地富集,最后进入人体。随着人体中重金属蓄积量的增加,机体便出现各种反应而危害健康,有些重金属还有致畸、致癌或致突变作用而危及生命安全。据研究,重金属污染经食物链放大,随食品进入人体后主要引起机体的慢性损伤,进入人体的重金属要经过较长时间的积累才会显示出毒性,因此往往不易在早期被察觉而在毒性发作前就引起足够的重视,从而更加重了其危害性。而有研究证明水稻对重金属又有较强的累积作用,因此大米中的重金属含量也是无公害食品的一个重要指标。本书从大米食用安全的角度对 Pb、Cd、Cr、As、Hg、Ni 等矿质元素的含量做了讨论和评价。

1)重金属对人体健康的影响

铅 Pb 进入人体后,一部分可经肾脏和肠道排出体外,留在体内的 Pb 可取代骨中的 Ca 而蓄积于骨骼。随着蓄积量的增加,机体可呈现出毒性反应。据研究报道,Pb 中毒可引起造血[12]、肾脏[13]及神经系统[14]损伤,损伤肠胃[15],可致高血压[16],致不孕不育[17],影响儿童智力发育[18,19]。Pb 中毒后往往表现为智力低下、反应迟钝、贫血等慢性中毒症状。从危害程度来说,Pb 对胎儿和幼儿生长发育影响最大,因此儿童发生 Pb 中毒的概率远远高于成年人。

镉 Cd 进入人体后主要蓄积于肾脏和肝脏中,Cd 中毒主要损害人体的肾脏[20]、骨骼[21]和消化系统,还能对子代的发育和智力产生影响[22]。Cd 损伤肾脏近曲小管后,可造成 Ca、蛋白质等营养素的流失,使骨质脱 Ca,引起骨骼畸形、骨折等,导致病人骨痛难忍,并因疼痛而死亡。急性 Cd 中毒常常引起呕吐、腹泻、头晕、多涎、意识丧失等症状。另外,还有研究表明 Cd 及其化合物具有一定的致癌、致畸、致突变作用[23]。

铬 Cr 对人体的毒害作用主要表现在对皮肤、呼吸道、眼睛、胃肠道的损伤及其致癌作用[24]。人体摄入过量的 Cr^{6+} 会引起肾脏和肝脏受损[25]、恶心、胃肠道刺激、胃溃疡、痉挛,甚至死亡。另外,Cr 具有致突变性和潜在致癌性,Cr^{6+} 是国际抗癌研究中心和美国毒理学组织公布的致癌物,具有明显的致癌作用。

砷 As 对人体中的许多酶有很强的抑制作用,可使人体内很多酶的活性及细胞的呼吸、分裂和繁殖受到严重干扰而引起体内代谢障碍[26]。急性 As 中毒主要表现为胃肠炎症状,严重者可导致中枢神经系统麻痹而死亡,病人常有七窍流血的现象。慢性 As 中毒的症状除有一般的神经衰弱症候群外,还有皮肤色素沉着、过度角质化、末梢神经炎等。现在 As 及其化合物已被确认为致癌物。

汞 进入人体的 Hg 主要经由人们摄食污染后的鱼类、贝类、谷物和大米。谷物和大米的 Hg 污染,则可能主要来源于农药和废水污染。Hg 中毒患者往往表现为手指、口唇和舌头麻木,说话不清,视野缩小,运动失调及神经系统损害,严重者可以发生瘫痪、肢体变形、吞咽困难,甚至死亡。调查表明,如果人体累积摄入超过 500mg 以上的甲基汞,就可以出现肢体麻木、视野缩小、运动失调等症状[27]。

镍 1974 年有研究证明 Ni 是人体必需的生命元素[28]。人体对 Ni 的日需要量约为 0.3mg,主要由蔬菜、谷类及海带等供给[29]。有研究表明,缺 Ni 可引起糖尿病、贫血、肝硬化、尿毒症、肾衰和肝脂质及磷脂质代谢异常等。但是,过量的 Ni 会对人体造成危害,引起炎症[30],引起神经衰弱及中枢性循环和呼吸系统紊乱。此外,Ni 还有降低生育能力、致畸、致癌和致突变作用[31-33],已有动物实验和人群观察证明,Ni 具有积存作用,在肾、脾、肝中积存最多,可诱发鼻咽癌和肺癌[34]。

2）大米中重金属含量的评价

大米对土壤重金属的吸收能力有强有弱，可以用富集系数来表示。另外，富集系数也可以在一定程度上反映重金属元素在土壤－植物体系中迁移的难易程度。大米中重金属的富集系数和污染指数见表 2-14 和表 2-15。

表 2-14　大米重金属的富集系数

重金属		处理											
		1	2	3	4	5	6	7	8	9	10	11	12
Pb	P_i	0.1684	0.2385	0.1837	0.1919	0.1984	0.1990	0.1924	0.1934	0.2024	0.2110	0.2142	0.2260
	EC	0.0039	0.0054	0.0042	0.0045	0.0048	0.0052	0.0053	0.0049	0.0049	0.0049	0.0050	0.0052
Cd	P_i	0.1195	0.2208	0.1229	0.1246	0.1379	0.1413	0.1414	0.1496	0.1642	0.1859	0.1810	0.1925
	EC	0.2539	0.4295	0.2586	0.2573	0.2657	0.2492	0.3211	0.3331	0.3010	0.2987	0.2722	0.2792
Cr	P_i	0.2079	0.4639	0.2329	0.2461	0.2913	0.3128	0.3522	0.3659	0.4326	0.5158	0.6109	0.6460
	EC	0.0045	0.0083	0.0051	0.0052	0.0063	0.0067	0.0080	0.0085	0.0086	0.0096	0.0116	0.0118
As	P_i	0.0424	0.0445	0.0427	0.0429	0.0437	0.0440	0.0448	0.0450	0.0469	0.0460	0.0490	0.0474
	EC	0.0055	0.0054	0.0050	0.0052	0.0050	0.0054	0.0053	0.0052	0.0053	0.0057	0.0054	0.0050
Hg	P_i	—	0.0040	—	—	—	—	—	—	—	—	—	—
	EC	—	0.0154	—	—	—	—	—	—	—	—	—	—
Ni	P_i	0.2277	0.3084	0.2322	0.2502	0.2509	0.2522	0.2575	0.2652	0.2787	0.2691	0.2655	0.2865
	EC	0.0092	0.0095	0.0092	0.0095	0.0089	0.0084	0.0103	0.0106	0.0109	0.0103	0.0094	0.0092

从表 2-14 可以看出，大米对重金属的富集能力顺序为 Cd＞Ni＞Cr＞As＞Pb＞Hg。在这 6 种元素中，大米对 Cd 的富集能力最高，且迁移能力较强；对 Ni 的富集能力次之，而对 Cr、As、Pb 的富集能力相当；由于在所有处理中，只有在常规施肥处理的大米中检测到了少量的 Hg，而其余处理的大米对 Hg 几乎没有富集能力。吴燕玉等[35]在研究农田生态系统重金属复合污染时发现，在 Cd、Pb、As 3 种重金属元素中，水稻对 Cd 的吸收率（地上部污染物含量/污染物施用量）最高，并且 Cd 在小麦中也表现出了类似的富集特性。土壤中 Pb 主要以化学吸附为主，Pb 与土壤中的碳酸盐、硫酸盐等形成沉淀，因此在土壤中较难移动，水稻吸收的大部分 Pb 积累于根部[36]。本研究也可看出，Pb 在大米中的富集能力较弱。As 较易在根系富集，不易向地上部迁移，因而作物籽粒对其的富集系数较低，这与众多学者的研究结论一致[37,38]。

表 2-15　大米的污染指数

重金属		处理											
		1	2	3	4	5	6	7	8	9	10	11	12
Pb	P_i	0.1684	0.2385	0.1837	0.1919	0.1984	0.1990	0.1924	0.1934	0.2024	0.2110	0.2142	0.2260
	I_i	0.8420	**1.1925**	0.9185	0.9595	0.9920	0.9950	0.9620	0.9670	**1.0120**	**1.0550**	**1.0710**	**1.1300**

续表

重金属		处理											
		1	2	3	4	5	6	7	8	9	10	11	12
Cd	P_i	0.1195	0.2208	0.1229	0.1246	0.1379	0.1413	0.1414	0.1496	0.1642	0.1859	0.1810	0.1925
	I_i	0.5975	**1.1040**	0.6145	0.6230	0.6895	0.7065	0.7070	0.7480	0.8210	0.9295	0.9050	0.9625
Cr	P_i	0.2079	0.4639	0.2329	0.2461	0.2913	0.3128	0.3522	0.3659	0.4326	0.5158	0.6109	0.6460
	I_i	0.2079	0.4639	0.2329	0.2461	0.2913	0.3128	0.3522	0.3659	0.4326	0.5158	0.6109	0.6460
As	P_i	0.0424	0.0445	0.0427	0.0429	0.0437	0.0440	0.0448	0.0450	0.0469	0.0460	0.0490	0.0474
	I_i	0.2827	0.2967	0.2847	0.2860	0.2913	0.2933	0.2987	0.3000	0.3127	0.3067	0.3267	0.3160
Hg	P_i	—	0.0040	—	—	—	—	—	—	—	—	—	—
	I_i	—	0.2000	—	—	—	—	—	—	—	—	—	—
Ni	P_i	0.2277	0.3084	0.2322	0.2502	0.2509	0.2522	0.2575	0.2652	0.2787	0.2691	0.2655	0.2865
	I_i	—	—	—	—	—	—	—	—	—	—	—	—

从表 2-15 可以看出，常规施肥处理和处理 9~12 的大米 Pb 污染指数大于 1，常规施肥处理的大米 Cd 污染指数大于 1，其余处理的 Pb、Cd 和所有处理的 Cr、As、Hg、Ni、亚硝酸盐的污染指数均小于 1。所以，常规施肥处理和处理 9~12 的大米受到 Pb 污染，常规施肥处理的大米受到 Cd 污染，而其余处理均未受到 Pb、Cd 污染，且所有处理均未受到其他重金属的污染。

2. 施用沼液的大米重金属含量与土壤重金属含量间的关系

大米重金属含量与土壤重金属含量间的关系见表 2-16。从表 2-16 可知，纯施沼液时，大米中 Cd、Cr 含量分别与土壤中 Cd、Cr 的含量存在极显著的正相关关系，相关系数均达到 1% 的显著水平；大米中 As 含量与土壤中 As 含量存在显著的正相关关系，相关系数达到 5% 的显著水平；大米中 Pb、Hg、Ni 与土壤中 Pb、Ni 的含量之间不存在明显的相关性。

表 2-16　大米重金属含量与土壤重金属含量间的相关系数

参数	Pb	Cd	Cr	As	Hg	Ni
相关系数	0.144	0.714**	0.709**	0.421*	—	0.084
P	0.279	0.002	0.002	0.042	—	0.416

2.8.2　土壤环境质量评价

本次土壤质量安全评价旨在判断土壤中重金属含量是否超出国家标准《土壤环境质量　农用地土壤污染风险管控标准（试行）》（GB 15618—2018）[39] 范围，不按照任何评价模式来进行评价，只是对处理后土壤中重金属与国家标准中的值进行比较。

1. 沼液农用对土壤 Pb 含量的影响

随着沼液施用量的增加，土壤 Pb 含量先逐渐升高后逐渐降低，然后又急剧升高。在本研究中，水稻收获后，清水对照的土壤 Pb 含量为 43.57mg/kg，常规施肥处理的土壤 Pb 含量为 43.87mg/kg，纯施沼液时，土壤中的 Pb 含量变化范围为 35.98~43.39mg/kg。对照《土壤环境质量　农用地土壤污染风险管控标准(试行)》(GB 15618—2018)中的规定，本研究中所有处理的土壤 Pb 含量均符合国家标准(≤80mg/kg)。

2. 沼液农用对土壤 Cd 含量的影响

随着沼液施用量的增加，土壤 Cd 含量不断升高。在本研究中，水稻收获后，清水对照的土壤 Cd 含量为 0.4707mg/kg，常规施肥处理的土壤 Cd 含量为 0.5141mg/kg，处理 3~12 的土壤 Cd 含量变化范围为 0.4752~0.6894mg/kg。对照《土壤环境质量　农用地土壤污染风险管控标准(试行)》(GB 15618—2018)中的规定，本研究中所有处理的土壤 Cd 含量都超过了国家标准(≤0.3mg/kg)。由于种植前的农田土壤中 Cd 含量都已达到 0.4802mg/kg，说明该农田已受到 Cd 污染，在 Cd 含量较高的土壤上，应慎用此类型沼液，以避免造成或加剧土壤 Cd 污染。

3. 沼液农用对土壤 Cr 含量的影响

随着沼液施用量的增加，土壤 Cr 含量不断升高。在本研究中，水稻收获后，清水对照的土壤 Cr 含量为 46.20mg/kg，常规施肥处理的土壤 Cr 含量为 55.56mg/kg，处理 3~12 的土壤 Cr 含量变幅在 43.21~54.86mg/kg 范围内。对照《土壤环境质量　农用地土壤污染风险管控标准(试行)》(GB 15618—2018)中的规定，本研究中所有处理的土壤 Cr 含量均符合国家标准(≤250mg/kg)。

4. 沼液农用对土壤 As 含量的影响

随着沼液施用量的增加，土壤 As 含量先降低后升高。在本研究中，水稻收获后，清水对照的土壤 As 含量为 7.657mg/kg，常规施肥处理的土壤 As 含量为 8.211mg/kg，处理 3~12 的土壤 As 含量变化范围为 8.088~9.431mg/kg。对照《土壤环境质量　农用地土壤污染风险管控标准(试行)》(GB 15618—2018)中的规定，本研究中所有处理的土壤 As 含量均符合国家标准(≤30mg/kg)。

5. 沼液农用对土壤 Hg 含量的影响

随着沼液施用量的增加，土壤 Hg 含量先升高后降低。在本研究中，水稻收获后，清水对照的土壤 Hg 含量为 0.1352mg/kg，常规施肥处理的土壤 Hg 含量为 0.2592mg/kg，处理 3~12 的土壤 Hg 含量变化范围为 0.1358~0.2878mg/kg。对照《土壤环境质量　农用地土壤污染风险管控标准(试行)》(GB 15618—2018)中的规定，本研究中所有处理的土壤 Hg 含量均符合国家标准(≤0.50mg/kg)。

6. 沼液农用对土壤 Ni 含量的影响

随着沼液施用量的增加，土壤 Ni 含量先逐渐升高后逐渐降低，然后又急剧升高。在本研究中，水稻收获后，清水对照的土壤 Ni 含量为 24.72mg/kg，常规施肥处理的土壤 Ni 含量为 32.43mg/kg，处理 3~12 的土壤 Ni 含量变化范围为 24.91~31.00mg/kg。对照《土壤环境质量　农用地土壤污染风险管控标准(试行)》(GB 15618—2018)中的规定，本研究中所有处理的土壤 Ni 含量均符合国家标准(≤60mg/kg)。

2.9　本 章 总 结

(1)从水稻产量、品质和食品安全 3 个方面综合考虑，沼液施用量为 750~1250kg/亩时，水稻产量相对处于最高水平，比清水对照和常规施肥处理的产量分别提高了 12.21%~15.52% 和 6.78%~9.93%；沼液施用量为 1000~1500kg/亩时，大米营养品质(包括蛋白质含量和矿质元素)相对较高，且全部高于清水对照和常规施肥处理，但沼液施用量超过 1750kg/亩时，大米 Pb 含量将超过食品限量卫生标准；其余所有沼液处理的大米重金属含量均在食品限量标准范围内。所以，当沼液施用量为 1000~1250kg/亩时，水稻产量较高、大米品质优良、安全，施用沼液的经济效益较高。

(2)从土壤肥力和土壤环境质量状况考虑，发现当沼液施用量为 1000~1750kg/亩时，土壤各种大量元素及中、微量元素有效态的含量均处于较高水平；沼液施用量为 1250~1500kg/亩时，土壤中各重金属的含量均处于较低水平。所以，本研究确定，当沼液施用量为 1250~1500kg/亩时，土壤肥力较高，环境质量较好，施用沼液的环境效益较高。

综上，从水稻产量、大米品质、食品安全及土壤肥力和土壤环境质量等方面综合考虑，山丘区水稻土种植水稻的沼液(养猪场猪粪尿沼液)最佳施用量是 1250kg/亩左右，此时沼液农用的经济和环境效益达到最佳平衡。

参 考 文 献

[1]雷友造，吴绍锋，徐燕. 沼液在水稻上的应用效果研究[J]. 农技服务，2007，24(6)：47，82.

[2]中国土壤学会. 土壤农业化学分析方法[M]. 北京：中国农业科技出版社，2000.

[3]国家环境保护总局《水和废水监测分析方法》编委会. 水和废水监测分析方法(第四版)[M]. 北京：中国环境科学出版社，2002.

[4]靳明峰，温暖，杜晓秋. 不同氮肥调控对水稻品质及产量的影响[J]. 现代化农业，2008(7)：13-14.

[5]陈周前，李霞红，陈翻身，等. 氮肥对水稻分蘖及产量结构的影响[J]. 安徽农学通报，2009，15(6)：87-90.

[6]周庆举，间新，王兴贵. 基施不同沼液施用量对水稻产量的影响[J]. 耕作与栽培，2007(3)：47.

[7]刘道宏. 植物叶片的衰老[J]. 植物生理学通讯，1983(2)：14-19.

[8]Thomas H，Smart C M. Crops that stays green[J]. Ann. Appl. Biol.，1993(123)：193-219.

[9]张进，张妙仙，单胜道，等. 沼液对水稻生长产量及其重金属含量的影响[J]. 农业环境科学学报，2009，28(10)：2005-2009.

[10]杨志，杜小军. 沼液对水稻生育及产量影响效果的初步研究[J]. 广东农业科学，2010(1)：58-59.

[11]GB 2762—2017　食品安全国家标准　食品中污染物限量[S]. 北京：中国标准出版社，2017.

[12]厉勇，肖琨，祝丽丽. 儿童血铅与红细胞相关因素研究分析[J]. 中国妇幼保健，2007，22(31)：4435-4436.

[13]承勇. 铅与人体健康[J]. 微量元素与健康研究，1999，16(3)：76-78.

[14]王红梅，于云江，赵秀阁，等. 铅神经毒性的分子生物学研究回顾与展望[J]. 现代预防医学，2007，34(20)：3856-3857.

[15]梁奇峰，李就雄，丘基祥. 环境铅污染与人体健康[J]. 广东微量元素科学，2003，10(7)：57-59.

[16]张晓枫. 微量元素铅与人体健康的关系[J]. 数理医药学杂志，2004，17(5)：473.

[17]张懋全，周晓明，王蓓兰. 铅对人类的危害及铅中毒的预防[J]. 社区卫生保健，2007，6(5)：359-360.

[18]刘茂生，宋继军. 有害元素铅与人体健康[J]. 微量元素与健康研究，2004，21(4)：62-63.

[19]郝淑会，孙奎东. 儿童铅中毒研究进展[J]. 河北北方学院学报，2007，24(6)：80-82.

[20]Brzoska M M, Kaminski M, Supernak B D, et al. Changes in the structure and function of the kidney of rats chronically eaposed to cadmium：L biochemical and histopathological studies[J]. Arch Toxicol，2003，77(6)：344-352.

[21]Wang H, Zhu G, Shi Y. Influence of environmental cadmium exposure on forearm bone density[J]. Bone Miner Res，2003，18(3)：553-556.

[22]Nishijo M, Nakagawa H, Honda R. Effects of maternal exposure to cadmium on pregnancy outcome and breast milk[J]. Occupation Environmental Medicine，2002，59(6)：394-397.

[23]魏筱红，魏泽义. 镉的毒性及其危害[J]. 公共卫生与预防医学，2007，18(4)：44-46.

[24]张汉池，张继军，刘峰. 铬的危害与防治[J]. 内蒙古石油化工，2004，30(1)：72.

[25]张广生. 铬化合物肾脏毒性研究进展[J]. 卫生研究，2006，35(5)：659-662.

[26]黄秋婵，韦友欢，吴颖珍. 砷污染对人体健康的危害效应研究[J]. 微量元素与健康研究，2009，26(4)：65-67.

[27]万双秀，王俊东. 汞对人体神经的毒性及其危害[J]. 微量元素与健康研究，2005，22(2)：67-70.

[28]王夔. 生命科学中的微量元素[M]. 北京：中国计量出版社，1996：331.

[29]韦友欢，黄秋婵，苏秀芳. 镍对人体健康的危害效应及其机理研究[J]. 环境科学与管理，2008，33(9)：45-48.

[30]皮嵩云，王艳，张玉莲. 低浓度镍对人体健康影响的探讨[J]. 实用预防医学，2006，13(4)：969-970.

[31]Nieboer E, Nriagu J Q. Nickel and human health：current perspectives[M]. New York：A Wiley-Interscience Publication，1992：37-48.

[32]Keshawa N, Lin F, Whong W Z. Decreased apoptosis in tumor cells and transformed cells induced by cadmium chloride and beryllium sluphate[J]. EMS Abstracts，2000(35)：107.

[33]张波，孟紫强. 汞和镍对人血淋巴细胞转化及 DNA 合成的效应[J]. 广东微量元素科学，1998，5(4)：30-33.

[34]康立姆，孙凤春. 镍与人体健康及毒理作用[J]. 世界元素医学，2006，13(3)：1-6.

[35]吴燕玉，王新，梁仁禄，等. Cd、Pb、Cu、Zn、As 复合污染在农田生态系统的迁移动态研究[J]. 环境科学学报，1998，18(4)：407-414.

[36]王新，梁仁禄，周启星. Cd-Pb 复合污染在土壤－水稻系统中生态效应的研究[J]. 农村生态环境，2001，17(2)：41-44.

[37]刘文菊，胡莹，毕淑芹，等. 苗期水稻吸收和转运砷的基因型差异研究[J]. 中国农学通报，2006，22(6)：356-360.

[38]刘志彦，田耀武，陈桂珠. 复合污染重金属在水稻不同部位的积累转运[J]. 中山大学学报(自然科学版)，2010，49(2)：138-144.

[39]GB 15618—2018 土壤环境质量 农用地土壤污染风险管控标准(试行)[S]. 北京：中国标准出版社，2018.

第3章 沼液农用对单季油菜品质及土壤环境质量的影响

油菜是我国乃至世界最主要的油料作物之一，中国油菜总产量及种植面积均居世界第一。由于油菜需肥量较大，农业生产成本高，因此，在油菜生产过程中用沼液作为肥源代替化肥，从而降低生产成本，具有很重要的现实意义。目前关于沼液不同施用量对油菜产量、品质及对土壤质量的影响研究鲜有报道。因此，本研究将沼液的资源化利用与农业生产相结合，以规模化养猪场猪粪尿为原料厌氧发酵产生的沼液作为肥源代替化学肥料，在四川省邛崃市水稻土上进行油菜大田种植，通过设置不同施用量的沼液处理，以清水和常规施肥处理为对照，研究沼液农用对油菜生长发育、产量、品质及土壤质量的影响，确定油菜生产的沼液适宜施用量及当地土壤对沼液农用的最大承受力，从而为沼液在农业生产中的科学资源化利用提供一定的理论依据。

3.1 材料与方法

3.1.1 供试材料

供试油菜：四川省宜宾市农业科学院油料所选育的双低优质杂交油菜品种宜油15。

供试沼液：养殖场已发酵完全的沼液，发酵原料为以通威饲料饲养的大型养猪场的猪粪尿，供试沼液氮、磷、钾总养分为1.689g/kg，其中氮为1.102g/kg（沼液成分见表3-1，为沼液4次施用的平均值）。

供试化肥：尿素（含N 46%），过磷酸钙（含P_2O_5 10%），氯化钾（含K_2O 60%），硼砂（含B15%），化肥重金属含量见表3-2。

表 3-1 沼液（pH=7.026）成分含量表

成分	含量	成分	含量	成分	含量
TN/（mg/L）	903.4	Ca/（mg/L）	1685.1	Cr/（mg/L）	1.272
NH_4^+-N/（mg/L）	652.4	Mg/（mg/L）	369.9	Pb/（mg/L）	0.4754
NO_3^--N/（mg/L）	7.000	Fe/（mg/L）	704.1	Ni/（mg/L）	1.165
TP/（mg/L）	87.23	Mn/（mg/L）	28.44	As/（mg/L）	4.993
TK/（mg/L）	394.3	Cu/（mg/L）	55.33	Hg/（mg/L）	—
Na/（mg/L）	245.9	Zn/（mg/L）	5.263	总残渣/（g/L）	12.84
		Cd/（mg/L）	0.04556		

表 3-2　化肥重金属含量　　　　　　单位：mg/kg

成分	尿素	氯化钾	过磷酸钙	硼砂
Pb	0.1962	0.8425	32.26	0.1868
Cd	0.04248	0.07836	0.09338	0.04542
Cu	0.3726	1.869	18.37	0.3882
Zn	3.025	6.873	89.72	3.128
Cr	3.226	5.286	23.74	3.096
Ni	0.5738	0.6742	1.418	0.5218
As	1.479	2.138	5.742	1.282
Hg	0.3265	0.2463	1.224	0.2365

3.1.2　试验地点及条件

试验地点选择见 2.1.2 节，待水稻收获后开展油菜试验，供试土壤的基本理化性质及重金属含量情况见表 3-3。

表 3-3　土壤(pH=4.812)基本理化性质及重金属含量表

项目	含量	项目	含量
全氮/(g/kg)	2.108	有效 Zn/(mg/kg)	20.72
碱解氮/(mg/kg)	173.4	Ca/(mg/kg)	119.6
速效磷/(mg/kg)	57.32	Mg/(mg/kg)	150.2
速效钾/(mg/kg)	31.48	Pb/(mg/kg)	43.25
有机质/(g/kg)	35.65	Cd/(mg/kg)	0.4798
CEC/(cmol/kg)	13.26	Cr/(mg/kg)	38.52
有效 Fe/(mg/kg)	676.8	As/(mg/kg)	12.26
有效 Mn/(mg/kg)	49.32	Hg/(mg/kg)	0.1802
有效 Cu/(mg/kg)	14.74	Ni/(mg/kg)	23.78

3.1.3　试验设计

试验田前茬作物为水稻，试验设 12 个处理，包括 1 个清水对照(处理 1)、1 个常规施肥处理(处理 2)和 10 个纯沼液处理 (表 3-4)，每个处理 3 次重复，随机区组排列。小区面积为 20m²(5m×4m)，处理间间隔 40cm，重复间间隔 50cm，四周设保护行。

表 3-4　不同施肥量试验设计　　　　　　　　单位：kg/hm²

处理	沼液总用量	基肥	苗肥		薹肥
		移栽后 15 天	移栽后 25 天	移栽后 55 天	移栽后 75 天
1	0	0	0	0	0
2	0	当地常规施肥(尿素 510，过磷酸钙 2250，氯化钾 255)			
3	22500	22500	0	0	0
4	45000	22500	7500	7500	7500
5	67500	22500	15000	15000	15000
6	78750	22500	18750	18750	18750
7	90000	22500	22500	22500	22500
8	101250	22500	26250	26250	26250
9	112500	22500	30000	30000	30000
10	135000	22500	37500	37500	37500
11	157500	22500	45000	45000	45000
12	180000	22500	52500	52500	52500

备注：基肥各处理均每公顷施硼肥 8.4kg。

3.1.4　主要栽培管理措施

油菜按常规方法进行育苗，于 9 月 7 日播种，待苗龄 35 天左右免耕移栽至大田。按宽窄行进行移栽，每小区定植 168 株，折合密度为 5600 株/亩。移栽时记录苗龄、苗高和叶龄。油菜的田间管理，除不同施肥量，分小区施沼液和化肥外，各种管理措施一致，并在同一天完成，其他栽培管理与大田生产相同。

3.1.5　调查测定项目与方法

1. 生育期的记载

记录油菜的播种期、出苗期、移栽期、蕾薹期、开花期、角果成熟期等生育期。

2. 油菜主要农艺性状及干物质重的测定

油菜主要农艺性状的测定参照刘后利标准[1]。收获前每小区随机取 5 株称取地上部干物质重并对主要经济性状进行调查和考种，分主茎、分枝、果壳、籽粒分别测定干物重，考察农艺性状 13 个：株高(cm)、分枝部位(cm)、一次有效分枝数、二次有效分枝数、主花序有效长度(cm)、主花序有效角果数、角果长度(cm)、一次分枝角果数、二次分枝角果数、单株角果总数、角果粒数、千粒重(g)、单株产量(g)。然后小区整体收获脱粒计产。

3. 油菜品质指标的测定

收获晒干后,用近红外光谱仪(FOSS-5000)测定油菜的蛋白质、含油率、油酸、芥酸、硫苷[2]。

油菜籽粒氮、磷、钾含量的测定:油菜成熟收获后,将籽粒于 105℃杀青 1h,于 75℃烘干至恒重,并称重,然后将籽粒粉碎装袋备用。样品经 $H_2O_2-H_2SO_4$ 消煮后,分别采用凯氏定氮法、钒钼黄比色法、火焰光度计法进行氮、磷、钾的测定[3]。

矿质元素和重金属的测定:Fe、Mn、Cu、Zn、Ca、Mg、Cr、Cd、Ni、Pb 的测定采用原子吸收分光光度法;As、Hg 的测定采用原子荧光分光光度法。

4. 土壤的分析测定

油菜收获后采取多点分布的原则,在每个试验小区各采集一个土样。供试土壤的基本理化性质分析参照中国土壤学会编写的《土壤农业化学分析方法》[3];土壤微生物数量及酶活性的测定参照姚槐应、黄昌勇编著的《土壤微生物生态学及其实验技术》[4],具体方法如下见表 3-5 所示。

表 3-5　土壤各指标的测定方法

项目	测定方法
pH	电位法(土水比为 1∶2.5)
有机质	重铬酸钾容量法——外加热法
全氮	半微量开氏定氮——蒸馏法
碱解氮	碱解扩散——滴定法
速效磷	碳酸氢钠浸提——钼锑抗比色法
速效钾	1mol/L 乙酸铵浸提——火焰光度计法
CEC	1mol/L 中性乙酸铵淋洗——蒸馏法
交换性 K、Na	火焰光度计法
交换性 Ca、Mg	原子吸收分光光度法
有效 Fe、Mn、Cu、Zn	0.1mol/L HCl 浸提——原子吸收光谱法
Ca、Mg	
重金属(Cr、Cd、Ni、Pb)	王水-高氯酸消解——原子吸收分光光度法
重金属(As、Hg)	王水水浴加热——原子荧光分光光度法
微生物活菌数	平板计数法
蔗糖酶活性	3,5-二硝基水杨酸比色法
脲酶活性	苯酚-次氯酸钠比色法
过氧化氢酶活性	$KMnO_4$ 滴定法

3.1.6　沼液的分析测定

每次施肥前均采集沼液样品进行测定,分析方法参照《水和废水分析监测方法》(第四版)[5]。具体方法见表 2-5。

3.1.7　数据处理

试验数据采用 Excel 2003、SPSS 13.0 和 Origin 8.0 等软件分别进行分析、统计和绘图。

3.2　沼液农用对油菜生长发育的影响

3.2.1　沼液农用对油菜生育进程的影响

各试验处理下油菜的生育进程见表 3-6。

表 3-6　不同施肥处理对油菜生育进程的影响

处理	播种期	出苗期	移栽期	蕾薹期	开花期	角果成熟期	全生育期/d
1	2009－09－07	2009－09－11	2009－10－16	2010－02－07	2010－03－04	2010－05－06	241
2	2009－09－07	2009－09－11	2009－10－16	2010－02－09	2010－03－06	2010－05－08	243
3	2009－09－07	2009－09－11	2009－10－16	2010－02－07	2010－03－04	2010－05－06	241
4	2009－09－07	2009－09－11	2009－10－16	2010－02－08	2010－03－05	2010－05－07	242
5	2009－09－07	2009－09－11	2009－10－16	2010－02－09	2010－03－06	2010－05－08	243
6	2009－09－07	2009－09－11	2009－10－16	2010－02－09	2010－03－06	2010－05－08	243
7	2009－09－07	2009－09－11	2009－10－16	2010－02－09	2010－03－06	2010－05－08	243
8	2009－09－07	2009－09－11	2009－10－16	2010－02－09	2010－03－06	2010－05－08	243
9	2009－09－07	2009－09－11	2009－10－16	2010－02－10	2010－03－07	2010－05－09	244
10	2009－09－07	2009－09－11	2009－10－16	2010－02－10	2010－03－07	2010－05－09	244
11	2009－09－07	2009－09－11	2009－10－16	2010－02－11	2010－03－08	2010－05－10	245
12	2009－09－07	2009－09－11	2009－10－16	2010－02－11	2010－03－08	2010－05－10	245

注：记录日期形式为年－月－日。

从表 3-6 可知，各试验处理的油菜全生育期相差最大为 4 天，其中全生育期最短的是清水对照（处理 1）和处理 3，为 241 天，油菜先现蕾抽薹，并缩短了全生育期，提早成熟。随着沼液施用量的增加，油菜的全生育期呈延长趋势，全生育期最长的为处理 11 和处理 12，为 245 天，这可能是由于大量施用沼液带入过多的氮素，油菜吸收了过多的氮，把体内大部分养料与氮化合制成蛋白质，而构成细胞壁的原材料——纤维素、果胶等，却制造得很少。这样，油菜的组织柔软，很容易倒伏，开花结果也迟，并出现生长过旺，后期贪青晚熟的现象[6]。说明过多施肥会延长生育期，影响后作，同时也浪费能源。因此，经济合理及平衡施肥是生产中必须注意的问题。

3.2.2　沼液农用对油菜株高的影响

作物株高主要由品种基因型决定，但同一品种，环境因子及栽培条件等不同，株高也有所不同。本试验研究在不同沼液施用量的情况下，油菜株高性状的表现差异。各试验处理间油菜平均株高的方差分析结果表明，各处理的油菜平均株高之间呈极显著差异（$F = 24.156^{**}$，$P = 0.000$），说明施肥对油菜株高的影响较大。

由各试验处理间油菜平均株高的 LSD 多重比较结果[图 3-1(a)]可知，各沼液处理下油菜平均株高均显著高于清水对照（$P < 0.05$，下同），随着沼液施用量的增加，油菜株高呈上升趋势，常规施肥处理的油菜株高与处理 3～6 差异不显著（$P > 0.05$，下同），但却显著低于处理 7～12。

进一步对油菜株高与产量的相关性进行分析，油菜株高与产量间呈极显著的一元二次抛物线关系，其回归方程为 $y = -2.0066x^2 + 870.18x - 91436$（$R^2 = 0.6457$，$P = 0.009$），如图 3-1(b)所示。油菜产量随着油菜株高的升高呈先升高后降低的趋势。在本试验研究中，处理 12 的平均株高最高，为 232.6cm，但处理 8 的产量最高，达 3433.3kg/hm^2，说明油菜植株的高低并不能完全反映油菜的目标产量状况。

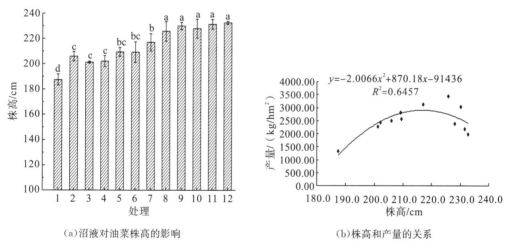

(a)沼液对油菜株高的影响　　　　　　　(b)株高和产量的关系

图 3-1　不同施肥处理对油菜株高的影响及株高和产量的关系

3.2.3　沼液农用对油菜分枝及角果的影响

不同施肥处理对油菜分枝及角果的影响见表 3-7。由表 3-7 可知，随着沼液施用量的增加，油菜的分枝部位、一次有效分枝数、二次有效分枝数呈升高趋势，这与李志玉等[7, 8]的研究结果相似，说明沼液施用可以促进油菜的分枝，增加分枝数量，提高分枝部位；油菜角果长度随着沼液施用量的增加呈先升高后降低趋势，其中处理 9 的角果长度最大，为 5.5cm，分别比清水对照和常规施肥处理高 12.24% 和 10.00%，处理 12 的角果长度最小，仅 4.6cm，甚至低于清水对照。

表 3-7 不同施肥处理对油菜分枝及角果的影响

处理	分枝部位/cm	一次有效分枝数/个	二次有效分枝数/个	主轴有效角果数/个	一次分枝有效角果数/个	二次分枝有效角果数/个	主轴有效长度/cm	角果长度/cm
1	71.74 cB	7.7 cC	0.0 d	90.00 eC	169.4 hH	0.9 eD	87.0aA	4.9 cdBC
2	78.30 bcB	8.7 bcBC	0.7 cd	106.7 abcAB	354.9 dEF	4.0 deD	65.8 bB	5.0 bcABC
3	77.17 bcB	7.7 cC	0.3 d	96.33 deBC	276.1 gG	2.9 deD	64.3 bB	4.9 bcdBC
4	74.64 bcB	9.0 bcABC	1.3 abcd	99.67 cdABC	298.5 fG	4.3 deD	63.5 bB	4.9 cdBC
5	80.94 bcAB	9.0 bcABC	0.7 cd	103.0 abcdABC	327.4eF	0.3 eD	65.1 bB	5.0 bcABC
6	75.94 bcB	8.7 bcBC	1.0 bcd	103.3 abcdABC	343.3 deEF	7.1 deCD	66.2 bB	5.2 abcAB
7	74.90 bcB	9.7 abABC	2.7 abcd	108.0 abcAB	401.5 cBC	23.2 abA	65.4 bB	5.3 abAB
8	78.17 bcB	10.3 abAB	4.7 a	101.7 bcdABC	425.9 abAB	20.3 abAB	66.0 bB	5.3 abAB
9	82.69 bcAB	11.0 aA	4.0 abc	100.0 cdABC	434.9 aA	15.9 bcABC	63.3 bB	5.5 aA
10	93.12 aA	10.3 abAB	4.3 ab	109.3 abcAB	405.9 bcBC	7.7 deCD	63.3 bB	5.4 aAB
11	85.75 abAB	10.7 aAB	4.7 a	113.0 aA	387.1 cCD	24.6 aA	66.5 bB	4.9 cdBC
12	93.93 aA	10.3 abAB	2.7 abcd	111.3 abA	362.5dDE	10.3cdBCD	63.5 bB	4.6 dC
均值	80.61	9.4	2.3	103.5	349.0	10.1	66.7	5.1
F	4.458**	5.182**	2.708*	4.714**	116.228**	11.704**	14.397**	5.100**
P	0.001	0.000	0.020	0.001	0.000	0.000	0.000	0.000
变异系数/%	8.83	11.92	75.10	6.37	21.44	86.14	9.78	5.30

注：表中同列不同小写字母表示在 $P<0.05$ 时差异显著，同列不同大写字母表示在 $P<0.01$ 时差异极显著。表中 "＊" 和 "＊＊" 分别表示差异显著（$P<0.05$）和极显著（$P<0.01$），下同。

油菜的主轴有效长度以清水对照的最长，显著高于其余各处理，为 87.0cm，各沼液处理下主轴有效长度均与常规施肥处理差异不显著，出现清水对照主轴有效长度最长的原因可能是因为土壤肥力不足，主茎与分枝生长之间的协调性受到一定影响，与分枝相比，主茎生长较缓和有所抑制。

油菜的主轴有效角果数、一次分枝有效角果数和二次分枝有效角果数则随沼液施用量的增加而呈曲线变化，与李志玉等[7]的研究结果相似，这是由于主轴有效角果数、一次分枝有效角果数和二次分枝有效角果数共同构成全株有效角果数，沼液的施用对三者的影响程度不尽相同，从而呈现出曲线变化趋势。

从变异系数来看，二次分枝有效角果数的变异系数最大，达 86.14%，其次为二次有效分枝数，为 75.10%，角果长度和主轴有效角果数的变异系数相对较小，分别为 5.30% 和 6.37%，这说明角果长度和主轴有效角果数的稳定性相对较好，而二次分枝有效角果数和二次有效分枝数的变化较大。

3.2.4 沼液农用对油菜成熟期干物质重的影响

油菜成熟期的干物质重调查结果如图 3-2 所示。由图 3-2 可知，所有沼液处理下油菜成熟期单株干物质重均显著高于清水对照。处理 3～5 的油菜干物质重显著低于常规施肥处理，而处理 7～12 的干物质重却显著高于常规施肥处理。随着沼液施用量的增加，油菜成熟期的干物质重呈不断上升的趋势，在处理 11 达到峰值，分别比清水对照和常规施肥处理高 80.76% 和 16.22%，之后油菜干物质重呈下降趋势。说明适量施用沼液可促进油菜的生长，而沼液施用量过大却对油菜后期的生长产生了阻滞作用，不利于油菜后期干物质的积累。

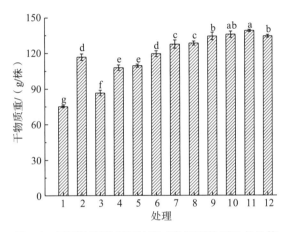

图 3-2 不同施肥处理间油菜成熟期干物质重的比较

3.3 沼液农用对油菜产量及其构成因素的影响

3.3.1 沼液农用对油菜产量的影响

油菜产量方差分析结果表明，各试验处理油菜产量存在极显著差异($F=155.356^{**}$，$P=0.000$)，说明施肥对油菜产量的影响很大。不同施肥处理间油菜产量的多重比较如图 3-3 所示。由图 3-3 可知，随着沼液施用量的增加，油菜产量呈先升高后降低的趋势，常规施肥处理和所有沼液处理下油菜产量均显著高于清水对照，说明在不施用任何肥源的情况下，单靠土壤自身的肥力无法维持油菜的正常生长。

处理 7～9 的油菜产量显著高于常规施肥处理，其中以处理 8 的油菜产量最高，达 3433.33kg/hm²，分别比清水对照和常规施肥处理的产量提高了 157.5% 和 38.26%。处理 4～5 的油菜产量与常规施肥处理差异不显著，处理 3 和处理 12 的油菜产量显著低于常规施肥处理，说明低沼液量处理不能满足油菜的正常生长，而沼液施用量过大也不利于油菜籽粒产量的增加，结合油菜的生长发育考虑，这可能是由于沼液施用量过大，油菜在后期贪青徒长，不利于产量因子的构建。

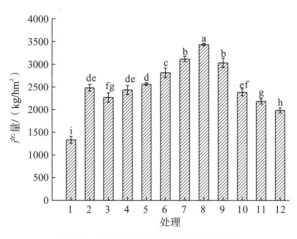

图 3-3　不同处理间油菜产量的比较

3.3.2　沼液农用对油菜产量构成因素的影响

在一定的密度下,油菜籽粒的产量高低取决于单株角果数、每角粒数与千粒重的大小。油菜各产量构成因素的方差分析结果表明,各试验处理油菜单株有效角果数、每角粒数、千粒重之间均存在极显著差异(单株有效角果数:$F = 132.396^{**}$, $P = 0.000$,每角粒数:$F = 170.252^{**}$, $P = 0.000$,千粒重:$F = 24.661^{**}$, $P = 0.000$),说明施肥对油菜单株有效角果数、每角粒数和千粒重均有显著影响。沼液施用对油菜产量构成因素的影响见表 3-8。

由表 3-8 可知,随着沼液施用量的增加,油菜的单株角果数、每角粒数和千粒重均呈先升高后降低趋势。清水对照的单株有效角果数显著低于其余各试验处理,处理 7~11 的单株有效角果数显著高于常规施肥处理,其中以处理 9 的单株有效角果数最大,为550.8 个;处理 3~9 的每角粒数均显著高于清水对照和常规施肥处理,而处理 10~12 的每角粒数均显著低于清水对照和常规施肥处理;处理 7~8 的千粒重显著高于常规施肥处理,其中以处理 8 的千粒重最大,为 3.66g,处理 3~6 和处理 9 的千粒重与常规施肥处理差异不显著。

在本试验研究范围内,油菜的产量构成因素中,以单株有效角果数的变异系数最高,为 18.57%;其次为每角粒数,变异系数为 12.21%;千粒重的变异系数最小,为1.84%,这与黄晓燕等[9]的研究一致。说明单株有效角果数受施肥量的影响较大,属于产量构成因素中的肥料反应敏感因子,其改良潜力最高,是调控的重点,而千粒重的稳定性则相对较好。

表 3-8 不同施肥处理对油菜产量构成因素的影响

处理	单株有效角果数/个	每角粒数/粒	千粒重/g
1	260.3 iF	17.9 dC	3.47 fgEFG
2	465.3 deB	18.1 dBC	3.54 cdBCD
3	375.5 hE	20.6 abA	3.50 defDE
4	402.3 gDE	20.7 aA	3.51 defDE
5	430.8 fCD	20.3 abA	3.52 deCDE
6	453.9 eBC	20.7 aA	3.57 bcBC
7	532.6 abcA	20.1 bA	3.58 bB
8	547.7 abA	20.6 abA	3.66 aA
9	550.8 aA	18.8 cB	3.54 cdBCD
10	523.1 cA	15.8 eD	3.49 efDEF
11	524.9 bcA	15.0 fE	3.42 hG
12	484.0 dB	14.9 fE	3.44 ghFG
均值	462.6	18.60	3.52
F	132.396 **	170.252 **	24.661 **
P	0.000	0.000	0.000
变异系数/%	18.57	12.21	1.84

3.3.3 油菜产量与产量构成因素的相关性分析

油菜产量与产量构成因素的相关性分析见表 3-9。由表 3-9 可知，千粒重与油菜产量呈极显著的一元二次抛物线关系，单株有效角果数与油菜产量呈显著的一元二次抛物线关系，而每角粒数与油菜产量的相关性不显著。在本试验研究范围内，油菜产量随着单株有效角果数及千粒重的增加而呈升高趋势，因此，在油菜的生产过程中，为获得高产，需提高单株有效角果数，增加千粒重。由于千粒重的稳定性相对较好，而单株有效角果数受施肥量的影响较大，因此，在油菜产量构成因素中，单株有效角果数是调控的重点，但值得注意的是，在实际生产中，不可能无限制地增大群体以增加油菜角果数，因此还应发挥每角粒数和千粒重在增产中的潜力[10]。

表 3-9 油菜产量 (y) 与产量构成因素 (x) 的回归方程

项目	回归方程	R^2	P
单株有效角果数	$y = -0.0055x^2 + 9.3813x - 622.77$	0.5434 *	0.029
每角粒数	$y = 22.127x^2 - 663.09x + 7076.9$	0.2906	0.213
千粒重	$y = 4114.9x^2 - 21947x + 28758$	0.6965 **	0.005

综上，本试验结果表明，沼液施用量控制在 78750～112500kg/hm² (处理 6～9) 时，能促进油菜生育期的生长与发育，提高籽粒产量，表现为油菜干物重累积量的增多，为生育后期角果的形成及籽粒的发育提供了物质基础，从而有利于油菜宜油 15 主要产量构成因素的形成和发育。从沼液施用提高油菜产量的因素来考虑，本研究认为，当沼液施用量控制在 78750～112500kg/hm² (处理 6～9) 时，油菜的产量最高。

3.4 沼液农用对油菜品质的影响

3.4.1 沼液农用对油菜营养物质的影响

1. 油菜营养物质含量的多重比较

不同施肥处理间油菜营养物质含量的多重比较见表 3-10。方差分析结果显示，各试验处理的油菜蛋白质、含油率、油酸、芥酸和硫苷含量均存在极显著差异(蛋白质：$F = 40.127^{**}$，$P = 0.000$；含油率：$F = 21.365^{**}$，$P = 0.000$；油酸：$F = 4.200^{**}$，$P = 0.002$；芥酸：$F = 26.234^{**}$，$P = 0.000$；硫苷：$F = 3.529^{**}$，$P = 0.005$)。各试验处理间油菜营养物质含量如图 3-4 所示。

表 3-10 不同施肥处理间油菜营养物质含量的多重比较

处理	蛋白质/%	含油率/%	油酸/%	芥酸/%	硫苷/(μmol/g)
1	19.15 gEF	44.91cBC	56.22deBC	0.2476cdABC	20.39aA
2	20.24 deD	44.84cBC	57.22bcdBC	0.2514abcdAB	19.62abAB
3	18.85gF	46.21aA	56.41deBC	0.2407deBC	19.48abcAB
4	19.38fgEF	45.80aAB	57.02bcdBC	0.2675aA	19.53abAB
5	19.74 efDE	45.67abAB	57.38bcdABC	0.2637abAB	19.52abAB
6	20.37 dCD	45.01bcBC	57.63bcABC	0.2587abcAB	19.38abcAB
7	20.38 dCD	45.03bcBC	57.80bcABC	0.2548abcdAB	19.31abcAB
8	21.07 cBC	44.42cdCD	58.17abAB	0.2432cdBC	18.78bcdB
9	21.30 bcB	43.85deD	59.42aA	0.2263efCD	18.59bcdB
10	21.82 bAB	43.64eDE	57.47cdABC	0.2147fgD	19.12bcdAB
11	21.64 bB	43.73eD	56.46deBC	0.2059gD	18.41cdB
12	22.42 aA	42.81fE	55.90eC	0.1763hE	18.19dB
均值	20.53	44.66	57.26	0.2376	19.19
F	40.127**	21.365**	4.200**	26.234**	3.529**
P	0.000	0.000	0.002	0.000	0.005

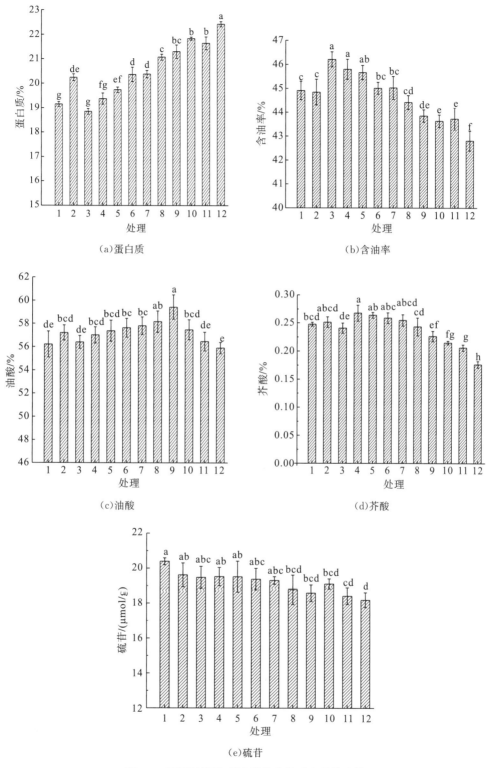

图 3-4　不同施肥处理油菜营养物质含量的比较

1)蛋白质与含油率

蛋白质是生命的基础物质，是构成人体和动植物细胞组织的重要成分之一。油菜蛋白质中含有丰富的谷类食物所没有的赖氨酸和蛋氨酸。油菜的含油率直接影响油菜的经济价值，在不降低油菜含油率的前提下提高油菜的蛋白质含量已成为油菜选育研究的重点[11]。

由图 3-4(a)可知，随着沼液施用量的增加，油菜蛋白质含量呈逐渐升高的趋势。处理3、4的油菜蛋白质含量显著低于常规施肥处理，处理5～7的油菜蛋白质含量与常规施肥处理差异不显著，但显著高于清水对照；而处理8～12的油菜蛋白质含量显著高于常规施肥处理和清水对照，其中以处理12的蛋白质含量最高，为22.42%，分别比清水对照和常规施肥处理高17.06%和10.75%。

从图 3-4(b)可以看出，各试验处理中，处理3的油菜含油率最高，而处理12的含油率最低，说明随着沼液施用量的增加，油菜含油率呈下降趋势。处理3～5的油菜含油率显著高于常规施肥处理和清水对照；处理6～7的油菜含油率与常规施肥处理和清水对照差异不显著；处理9～12的油菜含油率显著低于常规施肥处理和清水对照。

根据底物竞争假说，油菜含油率与蛋白质含量呈明显的负相关关系[12-15]，主要是油分和蛋白质均以碳水化合物为合成原料，在合成过程中存在竞争[1, 16, 17]。由于脂肪酸和氨基酸均以含碳水化合物的食物分解所产生的碳水化合物为合成原料，而合成蛋白质所需要的碳水化合物量远低于合成油类所需要的量[17, 18]，蛋白质的形成先于脂肪的合成。因此，沼液的施用促进了蛋白质的合成，在蛋白质合成时消耗了较多的光合产物，从而抑制了脂肪酸的合成，导致蛋白质含量升高而含油率降低。

2)油酸、芥酸与硫苷

油酸是人体容易吸收的脂肪酸，而芥酸人体难以消化。因此，从营养的角度考虑，低芥酸、高油酸的油菜营养价值要高。

从图 3-4(c)可知，随着沼液施用量的增加，油菜油酸含量呈先升高后降低的趋势，其中以处理9的油酸含量最高，为59.42%，分别比清水对照和常规施肥处理高5.70%和3.86%。从图 3-4(d)可以看出，处理3～8的油菜芥酸含量与常规施肥处理和清水对照差异不显著；而处理9～12的油菜芥酸含量却显著低于常规施肥处理和清水对照。其中，处理4的油菜芥酸含量最高，为0.2675%，分别比清水对照和常规施肥处理高8.02%和6.41%；处理12的油菜芥酸含量最低，仅为0.1763%。在高沼液量处理下，随着沼液施用量的增加，油菜的芥酸含量呈下降趋势。

硫苷是菜籽饼众多营养成分中影响饼粕营养的主要成分。油菜籽经榨油后剩下的菜籽饼一方面可以直接作肥料，另一方面也是潜在的饲料蛋白质源，含有丰富的蛋白质。若直接作肥料，则硫苷含量的高低对菜籽饼价值影响不大，但若用作饲料，硫苷含量过高就会对畜禽产生毒害作用，这主要是由于硫苷水解产生一种叫唑烷硫酮的物质，它具有异味，不仅影响畜禽进食，而且其水解产生氰、腈等有毒物质，氰会导致畜禽心脏和肝脏出血[19]。因此，在农业生产中，低硫苷含量的油菜具有更大的价值，更广的用途。

从图 3-4(e)可知，清水对照的油菜硫苷含量最高，为 20.39μmol/g，而处理 12 的硫苷含量最低，为 18.19μmol/g。多重结果比较说明，处理 6 和处理 12 的油菜硫苷含量显著低于常规施肥处理和清水对照，其余各沼液处理的油菜硫苷含量与常规施肥处理和清水对照差异均不显著。随着沼液施用量的增加，油菜硫苷含量呈下降趋势，这可能是由于沼液带入丰富的氮素，氮素供应过多会增加含氮的蛋白质前体的合成，同时因油菜籽粒硫浓度的相对减少及合成库源的削弱而阻碍硫苷的合成[20]。

油菜籽的营养品质主要体现在以下三个方面：一是蛋白质和油分含量；二是油脂脂肪酸和蛋白质氨基酸的组成；三是菜籽中硫苷的含量。相关研究表明油菜脂肪酸组成主要是由遗传控制，但又在一定程度上受施肥量的影响[21, 22]。以上分析结果表明，当沼液施用量控制在 78750~101250kg/hm²(处理 6~8)时，油菜蛋白质、油酸的含量升高，含油率、芥酸及硫苷的含量降低。油酸含量的升高和芥酸含量的降低，有利于提高菜籽油的营养效价，而蛋白质含量的升高及硫苷含量的降低则有利于提高菜籽饼的营养效价。

2. 沼液施用量与油菜营养物质含量的相关性

沼液施用量与油菜营养物质含量的相关性见表 3-11。由表 3-11 可知，油菜蛋白质含量与沼液施用量呈极显著的正相关关系，而含油率与沼液施用量呈极显著的负相关关系；油酸含量与沼液施用量呈显著的一元二次抛物线关系，随着沼液施用量的增加，油酸含量呈先升高后降低的趋势；油菜芥酸含量与沼液施用量呈极显著的一元三次函数关系，随着沼液施用量的增加，芥酸含量先升高后降低；油菜硫苷含量与沼液施用量呈显著的一元三次函数关系，随着沼液施用量的增加，硫苷含量呈降低趋势。

表 3-11　营养物质含量(y)与沼液施用量(x)的回归方程

营养物质指标	回归方程	R^2	P
蛋白质	$y = 2 \times 10^{-5}x + 18.432$	0.953**	0.000
含油率	$y = -2 \times 10^{-5}x + 46.782$	0.944**	0.000
油酸	$y = -3 \times 10^{-10}x^2 + 7 \times 10^{-5}x + 54.74$	0.7152*	0.012
芥酸	$y = 6 \times 10^{-17}x^3 - 2 \times 10^{-11}x^2 + 2 \times 10^{-6}x + 0.2064$	0.9646**	0.000
硫苷	$y = 4 \times 10^{-16}x^3 - 2 \times 10^{-10}x^2 + 9 \times 10^{-6}x + 19.407$	0.802*	0.016

3. 油菜营养物质含量的变异分析

不同施肥处理油菜营养物质含量的变异分析见表 3-12。油菜蛋白质、含油率、油酸、芥酸、硫苷的平均值分别为 20.53%、44.66%、57.26%、0.2376%、19.19μmol/mg。从变异系数来看，芥酸的变异系数最大，为 11.39%；油酸的变异系数最小，为 1.69%，说明沼液施用对油菜芥酸含量的影响相对最大，而对油酸的调控作用最小，油酸的稳定性相对较好。

表 3-12　不同施肥处理油菜营养物质含量的变异分析

营养品质指标	平均含量	变化范围	变异系数/%	F
蛋白质/%	20.53	18.85~22.42	5.53	40.127**
含油率/%	44.66	42.81~46.21	2.25	21.365**
油酸/%	57.26	55.90~59.42	1.69	4.200**
芥酸/%	0.2376	0.1763~0.2675	11.39	26.234**
硫苷/(μmol/g)	19.19	18.19~20.39	3.20	3.529**

3.4.2　沼液农用对油菜籽粒氮、磷、钾含量的影响

不同施肥处理对油菜籽粒氮、磷、钾含量的影响分析结果见表 3-13。方差分析结果表明，油菜籽粒全氮、全磷、全钾含量在不同施肥处理间均存在极显著差异（全氮：$F=12.789**$，$P=0.000$；全磷：$F=3.432**$，$P=0.006$；全钾：$F=4.921**$，$P=0.001$）。由表 3-13 可知，油菜籽粒的全氮、全磷、全钾含量均随沼液施用量的增加而呈逐渐升高的趋势。其中，油菜籽粒全氮含量在处理 12 达到峰值，为 3.718%，分别比清水对照和常规施肥处理高 23.91% 和 17.09%；油菜籽粒全磷含量在处理 11 达到峰值，为 0.7750%，分别比清水对照和常规施肥处理高 13.84% 和 9.541%；油菜籽粒全钾含量在处理 11 达到峰值，为 0.5659%，分别比清水对照和常规施肥处理高 18.66% 和 16.66%。说明与常规施肥处理相比，适量的沼液施用能在一定程度上促进油菜籽粒对氮、磷、钾素的吸收，提高油菜籽粒中的氮、磷、钾含量。

表 3-13　不同施肥处理对油菜籽粒氮、磷、钾含量的影响

处理	全氮/%	全磷/%	全钾/%
1	3.001eE	0.6808dB	0.4769dC
2	3.176deCDE	0.7075cdAB	0.4851cdC
3	3.034eDE	0.7141cdAB	0.4882cdBC
4	3.103deDE	0.7233bcdAB	0.5073bcdABC
5	3.110deDE	0.7241bcdAB	0.5317abABC
6	3.170deCDE	0.7245bcdAB	0.5443abABC
7	3.127deDE	0.7386abcAB	0.5544abAB
8	3.198deCDE	0.7407abcAB	0.5528abAB
9	3.310cdCD	0.7490abcAB	0.5577abA
10	3.615 abAB	0.7688abA	0.5650aA
11	3.436 bcBC	0.7750aA	0.5659aA
12	3.718 aA	0.7695abA	0.5656aA
均值	3.250	0.7347	0.5329
F	12.789**	3.432**	4.921**
P	0.000	0.006	0.001
变异系数/%	7.00	3.82	6.41

从表 3-14 油菜籽粒氮、磷、钾含量与沼液施用量的相关性分析可知,油菜籽粒全氮及全磷含量均与沼液施用量之间呈极显著的一元三次函数关系,油菜籽粒的全氮、全磷含量随沼液施用量的增加呈逐渐升高的趋势;油菜籽粒全钾含量与沼液施用量之间呈极显著的一元二次抛物线关系,油菜籽粒全钾含量亦随沼液施用量的增加而呈逐渐升高的趋势。

表 3-14 油菜籽粒氮、磷、钾含量(y)与沼液施用量(x)的回归方程

项目	回归方程	R^2	P
全氮	$y=-2\times10^{-16}x^3+7\times10^{-11}x^2-4\times10^{-6}x+3.1176$	0.8776**	0.004
全磷	$y=-5\times10^{-17}x^3+2\times10^{-11}x^2-1\times10^{-6}x+0.7323$	0.9681**	0.000
全钾	$y=-5\times10^{-12}x^2+1\times10^{-6}x+0.4562$	0.9871**	0.000

3.4.3 沼液农用对油菜矿质元素含量的影响

1. 油菜 6 种矿质元素含量的比较

矿质元素是指除碳、氢、氧以外,主要由根系从土壤中吸收的元素。矿质元素是植物生长的必需元素,缺少矿质元素植物将不能健康生长。目前,在农业生产中,人们为满足植物生长对各种矿质元素的需求,大量施用化肥。因此,有必要对植物体的各种矿质元素进行分析检测,从而判断植物营养水平并检测环境污染[23]。

不同施肥处理对油菜籽粒矿质元素含量的影响见表 3-15。方差分析结果表明,不同施肥处理间油菜籽粒 Fe、Mn、Cu、Zn、Ca、Mg 含量均存在极显著差异。由表 3-15 可知,油菜籽粒 Fe、Mn、Zn 含量均在处理 12 达到最高值,分别为 19.36mg/kg、49.91mg/kg、41.28mg/kg,Cu 含量在处理 10 达到最高值,为 6.791mg/kg。处理 12 的油菜籽粒 Fe 含量显著高于常规施肥处理,其余各沼液处理的 Fe 含量与常规施肥处理差异不显著;处理 6~8 的油菜籽粒 Mn 含量与常规施肥处理差异不显著,处理 9~12 的 Mn 含量显著高于清水对照和常规施肥处理;沼液各处理的油菜籽粒 Cu、Zn 含量均显著高于清水对照,处理 5~7 的 Cu 含量与常规施肥处理差异不显著,而处理 8~12 的 Cu 含量、处理 6~12 的 Zn 含量均显著高于常规施肥处理。

表 3-15 不同施肥处理对油菜矿质元素含量的影响 单位:mg/kg

处理	Fe	Mn	Cu	Zn	Ca	Mg
1	15.37 cdBC	36.23gF	5.432dE	21.47gH	238.0fG	131.1eD
2	16.21 bcdABC	44.18eD	5.768cDE	21.28gGH	336.5dDE	157.5bB
3	13.85 dC	36.31gF	6.266bBC	22.66ffFGH	372.5bcBC	143.3dC
4	14.34 cdC	40.51fE	6.249bBC	23.01fFG	374.8bcBC	147.6cdBC
5	18.52 abAB	41.79fE	5.945cCD	23.16ffF	362.1cCD	151.6b cBC
6	18.84 abAB	45.33eCD	5.985cCD	29.99eE	391.3bAB	173.5aA
7	18.58 abAB	45.52e CD	5.874cD	30.85eE	416.9aA	172.8aA
8	18.97 abAB	45.64deCD	6.584a AB	34.04edD	319.7dE	156.2bB

处理	Fe	Mn	Cu	Zn	Ca	Mg
9	16.96 abcABC	47.06cdBC	6.638aA	36.14cC	286.5eF	156.6bB
10	16.8 abcABC	47.76bcB	6.791aA	36.71cC	270.8eF	153.6bcB
11	18.62 abAB	48.79abAB	6.524aAB	39.29bB	173.9gH	151.5bcBC
12	19.36 aA	49.91aA	6.658aA	41.28aA	151.8hH	147.8c dBC
均值	17.21	44.09	6.226	29.99	307.9	17.21
F	4.945**	85.109**	23.889**	390.217**	155.495**	4.945**
P	0.001	0.000	0.000	0.000	0.000	0.001

在所有试验处理中,清水对照的油菜籽粒 Ca、Mg 含量最低,处理 7 的油菜籽粒 Ca 含量最高,为 416.9mg/kg,分别比清水对照和常规施肥处理高 75.17% 和 23.89%;处理 6 的油菜籽粒 Mg 含量最高,为 173.5mg/kg,分别比清水对照和常规施肥处理高 32.34% 和 10.20%。

综合考虑沼液施用对油菜籽粒 6 种矿质元素的影响可知,当沼液施用量控制在 78750～101250kg/hm² (处理 6～8) 时,沼液施用能在一定程度上提高油菜籽粒矿质元素含量,增强油菜籽粒的矿质营养。

2. 沼液施用量与油菜籽粒矿质元素含量的相关性

沼液施用量与油菜籽粒矿质元素含量的相关性见表 3-16。由表 3-16 可知,油菜籽粒 Mn、Zn、Ca 含量与沼液施用量呈极显著的一元三次函数关系,油菜籽粒 Fe、Mn、Zn、Ca 含量随着沼液施用量的增加而呈逐渐升高的趋势;油菜籽粒 Fe 含量与沼液施用量呈显著的一元三次函数关系;油菜籽粒 Cu、Mg 含量与沼液的施用量相关性不明显。

表 3-16　6 种矿质元素含量(y) 与沼液施用量(x) 的回归方程

矿质元素	回归方程	R^2	P
Fe	$y=8\times10^{-15}x^3-3\times10^{-9}x^2+0.0003x+7.5537$	0.7559*	0.029
Mn	$y=3\times10^{-15}x^3-1\times10^{-9}x^2+0.0003x+31.233$	0.9786**	0.000
Cu	$y=-2\times10^{-15}x^3+5\times10^{-10}x^2-4\times10^{-5}x+7.0551$	0.6501	0.083
Zn	$y=-1\times10^{-14}x^3+3\times10^{-9}x^2-0.0001x+23.289$	0.9477**	0.000
Ca	$y=1\times10^{-13}x^3-5\times10^{-8}x^2+0.0045x+285.78$	0.9138**	0.001
Mg	$y=2\times10^{-14}x^3-1\times10^{-8}x^2+0.0012x+117.25$	0.5476	0.164

3. 油菜 6 种矿质元素含量的变异分析

各试验处理下油菜籽粒矿质元素含量的变异分析见表 3-17。由表 3-17 可知,油菜籽粒 6 种矿质元素含量的变异系数中,Zn 和 Ca 的变异系数相对较小,分别为 2.49% 和 2.78%,而 Fe 和 Mn 的变异系数相对较大,分别为 11.09% 和 10.25%,说明沼液施用对油菜籽粒 Fe 和 Mn 的调控作用和改善效果相对较大,而油菜籽粒的 Zn 和 Ca 含量的稳定性则相对较好。

表 3-17　不同施肥处理油菜籽粒 6 种矿质元素含量的变异分析

矿质元素	平均含量/(mg/kg)	变化范围/(mg/kg)	变异系数/%	F
Fe	17.21	13.85~19.36	11.09	4.945**
Mn	44.09	36.23~49.91	10.25	85.109**
Cu	6.226	5.432~6.791	6.84	23.889**
Zn	29.99	21.28~41.28	2.49	390.217**
Ca	307.9	151.8~416.9	2.78	155.495**
Mg	153.6	131.1~173.5	7.58	4.945**

3.4.4　沼液农用对油菜重金属含量的影响

不同施肥处理对油菜籽粒重金属含量的影响见表 3-18。

表 3-18　不同施肥处理对油菜籽粒重金属含量的影响　　　单位：mg/kg

处理	Pb	Cd	Cr	Ni
1	0.05614gE	0.05296 gF	0.1861 hH	0.3053hF
2	0.07417abA	0.07507 abAB	0.3829 dD	0.4194aA
3	0.06123fDE	0.05511 gF	0.2119 ghH	0.3332gEF
4	0.06397efCD	0.06106 fE	0.2251 gGH	0.3445efgDE
5	0.06613deBCD	0.06639 eD	0.2699 fFG	0.3719cdBCD
6	0.06634deBCD	0.06905 deCD	0.3043 efEF	0.3532defgCDE
7	0.06413efCD	0.07117 cdBCD	0.3312 eE	0.3385fgDE
8	0.06446efCD	0.07389 bcABC	0.3979 dD	0.3662cdeCDE
9	0.06747cdeBCD	0.07528 abAB	0.4479 cC	0.3864bcBC
10	0.07033bcdABC	0.07578 abAB	0.5082 bB	0.3701cdBCD
11	0.07140abcAB	0.07693 abA	0.6166 aA	0.3599defCDE
12	0.07532aA	0.07815 aA	0.6313 aA	0.4009abAB
均值	0.06676	0.06924	0.3761	0.3625
F	13.072**	49.527**	159.408**	15.347**
P	0.000	0.000	0.000	0.000

注：As、Hg 未检出。

1. 油菜籽粒 Pb 含量的影响比较

由表 3-18 的方差分析结果可知，不同施肥处理间油菜籽粒 Pb 含量存在极显著差异（$F=13.072$**，$P=0.000$）。

由图 3-5(a)可以看出，所有施肥处理的油菜籽粒 Pb 含量均低于《食品安全国家标准 食用植物油料》（GB 19641—2015）[24]中 Pb 的限量（0.1mg/kg）。在所有处理中以处理 12 的油菜籽粒 Pb 含量最高，达 0.07532mg/kg，其次为常规施肥处理，为 0.07417mg/kg。清水对照处理的油菜籽粒 Pb 含量最低，为 0.05614mg/kg，低沼液量处理 3 稍高于清水对照。经 LSD 检验表明，所有沼液处理下油菜籽粒 Pb 含量均显著高于清水对照。处理 10~12 的油菜籽粒 Pb 含量与常规施肥处理差异不显著，但处理 3~9 的油菜籽粒 Pb 含量显著低于常规施肥处理。

进一步分析油菜籽粒 Pb 含量与沼液施用量的相关性，油菜籽粒 Pb 含量与沼液施用量之间呈极显著的一元三次函数关系，其回归方程为 $y=6\times10^{-18}x^3-1\times10^{-12}x^2+2\times10^{-7}x+0.0586$（$R^2=0.9215^{**}$，$P=0.001$），如图 3-5(b) 所示。油菜籽粒 Pb 含量随沼液施用量的增加而呈逐渐升高的趋势。与常规施肥处理相比，当沼液施用量控制在 22500~112500kg/hm²（处理 3~9）时，沼液施用能在一定程度上降低油菜籽粒的 Pb 含量。

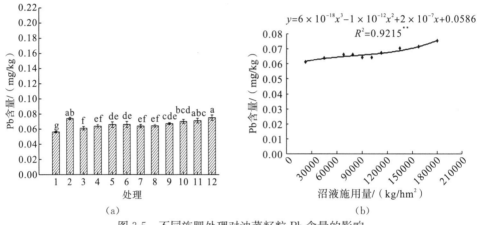

图 3-5 不同施肥处理对油菜籽粒 Pb 含量的影响

2. 油菜籽粒 Cd 含量的比较

不同施肥处理对油菜籽粒 Cd 含量的影响如图 3-6 所示。油菜籽粒 Cd 含量的方差分析结果表明，不同施肥处理间油菜籽粒 Cd 含量差异达显著水平（$F=49.527^{**}$，$P=0.000$）。经 LSD 检验表明，除处理 3 的油菜籽粒 Cd 含量与清水对照差异不显著外，其余各试验处理下油菜籽粒 Cd 含量均显著高于清水对照。处理 3~7 的油菜籽粒 Cd 含量显著低于常规施肥处理，而处理 8~12 的油菜籽粒 Cd 含量与常规施肥处理无显著差异。

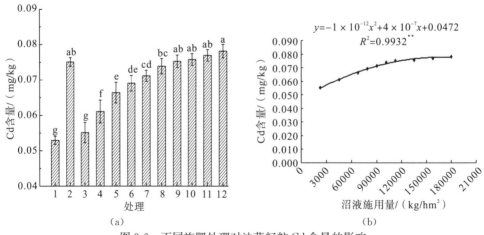

图 3-6 不同施肥处理对油菜籽粒 Cd 含量的影响

由图 3-6(b)油菜籽粒 Cd 含量与沼液施用量的相关性分析可知，油菜籽粒 Cd 含量和沼液施用量之间呈极显著的一元二次抛物线关系，其回归方程为 $y=-1\times10^{-12}x^2+4\times10^{-7}x+0.0472(R^2=0.9932^{**}$，$P=0.000)$，油菜籽粒 Cd 含量随着沼液施用量的增加而呈逐渐升高的趋势。在本试验研究中，与常规施肥处理相比，当沼液施用量控制在 22500～90000kg/hm² 时，能有效降低油菜籽粒 Cd 含量。

3. 油菜籽粒 Cr 含量的比较

油菜籽粒 Cr 含量的方差分析结果表明，不同施肥处理间油菜籽粒 Cr 含量达到极显著差异($F=159.408^{**}$，$P=0.000$)。经 LSD 检验表明，处理 9～12 的油菜籽粒 Cr 含量显著高于清水对照和常规施肥处理；处理 3～7 的油菜籽粒 Cr 含量显著低于常规施肥处理。油菜籽粒 Cr 含量随沼液施用量的增加呈逐渐升高的趋势，并在处理 12 达到峰值，为 0.6313mg/kg，分别比清水对照和常规施肥处理高 239.2% 和 64.87%，如图 3-7(a)所示。

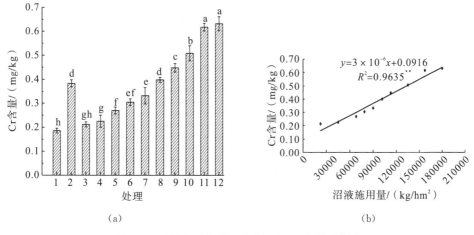

图 3-7　不同施肥处理对油菜籽粒 Cr 含量的影响

进一步分析油菜籽粒 Cr 含量与沼液施用量的相关性，油菜籽粒 Cr 含量与沼液施用量之间呈极显著的线性关系，其回归方程为 $y=3\times10^{-6}x+0.0916(R^2=0.9635^{**}$，$P=0.000)$，油菜籽粒 Cr 含量随着沼液施用量的增加呈逐渐升高的趋势，如图 3-7(b)所示。与常规施肥处理相比，当沼液施用量控制在 22500～90000kg/hm² 时，能在一定程度上降低油菜籽粒 Cr 含量。

4. 油菜籽粒 Ni 含量的比较

由表 3-18 的方差分析结果可知，不同施肥处理间油菜籽粒 Ni 含量达到极显著差异($F=15.347^{**}$，$P=0.000$)。所有试验处理中，以清水对照处理的油菜籽粒 Ni 含量最低，为 0.3053mg/kg，常规施肥处理的 Ni 含量最高，达 0.4194mg/kg。经 LSD 检验表明，高沼液量处理 12 的油菜籽粒 Ni 含量与常规施肥处理无显著差异，其余各沼液处理的油菜籽粒 Ni 含量均显著低于常规施肥处理。

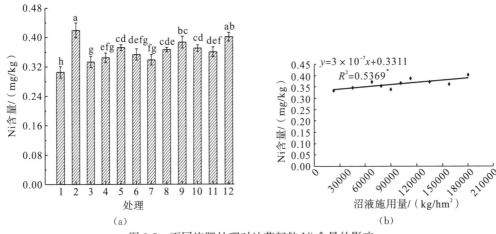

图 3-8　不同施肥处理对油菜籽粒 Ni 含量的影响

由图 3-8(b)油菜籽粒 Ni 含量与沼液施用量之间的相关性分析可知，油菜籽粒 Cr 含量和沼液施用量之间呈显著的线性关系，其回归方程为 $y = 3 \times 10^{-7} x + 0.3311 (R^2 = 0.5369^*$，$P = 0.016)$，油菜籽粒 Ni 含量随着沼液施用量的增加而呈逐渐升高的趋势。与常规施肥处理相比，当沼液施用量控制在 $22500 \sim 157500 \mathrm{kg/hm^2}$ 时，能在一定程度上降低油菜籽粒 Ni 含量。

5. 不同施肥处理对油菜籽粒 As、Hg 含量的影响

在本试验研究中，各处理油菜籽粒中均未检测出 As、Hg 的存在，这可能是由于油菜籽粒对 As、Hg 的吸附能力很弱，或油菜根系吸附的 As、Hg 并未转移至籽粒中。

综上所述，在本试验研究条件下，当沼液施用量控制在 $22500 \sim 90000 \mathrm{kg/hm^2}$ 时，油菜籽粒 Pb、Cd、Cr、Ni 的含量均显著低于常规施肥处理，说明当把沼液施用量控制在适宜的范围内时，施用沼液与施用常规施肥相比能在一定程度上降低油菜籽粒的重金属含量。

3.4.5　沼液农用的油菜安全性评价

随着人们生活水平的不断提高，健康意识也逐步增强，人类食品正进入营养保健食品的阶段，在保证量供应充足的基础上，对食用油的品质提出了更高的要求，这就要求我们生产优质的"双低"油菜。所谓"双低"油菜，是指菜籽油中芥酸含量低，菜籽饼中的硫苷含量低的油菜。2000 年农业农村部规定，油菜籽芥酸含量不高于 1%，每克菜籽饼硫苷含量不高于 $30\mu mol$。

在本试验研究中，油菜芥酸含量在处理 4 达到峰值，为 0.2675%；油菜硫苷含量以清水对照处理最高，为 $20.39\mu mol/mg$。二者均符合农业农村部规定的油菜"双低"标准，这说明所有试验处理下油菜的芥酸、硫苷含量均在相应的安全食用范围内。

目前，Hg、Pb、Cd、Cr 及类金属 As 等具有显著生物毒性的重金属已引起人们的广泛关注。重金属主要通过污染食品、空气及饮用水而最终威胁人类健康。环境中的重金属不但不能被生物所降解，相反却能在食物链的生物放大作用下成百上千倍地富集，最终进入人体。随着人体中重金属蓄积量的不断增加，机体便呈现各种不良反应进而危害人体健康，有些重金属还有致畸、致癌及致突变作用而危害人类生命安全。本试验将施用沼液后的油菜籽粒重金属含量与植物油料卫生标准进行对比，判断施用沼液是否会引起食品重金属污染，评价标准选用《食品安全国家标准　食用植物油料》(GB 19641—2015)[24]。

由表 3-18 和图 3-5 可知，随着沼液施用量的增加，油菜籽粒 Pb 含量呈逐渐升高的趋势，在所有处理中以处理 12 的油菜籽粒 Pb 含量最高，为 0.07532mg/kg，同时，在本次试验研究中油菜籽粒均未检测出 As 的存在，可见油菜籽粒 Pb、As 含量均低于《食品安全国家标准　食用植物油料》(GB 19641—2015)限量。

由此可知，施用沼液后种植的油菜符合国家"双低"油菜标准，油菜籽粒重金属含量也符合《食品安全国家标准　食用植物油料》(GB 19641—2015)(表 3-19)，当把沼液施用量控制在适宜的范围时，用沼液种植的油菜芥酸、硫苷及重金属含量甚至比常规施肥处理的更低，油菜的品质更佳。

表 3-19　食用植物油料标准限量　　　　　　　　　　　　　　　单位：mg/kg

序号	项目	限量
1	铅(Pb)	0.1
2	总砷(以 As 计)	0.1

3.5　沼液农用对土壤理化性质的影响

3.5.1　土壤 pH 的变化比较

油菜种植前后土壤 pH 的变化情况如图 3-9 所示。经方差分析可知，不同施肥处理间土壤 pH 存在极显著差异($F = 8.216^{**}$，$P = 0.000$)。由图 3-9 可知，油菜种植前的土壤 pH 为 4.801，油菜收获后，所有施肥处理的土壤 pH 与种植前相比均有不同程度的提高。随着沼液施用量的增加，土壤 pH 呈逐渐升高的趋势，土壤 pH 在处理 12 达到峰值，为 5.354。常规施肥处理的土壤 pH 最低，仅为 5.059，说明单施化肥会导致土壤 pH 降低，长期施用必然使土壤酸化板结，而施用沼液可在一定程度上提高土壤的 pH，有效地防止土壤酸化。

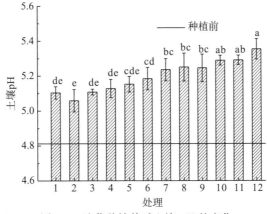

图 3-9　油菜种植前后土壤 pH 的变化

3.5.2　土壤养分的变化比较

1.　土壤全氮含量的变化比较

土壤全氮含量通常用来衡量土壤氮素的基础肥力。油菜种植后土壤全氮含量的方差分析结果（表 3-20）表明，不同施肥处理的土壤全氮含量之间存在极显著差异（F = 19.155[**]，P=0.000）。经 LSD 检验表明，除低沼液量处理 3 外，其余各沼液处理的土壤全氮含量均显著高于清水对照和常规施肥处理。常规施肥处理的土壤全氮含量最低，仅为 1.888g/kg，处理 8 的土壤全氮含量最高，为 2.429g/kg。油菜种植前后土壤全氮含量的变化如图 3-10 所示。

表 3-20　不同施肥处理对土壤养分含量的影响

处理	全氮/(g/kg)	碱解氮/(mg/kg)	速效磷/(mg/kg)	速效钾/(mg/kg)	有机质/(g/kg)
1	1.949 dC	162.8 eD	54.39 cCDE	26.53 dD	30.07 eD
2	1.888 dC	148.8 fE	55.02 cCD	28.80 cdCD	29.61 eD
3	1.952 dC	162.5 eD	58.03 bcBC	28.75 cdCD	30.71 eD
4	2.137 cB	174.1 cdBC	57.73 bcBC	29.72 bcBCD	35.52 dC
5	2.287 bAB	175.5 cdBC	58.62 bcBC	32.05 abABC	37.40 bcdBC
6	2.287 bAB	180.3 bcB	65.94 bAB	33.14 aA	39.02 abAB
7	2.275 bAB	178.7 bcdBC	61.82 aA	32.79 aAB	38.77 abAB
8	2.429 aA	193.9 aA	66.23 aA	34.33 aA	40.53 aA
9	2.215 bcB	182.9 bB	58.53 bcBC	33.06 aAB	38.51 abcABC
10	2.242 bcB	179.7 bcBC	57.71 bcBC	33.40 aA	37.10 bcdBC
11	2.207 bcB	172.6 dC	49.37 dE	31.98 abABC	36.43 cdBC
12	2.219 bcB	176.7 bcdBC	50.01 dDE	32.40 aAB	36.87 bcdBC
均值	2.174	174.0	57.78	31.41	35.88
F	19.155[**]	29.834[**]	15.971[**]	9.730[**]	27.923[**]
P	0.000	0.000	0.000	0.000	0.000

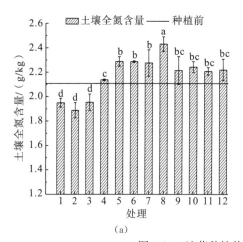

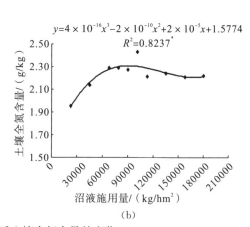

$y = 4 \times 10^{-16} x^3 - 2 \times 10^{-10} x^2 + 2 \times 10^{-5} x + 1.5774$

$R^2 = 0.8237^*$

（a）　　　　　　　　　　　　　　（b）

图 3-10　油菜种植前后土壤全氮含量的变化

由图 3-10(a)可知，各试验处理中，处理 1~3 的土壤全氮含量略低于种植前，其余各处理的土壤全氮含量均较种植前有不同程度的提高。土壤全氮含量降低最多的是常规施肥处理，比种植前降低了 10.45%。土壤全氮含量降低，可能是由于土壤全氮养分含量一方面与施氮量直接相关，另一方面也与油菜施氮、磷、钾肥的平衡度有关，而沼液中的氮、磷、钾含量比例并没有达到油菜生长所需的比例($N:P:K=1:0.5:1$)。

处理 5~8 的土壤全氮含量较种植前有较大幅度的提高，结合油菜生长发育与产量分析，当沼液施用量为 67500~101250kg/hm^2(处理 5~8)时，其所带入的氮、磷、钾量可能比较适中，不但能使油菜在生长过程中合理利用各种土壤养分而增产，而且能减少氮素养分的流失和提高土壤养分利用率；在高沼液量处理 9~12 下，尽管沼液施用量很大，但土壤全氮含量却呈下降趋势，这可能是由于油菜在生长过程中吸收了过多的氮素，从而导致其贪青徒长，不利于土壤氮素的保持。

进一步分析油菜种植后的土壤全氮含量与沼液施用量的相关性，结果表明，土壤全氮含量与沼液施用量之间呈显著的一元三次函数关系，其回归方程为 $y=4\times10^{-16}x^3-2\times10^{-10}x^2+2\times10^{-5}x+1.5774$($R^2=0.8237^*$，$P=0.011$)，土壤全氮含量随沼液施用量的增加呈先升高后降低的趋势，如图 3-10(b)所示。

2. 土壤碱解氮含量的变化比较

土壤碱解氮含量是土壤的有效氮指标，它能反映土壤近期内的氮素供应情况。油菜收获后，各施肥处理土壤碱解氮含量的方差分析结果(表 3-20)表明，各处理土壤碱解氮含量之间均存在极显著差异($F=29.834^{**}$，$P=0.000$)。经 LSD 检验表明，各试验处理的土壤碱解氮含量均显著高于常规施肥处理。处理 3 的土壤碱解氮含量与清水对照差异不显著，其余各沼液处理的土壤碱解氮含量均显著高于清水对照。其中，土壤碱解氮含量最高的是处理 8，达 193.9mg/kg，分别比清水对照和常规施肥处理高 18.73% 和 30.31%。

由图 3-11(a)可知，与油菜种植前相比，处理 1~3 的土壤碱解氮含量有不同程度的降低，而处理 4~12 的土壤碱解氮含量有不同程度的提高，说明适量的沼液施用能有效提高土壤碱解氮的含量。由于土壤的碱解氮含量与施氮量和施入氮、磷、钾肥的平衡度有关，因此适量的沼液施入能使油菜在生长过程中充分利用土壤养分，从而增产增收。

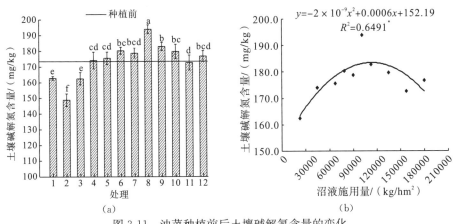

图 3-11　油菜种植前后土壤碱解氮含量的变化

进一步分析油菜种植后的土壤碱解氮含量与沼液施用量的关系，结果表明，土壤碱解氮含量与沼液施用量之间呈显著的一元二次抛物线关系，其回归方程为 $y = -2 \times 10^{-9}$ $x^2 + 0.0006x + 152.19$ ($R^2 = 0.6491^*$，$P = 0.025$)，土壤碱解氮含量随着沼液施用量的增加呈先升高后降低的趋势，如图 3-11(b) 所示。

3. 土壤速效磷含量的变化比较

土壤中的速效磷是指能为当季作物吸收利用的磷。油菜收获后各试验处理的土壤速效磷含量的方差分析结果(表 3-20)表明，各试验处理土壤速效磷含量之间存在极显著差异($F = 15.971^{**}$，$P = 0.000$)。LSD 检验结果表明，处理 3~5 和处理 9~10 的土壤速效磷含量与常规施肥处理和清水对照的差异不显著，处理 7~8 的土壤速效磷含量显著高于清水对照和常规施肥处理。随着沼液施用量的增加，土壤速效磷含量呈先升高后降低的趋势，处理 11~12 的土壤速效磷含量最低，分别为 49.37mg/kg 和 50.01mg/kg，甚至显著低于清水对照和常规施肥处理。

由图 3-12(a) 可知，与种植前相比，处理 1~2 和处理 11~12 的土壤速效磷含量有不同程度的降低，而处理 3~10 的土壤速效磷含量有不同程度的升高。其中，升高幅度较大的为处理 6~8，说明适量的沼液施入有助于提高土壤速效磷的含量，从而提供油菜生长所需的营养元素，但沼液施用量过大，油菜贪青徒长，不利于土壤磷素的保持。

由油菜种植后的土壤速效磷含量与沼液施用量的相关性分析可知，土壤速效磷含量与沼液施用量之间呈显著的一元二次抛物线关系，其回归方程为 $y = -2 \times 10^{-9} x^2 + 0.0003x + 51.604$ ($R^2 = 0.7105^*$，$P = 0.013$)，土壤速效磷含量随着沼液施用量的增加呈先升高后降低的趋势，如图 3-12(b) 所示。

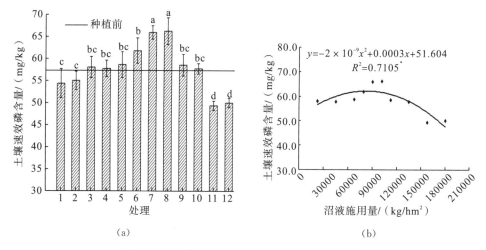

　　　　　(a)　　　　　　　　　　　　　　　　　(b)

图 3-12　油菜种植前后土壤速效磷含量的变化

4. 土壤速效钾含量的变化比较

油菜收获后各试验处理的土壤速效钾含量的方差分析结果(表 3-20)表明，各试验处理土壤速效钾含量之间存在极显著差异($F = 9.730^{**}$，$P = 0.000$)。LSD 检验结果表明，清水对照的土壤速效钾含量最低，仅为 26.53mg/kg。处理 3~4 的土壤速效钾含量与常规施肥处理差异不显著，而处理 5~12 的土壤速效钾含量均显著高于常规施肥处理，其中土壤速效钾含量最高的是处理 8，达 34.33mg/kg，分别比清水对照和常规施肥处理高29.40%和 19.20%。

　　由图 3-13(a)可知，与种植前相比，油菜收获后处理 1~4 的土壤速效钾含量有不同程度的降低，而处理 5~12 的土壤速效钾含量有不同程度的升高。其中，升高幅度较大的为处理 5~10，说明适量的沼液施用比常规施肥更利于土壤速效钾的保持，有助于补给油菜生长对钾素的消耗，从而减小钾素的降低幅度。

　　进一步对油菜种植后的土壤速效钾含量与沼液施用量的相关性进行分析，结果表明，土壤速效钾含量与沼液施用量之间呈极显著的一元二次抛物线关系，其回归方程为 $y=-5\times10^{-10}x^2+0.0001x+25.94(R^2=0.8676^{**}$，$P=0.001)$，土壤速效钾含量随着沼液施用量的增加呈先升高后降低的趋势，如图 3-13(b)所示。

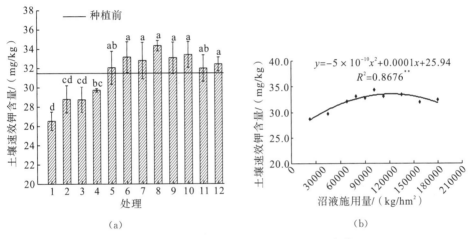

图 3-13　油菜种植前后土壤速效钾含量的变化

5. 土壤有机质含量的变化比较

　　土壤有机质含量是土壤肥力的一个重要指标。油菜种植后土壤有机质含量的方差分析结果(表 3-20)表明，不同施肥处理的土壤有机质含量呈极显著差异($F=27.923^{**}$，$P=0.000$)。LSD 检验结果表明，除处理 3 的土壤有机质含量与清水对照和常规施肥处理无显著差异外，其余各沼液处理的土壤有机质含量均显著高于清水对照和常规施肥处理。其中，清水对照和常规施肥处理的土壤有机质含量最低，分别为 30.07g/kg 和 29.61g/kg。

　　由图 3-14(a)可知，与种植前相比，处理 1~4 的土壤有机质含量有不同程度的降低，而处理 5~12 的土壤有机质含量有不同程度的升高。其中，处理 6~9 的土壤有机质含量升高幅度相对较大，说明适量的沼液施用有利于提高土壤中的有机质含量。

　　进一步分析油菜种植后的土壤有机质含量与沼液施用量的相关性，结果表明，土壤有机质含量与沼液施用量之间呈极显著的一元三次函数关系，其回归方程为 $y=9\times10^{-15}x^3-4\times10^{-9}x^2+0.0004x+22.249(R^2=0.939^{**}$，$P=0.000)$，土壤有机质含量随着沼液施用量的增加呈先升高后降低的趋势，如图 3-14(b)所示。

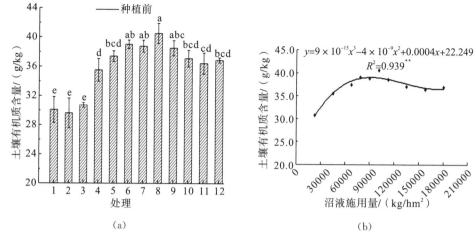

图 3-14　油菜种植前后土壤有机质含量的变化

　　尽管沼液的施用对土壤各养分含量的影响程度各不相同，但是，当把沼液施用量控制在 78750~101250kg/hm²（处理 6~8）时，土壤的全氮、碱解氮、速效钾、速效磷、有机质含量均显著高于常规施肥处理，说明沼液的施用有利于提高土壤肥力，培肥土壤。

3.5.3　土壤交换离子的变化比较

1. 土壤交换离子的多重比较

油菜种植后的土壤交换离子的方差分析结果见表 3-21。

表 3-21　不同施肥处理对土壤交换离子的影响　　　　　　　　单位：cmol/kg

处理	CEC	交换性钾	交换性钠	交换性钙	交换性镁	交换盐基总量
1	12.95 eD	0.03877defBCD	0.3367dC	4.763 bB	1.674cdDE	6.813abcABC
2	13.22 deD	0.03687efCD	0.3490dC	5.070 aA	1.592dE	7.047aA
3	12.89 eD	0.04450bcdeABCD	0.3430dC	4.257 cC	1.679cdDE	6.323eD
4	13.38 cdeCD	0.04495bcdABCD	0.3950cC	4.295 cC	1.744cdBCDE	6.478deCD
5	14.67 bcdBCD	0.04891abcAB	0.4617bB	4.265 cC	1.718cdCDE	6.535cdeBCD
6	14.95 bcBCD	0.05214abA	0.4727bAB	4.330 cC	2.010bcAB	6.862abAB
7	15.85 bB	0.05315aA	0.4717bAB	4.329 cC	2.056aA	6.910abAB
8	18.39 aA	0.04761abcABC	0.4809bAB	4.381 cC	2.068aA	6.977abA
9	15.45 bBC	0.04445bcdeABCD	0.5308aA	4.455 cC	1.964bcABC	6.994abA
10	14.87 bcBCD	0.04403cdeABCD	0.5001abAB	4.240 cC	1.986bcABC	6.732bcdABC
11	13.84 cdeBCD	0.03604fD	0.4707bAB	4.285 cC	1.951bcABCD	6.743bcdABC
12	14.32bcdeBCD	0.03628fD	0.4771bAB	4.375 cC	1.830bcABCDE	6.718bcdABC
均值	14.57	0.04397	0.44078	4.420	1.856	6.761
F	10.403**	5.966**	20.301**	14.949**	6.975**	6.641**
P	0.000	0.000	0.000	0.000	0.000	0.000

由表 3-21 可知，各施肥处理土壤 CEC、交换性钾、交换性钠、交换性钙、交换性镁和交换盐基总量之间均存在极显著差异，说明不同施肥处理对土壤各交换离子均有一定的影响。

随着沼液施用量的增加，土壤 CEC 呈先升高后降低的趋势。所有试验处理中，清水对照的 CEC 最低，为 12.95cmol/kg，处理 8 的土壤 CEC 最高，达 18.39cmol/kg，分别比清水对照和常规施肥处理高 41.01% 和 39.11%。经 LSD 检验表明，处理 6~10 的土壤 CEC 显著高于常规施肥处理，其余各沼液处理的土壤 CEC 均与常规施肥处理差异不显著。种植前土壤 CEC 为 13.26cmol/kg，与种植前相比，处理 1~3 的土壤 CEC 有不同程度的降低，而处理 4~12 的土壤 CEC 有不同程度的升高，其中处理 5~10 的土壤 CEC 升高幅度相对较大，说明沼液有利于提高土壤中的 CEC。

沼液施用对土壤交换性钙含量的影响不大，所有沼液处理中的土壤交换性钙含量两两之间均不存在显著差异。在所有试验处理中，常规施肥处理的土壤交换性钙含量最高，为 5.070cmol/kg，清水处理的次之，为 4.763cmol/kg。所有沼液处理的土壤交换性钙含量均显著低于清水对照和常规施肥处理，说明与常规施肥处理相比，沼液施用不利于提高土壤的交换性钙含量。

随着沼液施用量的增加，土壤交换性钾、交换性钠、交换性镁、交换盐基总量均呈先升高后降低的趋势，它们分别在处理 7、处理 9、处理 8、处理 9 达到峰值。其中，处理 4~8 的土壤交换性钾含量显著高于常规施肥处理，其余各沼液处理的土壤交换性钾含量与常规施肥处理差异不显著；除处理 3 的土壤交换性钠含量与常规施肥处理差异不显著外，其余各处理的交换性钠含量显著高于常规施肥处理；处理 6~12 的土壤交换性镁含量显著高于常规施肥处理，而其余各沼液处理均与常规施肥处理无显著差异；所有试验处理中，常规施肥处理的盐基交换总量最大，除处理 6~9 的盐基交换总量与之无显著差异外，其余各沼液处理的盐基交换总量均显著低于常规施肥处理。

尽管沼液的施用对土壤交换离子的影响程度各不相同，但是，当把沼液施用量控制在 78750~112500kg/hm² 时，土壤盐基交换总量与常规施肥处理相比并无显著差异，同时，沼液施用还利于提高土壤的 CEC 及交换性钾、交换性钠、交换性镁含量。

2. 沼液施用量与土壤交换离子含量的相关性

从沼液施用量与土壤交换离子的相关性表 3-22 可以看出，土壤交换性镁含量与沼液施用量呈显著的一元二次抛物线关系，随着沼液施用量的增加，土壤交换性镁含量呈先升高后降低的趋势；土壤交换性钾、交换性钠和交换盐基总量均与沼液施用量呈极显著的一元二次抛物线关系，随着沼液施用量的增加，它们均呈先升高后降低的趋势；土壤 CEC 和交换性钙含量与沼液施用量之间的相关性不明显。说明，沼液施用对土壤交换性钾、交换性钠和交换盐基总量的影响相对较大，而对土壤 CEC 和交换性钙含量的影响较小。

表 3-22　土壤交换离子(y)与沼液施用量(x)的回归方程

交换离子	回归方程	R^2	P
CEC	$y=-5\times10^{-10}x^2+1\times10^{-4}x+10.5$	0.5469	0.063
交换性钾	$y=-2\times10^{-12}x^2+2\times10^{-7}x+0.0398$	0.7876**	0.004
交换性钠	$y=-1\times10^{-11}x^2+4\times10^{-6}x+0.2649$	0.9217**	0.000
交换性钙	$y=1\times10^{-16}x^3-5\times10^{-11}x^2+6E-06x+4.1351$	0.2171	0.665
交换性镁	$y=-4\times10^{-11}x^2+1\times10^{-5}x+1.4175$	0.7036*	0.014
交换盐基总量	$y=-7\times10^{-11}x^2+2\times10^{-5}x+5.9498$	0.7781**	0.005

3.5.4　土壤理化性质的变异分析

　　油菜种植后各试验处理的土壤理化性质的变异分析见表 3-23。从表 3-23 的变异系数来看，土壤交换性钠的变异系数最大，为 15.11%，其次是交换性钾，为 13.53%。土壤 pH 和土壤交换盐基总量的变异系数相对较小，分别为 1.75% 和 3.29%，说明土壤 pH 和土壤交换盐基总量的稳定性相对较好，而沼液施用对土壤交换性钾、交换性钠的影响相对较大。

表 3-23　油菜种植后土壤理化性质的变异分析

土壤指标	平均值	变化范围	变异系数/%	F
pH	5.200	5.110～5.354	1.75	8.216**
全氮/(g/kg)	2.174	1.879～2.267	7.51	19.155**
碱解氮/(mg/kg)	174.0	153.5～182.5	6.65	29.834**
速效磷/(mg/kg)	57.78	49.37～66.23	9.13	15.971**
速效钾/(mg/kg)	31.41	26.53～33.09	7.58	9.730**
有机质/(g/kg)	35.88	29.61～40.53	10.35	27.923**
CEC/(cmol/kg)	14.57	12.89～18.39	10.66	10.403**
交换性钾/(cmol/kg)	0.04397	0.03604～0.05315	13.53	5.966**
交换性钠/(cmol/kg)	0.44078	0.3367～0.5308	15.11	20.301**
交换性钙/(cmol/kg)	4.420	4.240～5.070	5.62	14.949**
交换性镁/(cmol/kg)	1.856	1.592～2.067	9.08	6.975**
交换盐基总量/(cmol/kg)	6.761	6.323～7.047	3.29	6.641**

3.6　沼液农用对土壤矿质元素含量的影响

3.6.1　土壤矿质元素含量的变化比较

油菜收获后各施肥处理的土壤矿质元素含量见表 3-24。

表 3-24　不同施肥处理对土壤矿质元素含量的影响　　　　单位：mg/kg

处理	Fe	Mn	Cu	Zn	Ca	Mg
1	688.9 hG	45.66 fF	15.29 cdBC	20.14 fD	117.4 gD	140.4 fH
2	741.9 deCD	51.38 deEF	16.47 abBC	27.98 dC	134.8 eC	168.2 cdEF
3	685.2 hG	47.39 efEF	15.49 bcdBC	20.45 efD	121.7 fgD	149.0 eG
4	706.1 gF	51.99 deEF	16.24 bcdBC	22.25 efD	122.7 fgD	162.2 dF
5	721.2 fEF	52.31 dE	16.89 abBC	23.39 eD	127.1 efCD	172.1 cDE
6	731.8 efDE	62.41 cCD	16.73 abBC	27.51 dC	136.0 eC	174.3 cCDE
7	735.2 eDE	61.10 cD	17.04 abB	31.23 cBC	148.2 dB	180.9 bBCD
8	752.8 cdBC	67.96 bBC	19.48 aA	33.17 bcB	157.6 cB	182.2 bBC
9	801.6 aA	67.85 bBC	17.34 bAB	34.40 bAB	183.2 aA	184.4 bAB
10	765.9 bB	69.45 bB	17.38 bAB	34.93 bAB	174.4 bA	192.5 aA
11	758.5 bcBC	77.82 aA	14.48 deCD	38.04 aA	159.0 cB	185.4 bAB
12	705.1 gF	79.94 aA	12.93 eD	35.35 abAB	155.7 cdB	181.4 bBC
均值	732.9	61.27	16.31	29.07	144.8	172.7
F	71.786**	57.879**	8.413**	39.946**	55.223**	53.310**
P	0.000	0.000	0.000	0.000	0.000	0.000

1. 土壤有效 Fe 含量的变化比较

油菜收获后，各施肥处理土壤有效 Fe 含量如图 3-15(a)所示。从图 3-15(a)可以看出，与油菜种植前相比，所有处理的土壤有效 Fe 含量均有不同程度的升高。清水处理的有效 Fe 含量为 688.9mg/kg，除低沼液量处理 3 与清水对照无显著差异外，其余各试验处理的土壤有效 Fe 含量均显著高于清水对照；处理 9 的土壤有效 Fe 含量最高，为 801.6mg/kg，比清水对照升高了 16.36%，其次是处理 10 和处理 11，土壤有效 Fe 含量分别为 765.9mg/kg 和 758.5mg/kg，比清水对照分别升高了 11.18% 和 10.10%，处理 3 的有效 Fe 含量低于清水对照，为 685.2mg/kg，比清水对照低 0.5371%；常规施肥处理的土壤有效 Fe 含量为 741.9mg/kg，比清水对照高 7.693%。

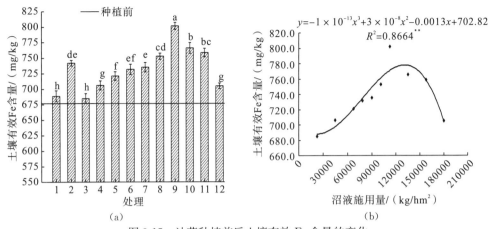

(a)

(b)

图 3-15 油菜种植前后土壤有效 Fe 含量的变化

进一步分析油菜收获后土壤有效 Fe 含量与沼液施用量的相关性，结果表明，二者之间呈极显著的一元三次函数关系，其回归方程为 $y = -1 \times 10^{-13} x^3 + 3 \times 10^{-8} x^2 - 0.0013x + 702.82$（$R^2 = 0.8664^{**}$，$P = 0.005$），土壤有效 Fe 含量随着沼液施用量的增加而呈逐渐升高的趋势，达到峰值之后开始回落，如图 3-15(b)所示。在本试验研究范围中，当沼液施用量为 112500kg/hm²（处理 9）时，有效 Fe 含量达到峰值 801.6mg/kg。

2. 土壤有效 Mn 含量的变化比较

油菜收获后，各处理土壤有效 Mn 含量如图 3-16(a)所示。从图 3-16(a)可知，除处理 1 和处理 3 的土壤有效 Mn 含量较种植前略有降低外，其余各试验处理的土壤有效 Mn 含量均有不同程度的升高。油菜收获后，各处理的土壤有效 Mn 含量相较于清水对照均有不同程度的升高。清水对照的有效 Mn 含量为 45.66mg/kg；处理 12 的有效 Mn 含量最高，为 79.94mg/kg，比清水对照升高了 75.08%，其次是处理 10 和处理 11，有效 Mn 含量分别为 69.45mg/kg 和 77.82mg/kg，比清水对照升高了 52.10% 和 70.43%；常规施肥处理的有效 Mn 含量为 51.38mg/kg，比清水对照升高了 12.53%。处理 6~12 的土壤有效 Mn 含量均显著高于常规施肥处理。

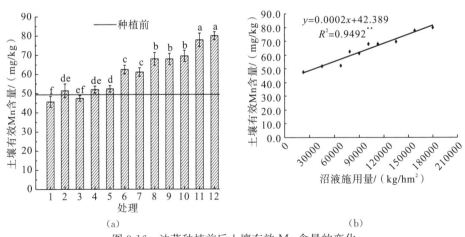

(a)

(b)

图 3-16 油菜种植前后土壤有效 Mn 含量的变化

进一步分析油菜收获后土壤有效 Mn 含量与沼液施用量的相关性，结果表明，二者之间呈极显著的线性关系，其回归方程为 $y = 0.0002x + 42.389$（$R^2 = 0.9492^{**}$，$P = 0.000$），土壤有效 Mn 含量随着沼液施用量的增加呈逐渐升高的趋势，如图 3-16(b)所示。在本试验研究范围内，当沼液施用量为 180000kg/hm^2（处理 12）时，土壤有效 Mn 含量达到峰值 79.94mg/kg。

3. 土壤有效 Cu 含量的变化比较

油菜种植前后土壤有效 Cu 含量的变化如图 3-17(a)所示。油菜收获后，除处理 11 和处理 12 的土壤有效 Cu 含量比种植前略有下降外，其余各处理土壤有效 Cu 含量均有不同程度的升高。清水对照的有效 Cu 含量为 15.29mg/kg；常规施肥处理的有效 Cu 含量为 16.47mg/kg；处理 8 的有效 Cu 含量最高，为 19.48mg/kg，比清水对照升高了 27.40%，其次是处理 9 和处理 10，有效 Cu 含量分别为 17.34mg/kg 和 17.38mg/kg，比清水对照升高了 13.41% 和 13.67%；处理 11 和处理 12 的土壤有效 Cu 含量显著低于常规施肥处理，其余各沼液处理的土壤有效 Cu 含量与常规施肥处理差异不显著。

进一步分析油菜收获后土壤有效 Cu 含量与沼液施用量的相关性，结果表明，二者之间呈极显著的一元二次抛物线关系，其回归方程为 $y = -6 \times 10^{-10} x^2 + 0.0001x + 12.797$（$R^2 = 0.7822^{**}$，$P = 0.005$），在本试验研究范围内，土壤有效 Cu 含量随着沼液施用量的增加呈先升高后降低的趋势，如图 3-17(b)所示。当沼液施用量为 101250kg/hm^2 时，土壤有效 Cu 含量达到峰值 19.48mg/kg。

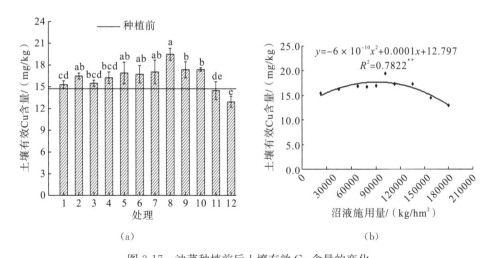

(a)　　　　　　　　　　　　　　　　(b)

图 3-17　油菜种植前后土壤有效 Cu 含量的变化

4. 土壤有效 Zn 含量的变化比较

油菜种植前后土壤有效 Zn 含量的变化如图 3-18(a)所示。油菜收获后，除清水对照和处理 3 的土壤有效 Zn 比种植前略有下降外，其余各处理土壤有效 Zn 含量均有不同程度的升高。清水处理的有效 Zn 含量为 20.14mg/kg；处理 11 的有效 Zn 含量最高，为 38.04mg/kg，比清水对照升高了 88.88%，其次是处理 10 和处理 12，有效 Zn 含量分别为 34.93mg/kg 和 35.35mg/kg，比清水对照升高了 73.44％ 和 75.52％；常规施肥处理的有效 Zn 含量为 27.98mg/kg，比清水对照升高了 38.93％，而处理 6 的土壤有效 Zn 含量与常规施肥处理差异不显著，处理 7～12 的土壤有效 Zn 含量均显著高于常规施肥处理。

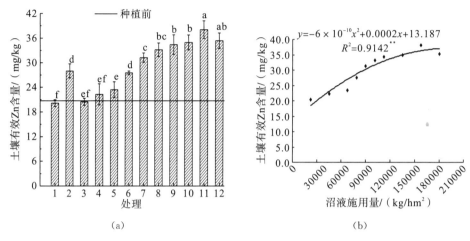

图 3-18　油菜种植前后土壤有效 Zn 含量的变化

进一步分析油菜收获后土壤有效 Zn 含量与沼液施用量的相关性，结果表明，二者之间呈极显著的一元二次抛物线关系，其回归方程为 $y = -6 \times 10^{-10} x^2 + 0.0002x + 13.187$（$R^2 = 0.9142^{**}$，$P = 0.000$），土壤有效 Zn 含量随着沼液施用量的增加逐渐升高，达到峰值之后开始降低，如图 3-18(b) 所示。在本试验研究范围内中，当沼液施用量为 157500kg/hm² 时，有效 Zn 含量达到峰值 38.04mg/kg。

5. 土壤 Ca 含量的变化比较

油菜种植前后土壤 Ca 含量的变化如图 3-19(a) 所示。从图 3-19(a) 可以看出，油菜收获后，除清水对照外，其余各处理的土壤 Ca 含量均较种植前有不同程度的升高。清水对照的土壤 Ca 含量最低，仅为 117.4 mg/kg，处理 9 的 Ca 含量最高，为 183.2mg/kg，其次是处理 10 和处理 11，Ca 含量分别为 174.4mg/kg 和 159.0mg/kg。常规施肥处理的土壤 Ca 含量为 134.8mg/kg，处理 6 的土壤 Ca 含量与常规施肥处理差异不显著，处理 7～12 的土壤 Ca 含量均显著高于常规施肥处理。

进一步分析油菜收获后土壤 Ca 含量与沼液施用量的相关性，二者之间呈极显著的一元三次函数关系，其回归方程为 $y = -9 \times 10^{-14} x^3 + 2 \times 10^{-8} x^2 - 0.0013x + 138.34$（$R^2 = 0.8629^{**}$，$P = 0.005$），土壤 Ca 含量随着沼液施用量的增加逐渐升高，达到峰值之后开始回落，如图 3-19(b) 所示。在本试验研究范围内，当沼液施用量为 112500kg/hm² 时，Ca 含量达到峰值 183.2mg/kg。

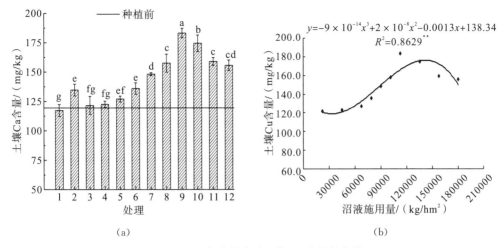

图 3-19　油菜种植前后土壤 Ca 含量的变化

6. 土壤 Mg 含量的变化比较

油菜种植前后土壤 Mg 含量的变化如图 3-20(a)所示。从图 3-20(a)可以看出，油菜收获后，除清水对照和处理 3 的土壤 Mg 含量较种植前略有降低外，其余各处理的土壤 Mg 含量均较种植前均有不同程度的升高。清水对照的土壤 Mg 含量最低，仅为 140.4mg/kg；处理 10 的 Mg 含量最高，为 192.5mg/kg，比清水对照升高了 37.11%，其次是处理 9 和处理 11，Mg 含量分别为 184.4mg/kg 和 185.4mg/kg，比清水对照升高了 31.34% 和 32.05%；常规施肥处理的土壤 Mg 含量为 168.2mg/kg，处理 4~6 的土壤 Mg 含量与常规施肥处理差异不显著，处理 7~12 的土壤 Mg 含量均显著高于常规施肥处理。

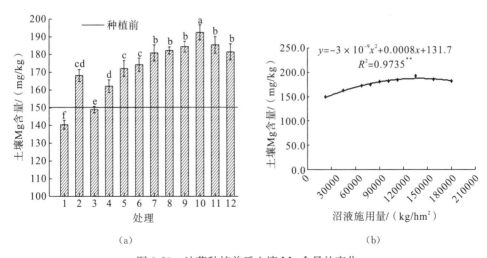

图 3-20　油菜种植前后土壤 Mg 含量的变化

进一步分析油菜收获后土壤 Mg 含量与沼液施用量的相关性，结果表明，二者之间呈极显著的一元二次抛物线关系，其回归方程为 $y = -3 \times 10^{-9} x^2 + 0.0008x + 131.7$（$R^2 = 0.9735^{**}$，$P = 0.000$），土壤 Mg 含量随着沼液施用量的增加逐渐升高，达到峰值之后开始降低，如图 3-20（b）所示。在本试验研究范围内，当沼液施用量为 135000kg/hm²，Mg 含量达到峰值 192.5mg/kg。

3.6.2 土壤矿质元素含量的变异分析

油菜种植后各施肥处理的土壤矿质元素含量的变异分析见表 3-25。从表 3-25 可知，土壤矿质元素的变异系数大小依次为有效 Zn>有效 Mn>Ca>有效 Cu>Mg>有效 Fe。有效 Zn 的变异系数最大，达 21.77%，其次为有效 Mn，变异系数为 18.93%；有效 Fe 的变异系数最小，仅为 4.65%，说明 6 种矿质元素中，施用沼液对土壤有效 Zn 和有效 Mn 的影响和调控作用相对较大，而土壤有效 Fe 的稳定性相对较好。

表 3-25　油菜种植后土壤矿质元素含量的变异分析

矿质元素	平均含量/（mg/kg）	变化范围/（mg/kg）	变异系数/%	F
有效 Fe	732.9	685.2~801.6	4.65	71.786**
有效 Mn	61.27	45.66~79.94	18.93	57.879**
有效 Cu	16.31	12.93~19.48	10.09	8.413**
有效 Zn	29.07	20.14~38.04	21.77	39.946**
Ca	144.8	117.4~183.2	14.88	55.223**
Mg	172.7	140.4~192.5	9.00	53.310**

综合考虑沼液施用对土壤中 6 种矿质元素含量的影响，在本试验研究中，当沼液施用量控制在 78750~135000kg/hm²（处理 6~10）时，土壤矿质元素含量均处于较高水平。

3.7　沼液农用对土壤重金属含量的影响

3.7.1 土壤重金属含量的变化比较

油菜种植后各施肥处理的土壤重金属含量见表 3-26。

表 3-26　不同施肥处理对土壤重金属含量的影响　　单位：mg/kg

处理	Pb	Cd	Cr	Ni	As	Hg
1	40.41 ccC	0.4482 hF	30.49 gF	23.13 cdAB	11.20 eD	0.1381 eE
2	44.28 abAB	0.5142 efgCDE	46.46 cCD	24.37 abAB	12.61 bcdBCD	0.2289 aA
3	42.32 bcBC	0.4580 hF	42.32 fgF	22.74 dB	11.58 deD	0.1674 dD
4	43.46 abABC	0.4889 gEF	33.47 fF	23.23 bcdAB	11.85 cdeCD	0.1744 cdD
5	43.95 abAB	0.5014 fgDE	37.27 eE	23.69 abcdAB	12.06 cdeBCD	0.1726 cdD
6	43.59 abABC	0.5249 defCDE	43.59 dD	24.25 abcAB	11.87 cdeCD	0.2174 aAB
7	43.75 abABC	0.5131 efgCDE	47.30 cCD	24.26 abcAB	12.55 bcdBCD	0.2305 aA

续表

处理	Pb	Cd	Cr	Ni	As	Hg
8	44.09 abAB	0.5403 deBCD	48.54 bcBC	24.32 abcAB	13.44 bABC	0.2243 aA
9	45.17 aAB	0.5487 cdBC	45.17 abABC	24.26 abcAB	13.39 bABC	0.2170 aAB
10	45.78 aAB	0.5788 bcAB	48.86 bcABC	24.69 aA	12.85 bcBCD	0.2029 bcB
11	45.10 aAB	0.6033 abA	52.18 aAB	24.58 aA	13.68 abAB	0.1994 bcBC
12	52.73 aA	0.6115 aA	52.73 aA	24.79 aA	14.61 aA	0.1834 cCD
均值	43.99	0.5276	43.46	24.03	12.64	0.1964
F	3.873**	24.498**	75.201**	3.313**	6.913**	43.527**
P	0.001	0.000	0.000	0.007	0.000	0.000

1. 土壤 Pb 含量的变化

方差分析结果(表 3-26)表明,油菜种植后各施肥处理的土壤 Pb 含量之间存在极显著差异($F=3.873^{**}$,$P=0.001$),说明施肥对土壤 Pb 含量的影响较大。油菜种植前后土壤 Pb 含量的变化如图 3-21 所示。

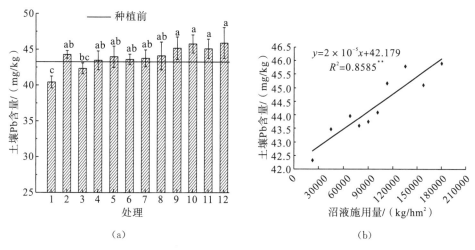

图 3-21　油菜种植前后土壤 Pb 含量的变化

由 LSD 检验[图 3-21(a)]可知,油菜收获后,除清水对照和低沼液量处理 3 的土壤 Pb 含量较种植前略有降低外,其余各试验处理的土壤 Pb 含量较种植前均有不同程度的升高,但升高幅度较小。清水对照的土壤 Pb 含量最低,为 40.41mg/kg;处理 12 的 Pb含量最高,为 45.91mg/kg,分别比清水对照和常规施肥处理高 13.61% 和 3.68%。所有沼液处理的土壤 Pb 含量均与常规施肥处理无显著差异。

进一步分析油菜收获后土壤 Pb 含量与沼液施用量的相关性,结果表明,二者之间呈极显著的线性关系,其回归方程为 $y=2\times10^{-5}x+42.179$($R^2=0.8585^{**}$,$P=0.000$),土壤 Pb 含量随着沼液施用量的增加呈逐渐升高的趋势,如图 3-21(b)所示。在本试验研究范围内,当沼液施用量为 180000kg/hm² (处理 12)时,土壤 Pb 含量达到峰值 45.91mg/kg。

2. 土壤 Cd 含量的变化比较

从表 3-26 土壤 Cd 含量的方差分析结果可知，各施肥处理的土壤 Cd 含量呈极显著差异（$F=24.498^{**}$，$P=0.000$）。油菜收获后，除清水对照和低沼液量处理 3 的土壤 Pb 含量较种植前略有降低外，其余各试验处理的土壤 Cd 含量均有不同程度的升高。其中，清水对照的 Cd 含量为 0.4482mg/kg；处理 12 的 Cd 含量最大，为 0.6115mg/kg。经 LSD 检验[图 3-22(a)]表明，处理 1~7 的土壤 Cd 含量与常规施肥处理无显著差异，处理 8~12 的土壤 Cd 含量显著高于常规施肥处理。

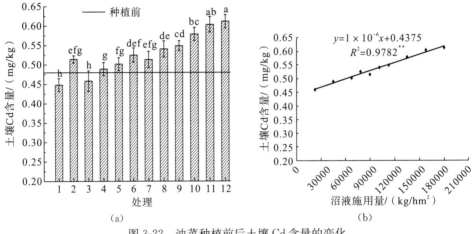

图 3-22　油菜种植前后土壤 Cd 含量的变化

进一步分析油菜收获后土壤 Cd 含量与沼液施用量的相关性，结果表明，二者之间呈极显著的线性关系，其回归方程为 $y=1\times10^{-6}x+0.4375$（$R^2=0.9782^{**}$，$P=0.000$），土壤 Cd 含量随着沼液施用量的增加而不断升高，由图 3-22(b)所示。在本试验研究范围内，当沼液施用量为 180000kg/hm²（处理 12）时，Cd 含量达到峰值 0.6115mg/kg。

3. 土壤 Cr 含量的变化比较

由表 3-26 土壤 Cr 含量的方差分析结果可知，不同施肥处理的土壤 Cr 含量之间存在极显著差异（$F=75.201^{**}$，$P=0.000$）。油菜收获后，清水对照和处理 3~5 的土壤 Cr 含量较种植前有所降低，而其余各试验处理的土壤 Cr 含量均有不同程度的升高。其中，以清水对照的土壤 Cr 含量最低，为 30.49mg/kg；而处理 12 的土壤 Cr 含量最高，为 52.73mg/kg。经 LSD 检验[图 3-23(a)]表明，除低沼液量处理 3 外，其余各沼液处理的土壤 Cr 含量均显著高于清水对照；除处理 11~12 的土壤 Cr 含量显著高于常规施肥处理外，其余各沼液处理土壤 Cr 含量均不高于常规施肥处理。

进一步分析油菜收获后土壤 Cr 含量与沼液施用量的相关性，结果表明，二者之间呈显著的一元三次函数关系，其回归方程为 $y=-4\times10^{-4}x^3+6\times10^{-9}x^2-2\times10^{-14}x+45.98$（$R^2=0.774^*$，$P=0.023$），土壤 Cr 含量随着沼液施用量的增加呈逐渐升高的趋势，如图 3-23(b)所示。在本试验研究范围内，当沼液施用量为 180000kg/hm²（处理 11）时，Cr 含量达到峰值 52.73mg/kg。

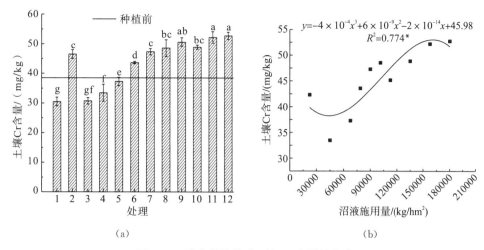

图 3-23　油菜种植前后土壤 Cr 含量的变化

4. 土壤 Ni 含量的变化比较

由表 3-26 土壤 Ni 含量的方差分析结果可知，不同施肥处理的土壤 Ni 含量之间存在极显著差异（$F=3.313^{**}$，$P=0.007$）。油菜收获后，清水对照和处理 3～5 的土壤 Ni 含量较种植前有所降低，而其余各试验处理的土壤 Ni 含量均有不同程度的升高。所有试验处理中，低沼液量处理 3 的土壤 Ni 含量最低，为 22.74mg/kg，而处理 12 的土壤 Ni 含量最高，为 24.79mg/kg。经 LSD 检验[图 3-24(a)]表明，除处理 3 的土壤 Ni 含量显著低于常规施肥处理外，其余各沼液处理的土壤 Ni 含量与常规施肥处理均无显著差异。

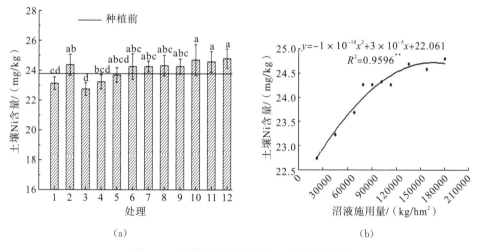

图 3-24　油菜种植前后土壤 Ni 含量的变化

进一步分析油菜收获后土壤 Ni 含量与沼液施用量的相关性，结果表明，二者之间呈极显著的一元二次抛物线关系，其回归方程为 $y=-1\times10^{-10}x^2+3\times10^{-5}x+22.061$（$R^2=0.9596^{**}$，$P=0.000$），土壤 Ni 含量随着沼液施用量的增加呈不断升高的趋势，如图 3-24(b) 所示。当沼液施用量为 180000kg/hm² (处理 12) 时，Ni 含量达到峰值 24.79mg/kg。

5. 土壤 As 含量的变化比较

由表 3-26 土壤 As 含量的方差分析结果可知,不同施肥处理的土壤 As 含量之间存在极显著差异($F = 6.913^{**}$, $P = 0.000$)。油菜收获后,清水对照和处理 3~6 的土壤 As 含量较种植前有所降低,而其余各试验处理的土壤 As 含量有不同程度的升高,但升高幅度较小。所有试验处理中,清水对照的土壤 As 含量最低,为 11.20mg/kg,而处理 12 的土壤 As 含量最高,为 14.61mg/kg,比清水对照高出 30.45%。经 LSD 检验[图 3-25(a)]表明,除处理 12 的土壤 As 含量显著高于常规施肥处理外,其余各沼液处理的土壤 As 含量均与常规施肥处理无显著差异。

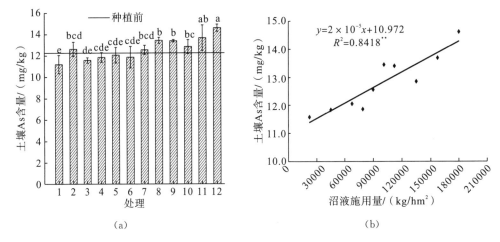

图 3-25　油菜种植前后土壤 As 含量的变化

进一步分析油菜收获后土壤 As 含量与沼液施用量的相关性,结果表明,二者之间呈极显著的线性关系,其回归方程为 $y = 2 \times 10^{-5} x + 10.972$($R^2 = 0.8418^{**}$, $P = 0.000$),土壤 As 含量随着沼液施用量的增加呈不断升高的趋势,如图 3-25(b)所示。当沼液施用量为 180000kg/hm² (处理 12)时,土壤 As 含量达到峰值 14.61mg/kg。

6. 土壤 Hg 含量的变化比较

由表 3-26 土壤 Hg 含量的方差分析结果可知,不同施肥处理的土壤 Hg 含量之间存在极显著差异($F = 43.527^{**}$, $P = 0.000$)。油菜收获后,清水对照和处理 3~5 的土壤 Hg 含量较种植前有所降低,而其余各试验处理的土壤 Hg 含量有不同程度的升高。所有试验处理中,清水对照的土壤 Hg 含量最低,为 0.1381mg/kg,而处理 7 的 Hg 含量最高,为 0.2305mg/kg,比清水对照高出 66.91%。经 LSD 检验[图 3-26(a)]表明,除处理 6~9 的土壤 Hg 含量与常规施肥处理无显著差异外,其余各处理的土壤 Hg 含量均显著低于常规施肥处理。

进一步分析油菜收获后土壤 Hg 含量与沼液施用量的相关性,结果表明,二者之间呈显著的一元二次抛物线关系,其回归方程为 $y = -7 \times 10^{-12} x^2 + 2 \times 10^{-6} x + 0.1244$($R^2 = 0.6698^*$, $P = 0.021$),土壤 Hg 含量随着沼液施用量的增加先不断升高,达到峰值后开始降低，如图 3-26（b）所示。当沼液施用量为 90000kg/hm²（处理 7）时，土壤 Hg 含量达到峰值 0.2305mg/kg。

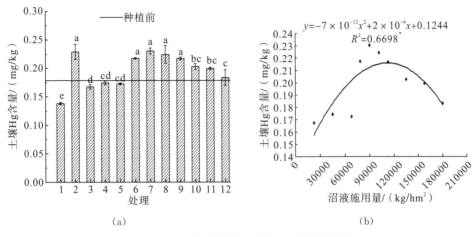

图 3-26　油菜种植前后土壤 Hg 含量的变化

3.7.2　土壤重金属含量的变异分析

由表 3-27 油菜收获后不同施肥处理下的土壤重金属含量的变异性分析可知，土壤重金属的变异系数大小依次为 Cr>Hg>Cd>As>Pb>Ni。其中，土壤 Ni 的变异系数最小，仅为 2.78%；土壤 Cr 的变异系数最大，为 15.06%，其次为 Hg，变异系数为 14.87%，说明沼液施用对土壤 Cr 和 Hg 含量影响相对比其他重金属元素更大，而对土壤 Ni 的影响相对较小。

表 3-27　种植油菜后土壤重金属含量的变异

重金属	平均含量/(mg/kg)	变化范围/(mg/kg)	变异系数/%	F
Pb	43.99	40.41~45.91	3.47	3.873**
Cd	0.5276	0.4482~0.6115	9.86	24.498**
Cr	43.46	30.49~52.18	15.06	75.201**
Ni	24.03	22.74~24.79	2.78	3.313**
As	12.64	11.20~14.69	7.90	6.913**
Hg	0.1964	0.1381~0.2305	14.87	43.527**

尽管随着沼液施用量的增加，土壤 Pb、Cd、Ni、As 含量呈逐渐升高的趋势，土壤 Cr、Hg 含量呈先升高后降低的趋势，但当沼液施用量控制在 22500~90000kg/hm²（处理 3~7）时，土壤的重金属含量均不高于常规施肥处理，甚至土壤 Cd 含量还显著低于常规施肥处理，说明合理适量地施用沼液并不会加剧土壤重金属的污染。

3.7.3　沼液农用的土壤重金属安全性评价

本次土壤环境质量安全评价旨在判断油菜种植各试验处理的土壤重金属含量是否超出国家标准《土壤环境质量　农用地土壤污染风险管控标准（试行）》（GB 15618—2018）[25]的范围，不按照任何评价模式来进行评价，只是对各试验处理的土壤重金属含量与国家标准中的相应值进行比较。

油菜种植前原土 Cr、Ni、As、Pb、Hg 的含量（Cr：38.52mg/kg，Ni：23.78mg/kg，As：12.26mg/kg，Pb：43.25mg/kg，Hg：0.1802mg/kg）符合国家土壤环境质量标准，Cd 含量（Cd：0.4798mg/kg）在国家农用地土壤污染风险管制值内。油菜种植后，所有施用沼液的处理土壤 Cr、Ni、As、Pb、Hg 的含量仍符合国家土壤环境质量标准，由于土壤本底 Cd 含量较高，导致本研究中所有处理的 Cd 含量都超过了国家标准（小于等于0.3mg/kg），所以在此土壤上施用沼液或化肥时更应注意，避免加剧土壤的 Cd 污染。

3.8　沼液农用对土壤微生物和酶活性的影响

3.8.1　沼液农用对土壤微生物数量的影响

1. 土壤微生物数量的多重比较

由于土壤微生物能较早地预测土壤有机质的变化过程，因此常被作为土壤质量的灵敏指标[26,27]。一方面，土壤微生物生物量可看作是土壤有效养分的储备库，其自身含有一定数量的碳、氮、磷和硫；另一方面，土壤微生物参与土壤中碳、氮、磷和硫等元素的循环及矿物矿化过程。同时，土壤微生物还对土壤结构特别是团聚体的形成和稳定性起着十分重要的作用。

方差分析结果（表 3-28）表明，不同施肥处理下土壤细菌、放线菌、真菌均存在极显著差异，说明沼液施用对土壤微生物数量的影响较大。由表 3-28 的多重结果比较可知，处理 3～4 的土壤细菌数量与清水对照和常规施肥处理差异不显著，处理 5～12 的土壤细菌数量均显著高于清水对照和常规施肥处理；在所有试验处理中，常规施肥处理的土壤真菌和放线菌数量均最少，分别为 1.59×10^{12} 个/g 和 4.11×10^{14} 个/g。随着沼液施用量的增加，土壤细菌、真菌和放线菌数量均呈不断升高的趋势，三者均在处理 12 达到最大值。在低沼液量处理下，微生物数量与常规施肥处理和清水对照差异不显著，但在高沼液量处理下，微生物数量却显著高于常规施肥处理和清水对照。说明沼液施用对土壤微生物数量的影响很大，当沼液施用量控制在 78750～180000kg/hm² （处理 6～12）时，与常规施肥处理和清水对照相比，沼液的施用有利于提高土壤的细菌、真菌及放线菌数量。总的来说，施用沼液能提高土壤微生物活性，由于沼液中含有较多的碳水化合物及氮、磷、钾等营养物质，可在一定程度上提高土壤通透性，因此比化肥更能激化微生物的繁育。

表 3-28 不同施肥处理对土壤微生物数量的影响 单位：10^8 个/g

处理	细菌	真菌	放线菌
1	5982089eH	19686cdBCD	5072408efDE
2	5895097eH	15863dD	4109153fE
3	5880175eH	16120dCD	4509666fE
4	6611888eGH	18826 cdBCD	4844108fDE
5	8025925dFG	19240cdBCD	5112010efDE
6	8048908dFG	22022cBCD	5089445 efDE
7	8577516dEF	23476cBC	6174182 deCD
8	10146780cDE	23671cB	6399462 dCD
9	11244093cCD	32180 bA	7310291dC
10	12501332 bBC	34880 abA	10616385cB
11	13643758 bAB	35409abA	12076035bB
12	15096819 aA	38659aA	13875843aA
均值	9304532	25003	7099083
F	63.718**	23.036**	77.453**
P	0.000	0.000	0.000

2. 土壤微生物数量与沼液施用量的相关性

由表 3-29 可知，土壤细菌、真菌数量均与沼液施用量呈极显著的线性关系，土壤放线菌数量与沼液施用量呈极显著的一元二次抛物线关系。随着沼液施用量的增加，三者均呈不断升高的趋势，有利于显著提高土壤的微生物数量。

表 3-29 土壤微生物数量(y)与沼液施用量(x)的回归方程

土壤微生物	回归方程	R^2	P
细菌	$y = 61.966x + 4 \times 10^6$	0.9782**	0.000
真菌	$y = 0.1581x + 10799$	0.9258**	0.000
放线菌	$y = 0.0004x^2 - 20.861x + 5 \times 10^6$	0.9764**	0.000

3.8.2 沼液农用对土壤酶活性的影响

1. 土壤酶活性的多重比较

土壤酶能够促进土壤中的物质转化及能量交换[28]，是土壤新陈代谢的重要标志，是土壤中植物、动物、微生物活动的产物。脲酶在土壤酶系中研究比较深入，其酶促反应产物氨是植物氮源之一，其活性反映土壤有机态氮向有效态氮转化的能力和土壤无机氮的供应能力[29]。土壤蔗糖酶又名转化酶，是广泛存在于土壤中的一种重要的酶，它对增加土壤中易溶性营养物质起着重要作用[30]。土壤过氧化氢酶促过氧化氢的分解，有利于防止它对生物体的毒害作用。

方差分析结果(表 3-30)表明，不同施肥处理下土壤脲酶活性、过氧化氢酶活性和蔗糖酶活性均存在极显著差异，说明施肥对土壤酶活性的影响较大。

表 3-30　不同施肥处理对土壤酶活性的影响

处理	脲酶活性/(mg/g)	过氧化氢酶活性/(mL/g)	蔗糖酶活性/(mg/g)
1	283hH	0.9413aA	2840kJ
2	414fEF	0.9147bC	3014kJ
3	368gG	0.9207bBC	3630jI
4	383gFG	0.9207 bBC	5228iH
5	396fgFG	0.9220bBC	6068hG
6	458deD	0.9220bBC	6852 gF
7	485dD	0.9367aA	7346 fF
8	689bA	0.9393aA	8009 eE
9	781aA	0.9393 aA	9292dD
10	579 cC	0.9353 aA	14267cC
11	583 cC	0.9333aAB	16751bB
12	452eDE	0.9367aA	18814aA
均值	489	0.9302	8509
F	217.068**	9.505**	1363.279**
P	0.000	0.000	0.000

由表 3-30 的多重结果比较可知，清水对照的土壤脲酶活性最低，为 283mg/g，随着沼液施用量的增加，脲酶活性呈先升高后降低趋势，在处理 9 达到峰值，为 781mg/g。其中，处理 6~12 的土壤脲酶活性显著高于常规施肥处理；常规施肥处理的土壤过氧化氢酶活性最低，为 0.9147mL/g，清水对照的次之，为 0.9413mL/g，常规施肥处理的土壤过氧化氢酶活性与处理 3~6 无显著差异，但显著低于处理 7~12；土壤蔗糖酶活性以清水对照的最低，为 2840mg/g，常规施肥处理的次之，为 3014 mg/g，随着沼液施用量的增加，土壤蔗糖酶活性不断升高，所有沼液处理的蔗糖酶活性均显著高于清水对照和常规施肥处理。

随着沼液施用量的增加，土壤脲酶活性与土壤肥力指标的变化趋势相似，而这可能是由于土壤有机质、全氮、全磷、碱解氮、速效磷与脲酶活性呈显著或极显著相关水平，而蔗糖酶与所有肥力因素相关性均不显著[28]。沼液的施用对土壤过氧化氢酶活性有微弱的促进作用，但效果不是很明显。总体而言，沼液施用对过氧化氢酶活性影响不是很大，说明施肥措施并不是影响土壤过氧化氢酶活性的主要因素，影响较多的应该是土壤的机械组成等物理因素[31]。

2. 土壤酶活性与沼液施用量的相关性

由表 3-31 可知，土壤脲酶活性与沼液施用量呈显著的一元三次曲线关系，随着沼液施用量的增加，土壤脲酶活性呈先升高后降低趋势；土壤过氧化氢酶活性与沼液施用量呈显著的一元二次抛物线关系，随着沼液施用量的增加，土壤过氧化氢酶活性呈逐渐升高的趋势，但升高幅度不大；土壤蔗糖酶活性与沼液施用量呈极显著的一元二次抛物线关系，随着沼液施用量的增加，蔗糖酶活性逐渐上升。

表 3-31　土壤酶活性(y)与沼液施用量(x)的回归方程

土壤酶活性	回归方程	R^2	P
脲酶活性	$y=-6\times10^{-13}x^3+2\times10^{-7}x^2-0.0079x+467.2$	0.7195*	0.042
过氧化氢酶活性	$y=-1\times10^{-12}x^2+3\times10^{-7}x+0.9094$	0.6438*	0.027
蔗糖酶活性	$y=5\times10^{-7}x^2+0.0075x+3371.8$	0.9778**	0.000

从以上分析可知，沼液的施用对土壤的脲酶、过氧化氢酶、蔗糖酶均有一定程度的影响。与常规施肥处理相比，当沼液施用量控制在 78750～180000kg/hm²（处理 6～12）时，土壤的脲酶活性、蔗糖酶活性有显著升高，同时土壤过氧化氢酶活性也有微弱升高。

3.9　本 章 总 结

3.9.1　提高油菜产量及品质的沼液最佳施用量

与清水对照和常规施肥处理相比，适量沼液施用有利于提高油菜产量、改善油菜营养品质，并能一定程度上提高油菜籽粒矿质元素含量，降低油菜籽粒的重金属含量。当沼液施用量控制在 78750～112500kg/hm²（处理 6～9）时，油菜产量最高；当沼液施用量控制在 78750～101250kg/hm²（处理 6～8）时，油菜的营养品质最佳；当沼液施用量控制当沼液施用量在 22500～90000kg/hm²（处理 3～7）时，油菜的矿质元素含量均处于较高水平，各沼液处理的油菜籽粒重金属含量均低于常规施肥处理，且所有沼液处理的油菜籽粒重金属含量均符合《食品安全国家标准　食用植物油料》（GB 19641—2015）中的限值。

从沼液施用对油菜产量及品质的影响综合考虑，本研究认为，当沼液施用量控制在 78750～90000kg/hm²（处理 6～7）时，油菜的产量最高、品质最佳，施用沼液的经济效益较好。

3.9.2　兼顾土壤质量的沼液最佳施用量

适量的沼液施用有利于提高土壤 pH，防止土壤酸化；当沼液施用量控制在 78750～

101250kg/hm^2(处理 6～8)时，土壤全氮、碱解氮、速效磷、速效钾、有机质含量均显著高于常规施肥处理；当沼液施用量控制在 78750～112500kg/hm^2(处理 6～9)时，土壤盐基交换总量与常规施肥处理相比并无显著差异，同时，沼液施用还利于提高土壤的 CEC 及交换性钾、交换性钠和交换性镁含量；适量的沼液施用还有利于提高土壤矿质元素的含量，当沼液施用量控制在 78750～135000kg/hm^2(处理 6～10)时，土壤矿质元素含量均处于较高的水平；尽管随着沼液施用量的增加，土壤重金属含量有不同程度的升高，但当沼液施用量控制在 22500～90000kg/hm^2(处理 3～7)时，土壤中各重金属的含量均处于较低水平。所以，本研究认为，当沼液施用量为 78750～90000kg/hm^2(处理 6～7)时，土壤肥力较高，环境质量较好，施用沼液的环境效益较高。

综上所述，在四川省邛崃市的水稻土上，用规模化养猪场猪粪尿为发酵原料产生的沼液(氮、磷、钾总养分为 1.689g/kg，其中氮含量为 1.102g/kg)作肥源进行油菜大田种植，从沼液施用对油菜的生长发育、产量、品质及土壤质量的影响等因素综合考虑，沼液农用的最佳施用量为 78750～90000kg/hm^2，此时沼液农用的经济效益与环境效益达到最佳平衡。在该地区水稻土上进行油菜大田种植的沼液最大承受力为 90000kg/hm^2，此时土壤的质量较好。

参 考 文 献

[1]刘后利. 实用油菜栽培学[M]. 上海：上海科学技术出版社，1985.

[2]张锦芳，蒲晓斌，李浩杰，等. 近红外光谱仪测试四川生态区甘蓝型油菜籽粒品质的研究[J]. 西南农业学报，2008，21(1)：238-240.

[3]中国土壤学会. 土壤农业化学分析方法[M]. 北京：中国农业科技出版社，2000.

[4]姚槐应，黄昌勇. 土壤微生物生态学及其实验技术[M]. 北京：科学出版社，2006.

[5]国家环境保护总局. 水和废水分析监测方法[M]. 北京：中国环境科学出版社，2002.

[6]侯再芬，谢启强，邓其英，等. 不同施氮量对优质杂交油菜菌核病的影响[J]. 安徽农业科学，2006，34(21)：5576-5577.

[7]李志玉，郭庆元，廖星，等. 不同氮水平对双低油菜中双 9 号产量和品质的影响[J]. 中国油料作物学报，2007，29(2)：78-82.

[8]李志玉，胡琼，廖星，等. 优质油菜中油杂 8 号施用氮磷硼肥的产量和品质效应[J]. 中国油料作物学报，2005，27(004)：59-63.

[9]黄晓燕，沈小妹. 稻田套直播油菜轻型高产高效栽培技术研究[J]. 上海农业科技，2003，2(4)：48-50.

[10]孙晓辉. 作物栽培学(各论)[M]. 成都：四川科学技术出版社，2002：442-479.

[11]Agnihotri A，Prem D，Gupta K. The chronicles of oil and meal quality improvement in oilseed rape[J]. Advances in Botanical Research，2007(45)：49-97.

[12]Rathke G W，Christen O，Diepenbrock W. Effects of nitrogen source and rate on productivity and quality of winter oilseed rape (Brassica napus L.) grown in different crop rotations[J]. Field Crops Research，2005，94(2-3)：103-113.

[13]Brennan R F，Mason M G，Walton G H. Effect of nitrogen fertilizer on the concentrations of oil and protein in canola (Brassica napus) seed[J]. Journal of Plant Nutrition，2000，23(3)：339-348.

[14]Asare E，Scarisbrick D H. Rate of nitrogen and sulphur fertilizers on yield, yield components and seed quality of oilseed rape (Brassica napus L.)[J]. Field Crops Research，1995，44(1)：41-46.

[15]Andersen M N, Heidmann T, Plauborg F. The effects of drought and nitrogen on light interception, growth and yield of winter oilseed rape[J]. Acta Agriculturae Scandinavicaon, Section B-Plant Soil Science, 1996, 46 (1): 55-67.

[16]Sugimoto T, Tanaka K, Monma M, et al. Phosphoenolpyruvate carboxylase level in soybean seed highly correlates to its contents of protein and lipid[J]. Agricultural and Biological Chemistry, 1989, 53(3): 885-887.

[17]Bhatia C R, Rabson R. Bioenergetic considerations in cereal breeding for protein improvement[J]. Science, 1976, 194(4272): 1418.

[18]Lambers H, Poorter H. Inherent variation in growth rate between higher plants: a search for physiological causes and ecological consequences[J]. Advances in Ecological Research, 2004, 34: 283-362.

[19]袁兆国. 低磷胁迫对双低油菜产量与品质的影响[D]. 扬州: 扬州大学, 2007.

[20]王庆仁. 双低油菜（Canola）硫营养临界期与最大效率期的研究[J]. 植物营养与肥料学报, 1997, 3(002): 137-146.

[21]Ahmad A, Abdin M Z. Interactive effect of sulphur and nitrogen on the oil and protein contents and on the fatty acid profiles of oil in the seeds of rapeseed(*Brassica campestris* L.) and mustard(*Brassica juncea* L. Czern. and Co ss.)[J]. Journal of Agronom and Crop Science, 2000, 185(1): 49.

[22]Osborne G J, Batten G D. Yield, oil and protein content of oilseed rape as affected by soil and fertilizern itrogen and phosphorus[J]. Australian Journal of Experimental Agriculture and Animal Husbandry, 1978, 18(90): 107-111.

[23]唐微, 伍钧, 孙百晔, 等. 沼液不同施用量对水稻产量及大米品质的影响[J]. 农业环境科学学报, 2010, 29 (12): 2268-2273.

[24]GB 19641—2015 食品安全国家标准 食用植物油料[S]. 北京: 中国标准出版社, 2015.

[25]GB 15618—2018 土壤环境质量 农用地土壤污染风险管控标准(试行)[S]. 北京: 中国标准出版社, 2018.

[26]Insam H, Mitchell C C, Dormaar J F. Relationship of soil microbial biomass and activity with fertilization practice and crop yield of three ultisols[J]. Soil Biology and Biochemistry, 1991, 23(5): 459-464.

[27]俞慎, 李勇. 土壤微生物生物量作为土壤质量生物指标的探讨[J]. 土壤学报, 1999, 36(003): 413-422.

[28]邱莉萍, 刘军, 王益权, 等. 土壤酶活性与土壤肥力的关系研究[J]. 植物营养与肥料学报, 2004, 10 (003): 277-280.

[29]Debabyoa A. Soil Enzymes enzyme activity and their influence on NPK content in Press mud[J]. Burns R. G. Ed., 1973: 73.

[30]关松荫. 土壤酶及其研究法[M]. 北京: 农业出版社, 1986.

[31]樊军, 郝明德. 旱地黑垆土剖面酶活性分布特征与生育期变化[J]. 土壤通报, 2003, 34(5): 444-447.

第4章 水稻－油菜轮作模式下三年连续施用沼液对水稻生产及土壤环境质量的影响

土地消解沼液是目前被认为最易实施且有效的沼液处理方法，它通过土地及系统中的作物、微生物等共同作用来处理废弃物，具有处理量大、成本低和对氮、磷去除效果好等优点[1,2]。水稻作为我国南方地区的主要粮食作物，种植面积约占全国粮食作物的40%[3]。长期以来，水稻种植都依赖于传统化肥的施用，不仅生产成本较高，而且土壤环境质量状况也受到一定程度的影响[4,5]。

正是基于这样的背景，本研究通过连续三年定位施用沼液的田间试验，利用土壤—作物系统对沼液的净化作用，研究沼液不同施用量和沼液施用年限对水稻产量、品质及土壤质量的影响，基本确定在四川山丘区黄壤性水稻土上种植水稻的适宜沼液施用量及土壤—水稻系统对沼液的安全消纳容量，同时了解沼液施用的潜在风险和土壤承载力，为沼液的资源化利用提供一定的理论依据。

4.1 材料与方法

4.1.1 供试材料

供试水稻：选择当地常规品种，宜香481——籼型水稻。

供试沼液：生猪养殖场已发酵完全的沼液（其中沼液密度为0.90kg/L），发酵原料为养猪场猪粪尿。

每次施用沼液都及时对所施用沼液的成分进行测定，三季水稻种植所施沼液的具体成分分别见表4-1、表4-2、表4-3。

表 4-1 第一季水稻施用沼液（pH=7.101）的成分

成分	含量	成分	含量	成分	含量
TN/(g/kg)	0.3438	Fe/(mg/kg)	31.12	Cr/(mg/kg)	1.34
NH_4^+-N/(g/kg)	0.3085	Mn/(mg/kg)	23.10	Pb/(mg/kg)	0.5998
TP/(g/kg)	0.0932	Cu/(mg/kg)	14.46	Ni/(mg/kg)	0.9031
TK/(g/kg)	0.3515	Zn/(mg/kg)	22.11	As/(mg/kg)	5.31
		Cd/(mg/kg)	0.1065	Hg/(mg/kg)	0.0411

表 4-2　第二季水稻施用沼液(pH=7.132)的成分

成分	含量	成分	含量	成分	含量
TN/(g/kg)	1.200	Ca/(mg/kg)	1254.74	Cr/(mg/kg)	1.06
NH_4^+-N/(g/kg)	0.6023	Mg/(mg/kg)	328.32	Pb/(mg/kg)	0.5057
TP/(g/kg)	0.3566	Fe/(mg/kg)	608.55	Ni/(mg/kg)	1.24
TK/(g/kg)	0.4561	Mn/(mg/kg)	21.08	As/(mg/kg)	5.96
TOC/(g/kg)	0.9389	Cu/(mg/kg)	12.25	Hg/(mg/kg)	
NO_3^--N/(mg/kg)	4.89	Zn/(mg/kg)	10.27	总残渣/(g/kg)	22.68
		Na/(mg/kg)	221.92	Cd/(mg/kg)	0.0356

表 4-3　第三季水稻施用沼液(pH=7.112)的成分

成分	含量	成分	含量	成分	含量
TN/(g/kg)	1.015	Ca/(mg/kg)	1135.85	Pb/(mg/kg)	0.5568
NH_4^+-N/(g/kg)	0.5633	Mg/(mg/kg)	307.534	Cd/(mg/kg)	0.09649
TP/(g/kg)	0.0897	Fe/(mg/kg)	667.48	Ni/(mg/kg)	1.4194
TK/(g/kg)	0.4427	Mn/(mg/kg)	23.86	As/(mg/kg)	10.06
NO_3^--N/(mg/kg)	4.24	Cu/(mg/kg)	9.988	Hg/(mg/kg)	0.012
Na/(mg/kg)	216.8	Zn/(mg/kg)	9.38	总残渣/(g/kg)	24.18
		Cr/(mg/kg)	0.994	TOC/(g/kg)	0.8759

供试化肥：尿素、钾肥(氧化钾)、磷肥(过磷酸钙)、有机复合肥、硼砂，所用化肥的实际氮、磷、钾及重金属含量见表 4-4。

表 4-4　化肥中的氮、磷、钾及重金属含量

成分	尿素	钾肥	磷肥	有机复合肥	硼砂
N/(g/kg)	633	0.3	3.3	112	—
P/(g/kg)	0.6	0.6	128	15.3	—
K/(g/kg)	1.2	562	1.3	30.4	—
Ni/(mg/kg)	0.33	4.22	1.82	1.76	0.5218
Ca/(mg/kg)	0.007	0.99	4.80	4.38	—
Mg/(mg/kg)	0.001	0.28	3.88	0.76	—
Fe/(mg/kg)	1.27	20.4	306.3	683.2	—
Mn/(mg/kg)	2.36	47.1	148.3	131.9	—
Cu/(mg/kg)	0.18	3.18	18.37	14.3	0.3882
Zn/(mg/kg)	3.48	4.34	69.5	69.8	3.128
Cr/(mg/kg)	0.84	5.99	22.81	13.9	3.096
Cd/(mg/kg)	0.058	0.81	0.35	0.34	0.0454
Pb/(mg/kg)	12.19	1.36	1.29	1.47	0.1868

成分	尿素	钾肥	磷肥	有机复合肥	硼砂
As/(mg/kg)	1.479	2.138	3.66	0.64	1.282
Hg/(mg/kg)	0.74	0.98	1.47	1.55	0.2365

4.1.2　试验地点

试验地点为四川省邛崃市固驿镇新安乡黑石村三组某农户的责任田,该试验田为浅丘区黄壤性水稻土,地势较为平坦,排灌方便。第一季水稻于 2009 年 5 月开始,第二季水稻于 2010 年 5 月开始,第三季水稻于 2011 年 5 月开始。原始土壤的基本理化性质、重金属含量情况见表 4-5。

表 4-5　原始土壤(pH=4.801)的基本理化性质及重金属含量表

项目	含量	项目	含量
全氮/%	0.2113	有效锌/(mg/kg)	20.71
碱解氮/(mg/kg)	184.83	Ca/(mg/kg)	131.4
速效磷/(mg/kg)	80.44	Mg/(mg/kg)	109.1
速效钾/(mg/kg)	33.13	Pb/(mg/kg)	42.17
有机质/%	4.213	Cd/(mg/kg)	0.4802
CEC/(cmol/kg)	12.21	Cr/(mg/kg)	46.18
有效铁/(mg/kg)	688.5	As/(mg/kg)	7.629
有效锰/(mg/kg)	55.62	Hg/(mg/kg)	0.1362
有效铜/(mg/kg)	17.19	Ni/(mg/kg)	24.69

4.1.3　试验设计

本试验一共设置 12 个处理,每个处理 3 次重复。其中,包括 1 个清水对照处理(处理 1)、1 个常规施肥处理(处理 2)和 10 个纯沼液处理(处理 3~12)。三季水稻种植的施肥用量设计见表 4-6、表 4-7、表 4-8。

表 4-6　第一季水稻不同施肥设计　　　　　　　　　　单位：kg/亩

处理	沼液总用量	分蘖肥(栽后 7 天)	穗肥(拔节期)	粒肥(齐穗期)
1	0	0	0	0
2	0	当地常规施肥(尿素 8,磷肥 35,钾肥 10)作为分蘖肥一次施用		
3	250	125	100	25
4	500	250	200	50

续表

处理	沼液 总用量	分蘖肥 （栽后 7 天）	穗肥 （拔节期）	粒肥 （齐穗期）
5	750	375	300	75
6	1000	500	400	100
7	1250	625	500	125
8	1500	750	600	150
9	1750	875	700	175
10	2000	1000	800	200
11	2500	1250	1000	250
12	3000	1500	1200	300

表 4-7　第二季水稻不同施肥设计　　　　　　　　　　单位：kg/亩

处理	沼液总 用量	基肥 （移栽前 7 天）	分蘖肥 （移栽后 10 天）	穗肥 （拔节期）
1	0	0	0	0
2	0	当地常规施肥(有机肥 133，尿素 10，磷肥 66，钾肥 6.7) 作为分蘖肥一次性全部施用		
3	600	250	250	100
4	1200	500	500	200
5	1800	750	750	300
6	2400	1000	1000	400
7	3000	1250	1250	500
8	3600	1500	1500	600
9	4200	1750	1750	700
10	4800	2000	2000	800
11	5400	2250	2250	900
12	6000	2500	2500	1000

表 4-8　第三季水稻不同施肥设计　　　　　　　　　　单位：kg/亩

处理	沼液总 用量	基肥 （移栽前 7 天）	分蘖肥 （移栽后 10 天）	穗肥 （拔节期）
1	0	0	0	0
2	0	当地常规施肥(有机肥 133，尿素 10，磷肥 66，钾肥 6.7) 作为分蘖肥一次施用		
3	1100	400	400	300
4	1800	700	600	500
5	2500	1000	800	700
6	3200	1300	1000	900

处理	沼液总 用量	基肥 (移栽前 7 天)	分蘖肥 (移栽后 10 天)	穗肥 (拔节期)
7	3900	1600	1200	1100
8	4600	1900	1400	1300
9	5300	2200	1600	1500
10	6000	2500	1800	1700
11	6700	2800	2000	1900
12	7400	3100	2200	2100

4.1.4　主要栽培管理措施

小区面积为 20m²，各处理间间隔 40cm，各重复间间隔 50cm，各小区四周垒土埂，用塑料薄膜包埂，在四周设保护行。每小区定植秧苗 288 穴，折合为 9600 穴/亩。水稻秧苗按常规方法进行培育，于 5 月按宽窄行移栽至试验田。按试验设计的时间和用量进行施肥，单排单灌。除施肥种类和数量不同外，其他田间管理措施均一致，并要求在同一天完成。三季水稻在 7 月 15 日左右始穗，在 8 月 1 日左右齐穗，至 9 月 8 日左右成熟收获。

4.1.5　试验项目及方法

1. 田间试验

(1)水稻生长发育期记载。分别记录水稻的播种期、出苗期、移栽期、分蘖期、始穗期、齐穗期、成熟期、收获期。

(2)水稻茎蘖动态调查。从移栽至孕穗期，每隔 7 天观察一次水稻分蘖动态，各小区定点 20 穴作为观察对象。

(3)水稻干物质测定。在成熟收获期，每个小区随机收集 5 株水稻植株鲜样，在 105℃杀青 1h，75℃烘干，直至恒重，称取 5 株干物质重。

(4)收获及考种。各小区实收计产。在田间收获时每个小区随机选取 5 株水稻，准确测定水稻的株高、穗长等，待谷粒晒干后，用万分之一天平称量每个小区千粒重，数出总穗粒数、实粒数、空壳数，计算出各小区的结实率和有效穗数。

2. 土壤的分析项目及方法

待水稻收获后，采用多点分布的原则，按梅花形采集各小区土样，各试验小区分别采集一个根际混合土样和一个 0~20cm 混合土样。根际混合土样采集后，立即放入 4℃冰箱进行冷藏保鲜，用于测定土壤微生物数量和酶活性[6]，0~20cm 的混合土样则用于测定土壤的基本理化性质及土壤重金属含量[7]，分析测定的项目和具体方法见表 4-9。

表 4-9　土壤各测定项目的分析方法

项目	测定方法
pH	电位法
有机质	重铬酸钾容量法——外加热法
CEC	1mol/L 中性乙酸铵淋洗法
全氮	半微量开氏定氮法
碱解氮	碱解扩散法
有效磷	碳酸氢钠浸提——钼锑抗比色法
速效钾	1mol/L 乙酸铵浸提——火焰光度计法
交换性 Ca、Mg	原子吸收分光光度法
交换性 K、Na	火焰光度计法
有效 Fe、Mn、Cu、Zn	0.1mol/L HCl 浸提——原子吸收光谱法
Cr、Cd、Ni、Pb	原子吸收分光光度法
As、Hg	原子荧光分光光度法
微生物活菌数	平板计数法
蔗糖酶活性	3，5－二硝基水杨酸比色法
脲酶活性	苯酚－次氯酸钠比色法
蛋白酶活性	铜盐比色法
淀粉酶活性	3，5－二硝基水杨酸比色法
过氧化氢酶活性	$KMnO_4$ 滴定法

3. 大米的分析项目及方法

大米的分析测定项目主要包括碾磨品质(糙米率)、营养品质(蛋白质、氨基酸)[8,9]、矿质元素、微量元素及重金属，具体测定方法见表 4-10。

表 4-10　大米分析项目及方法

项目	测定方法
糙米率	糙米与净稻谷的比值
总氨基酸	氨基酸自动分析仪法
蛋白质	半微量凯氏法
Ca、Mg、Fe、Mn	原子吸收分光光度法
Cr、Cd、Ni、Pb	
As、Hg	原子荧光分光光度法

4. 沼液分析项目及方法

每次施用沼液时，都及时采集所施沼液样品，对沼液成分进行测定[10]，具体方法见表 4-11。

表 4-11　沼液各项目的测定方法

项目	测定方法
pH	电位法
NH_4^+-N	纳氏试剂比色法
TN	碱性过硫酸钾消解——紫外分光光度法
总残渣	差量法
NO_3^--N	流动注射分析仪法
TOC	TOC 分析仪法
TP	钼酸铵分光光度法
TK、TNa	火焰光度计法
Fe、Mn、Ca、Mg	原子吸收分光光度法
Cr、Cd、Ni、Pb、Cu、Zn	
As、Hg	原子荧光分光光度法

4.1.6　实验仪器

除常用玻璃器皿外，本实验主要仪器见表 4-12。

表 4-12　主要实验仪器

仪器名称	型号	厂家
重金属消解仪	EHD36	LabTech
微波消解仪	ETHOS Touch Control	Advanced Microware Labstation
原子吸收分光光度计	MK Ⅱ M6	Thermo Fisher Scientific
原子荧光分光光度计	AFS-230E	北京海光仪器公司
总有机碳分析仪	TOC-V$_{CPH}$	日本岛津公司
流动注射分析仪	AA3	SEAL Analytical GmbH
氨基酸自动分析仪	L-8800	日立公司

4.1.7　数据统计分析方法

利用 Excel、DPS 和 Origin 等软件进行数据处理分析、统计和制图。

4.2　对水稻农艺性状及产量的影响

4.2.1　对水稻农艺性状的影响

三季水稻的农艺性状分别见表 4-13、表 4-14、表 4-15。

表 4-13　第一季水稻不同施肥处理对水稻农艺性状的影响

处理	沼液施用量/ (kg/亩)	株高/cm	穗长/cm	干物质重/ (g/穴)	有效分蘖数/ (苗/穴)	有效穗数/ (穗/穴)	千粒重/g	实粒数/ (颗/穴)
1	0	107.27	26.57	61.48	13.06	9.90	26.48	1358
2	0	111.53	26.99	72.91	15.33	10.06	27.63	1220
3	250	107.67	26.79	66.67	15.80	10.46	28.63	1153
4	500	108.17	26.87	66.84	15.66	10.93	28.99	1166
5	750	108.93	27.25	65.56	16.30	11.06	28.64	1167
6	1000	109.50	27.32	65.16	14.27	10.93	29.65	1109
7	1250	110.50	27.38	72.04	14.20	11.03	29.52	1221
8	1500	109.30	27.41	69.04	14.63	11.06	29.43	1210
9	1750	109.13	25.14	67.37	15.10	11.23	28.81	1164
10	2000	108.80	26.89	66.23	13.86	10.66	28.72	1084
11	2500	105.27	26.91	67.00	13.76	10.40	29.16	1124
12	3000	103.87	26.29	62.35	13.60	9.93	28.49	1151
均值		108.33	26.82	67.11	14.63	10.64	28.68	1177

表 4-14　第二季水稻不同施肥处理对水稻农艺性状的影响

处理	沼液施用量/ (kg/亩)	株高/cm	穗长/cm	干物质重/ (g/穴)	有效分蘖数/ (苗/穴)	有效穗数/ (穗/穴)	千粒重/g	实粒数/ (颗/穴)
1	0	105.20	26.60	60.37	11.13	9.67	27.89	1110
2	0	112.47	28.53	83.38	16.07	13.67	29.38	1118
3	600	102.20	27.00	66.68	12.60	11.67	32.35	1235
4	1200	102.40	27.53	71.00	12.27	11.87	30.83	1294
5	1800	102.87	26.93	74.06	12.87	12.30	31.46	1309
6	2400	104.93	26.93	71.70	12.33	12.33	30.54	1208
7	3000	106.00	26.40	81.30	14.00	12.73	30.47	1399
8	3600	106.33	27.53	83.59	16.40	13.87	30.59	1542
9	4200	107.33	28.13	87.50	14.47	14.00	31.80	1456
10	4800	108.00	28.33	89.16	16.53	14.73	29.78	1496
11	5400	108.20	27.13	90.33	16.40	13.47	29.92	1400
12	6000	110.80	28.53	92.29	18.93	13.60	29.99	1325
均值		106.39	27.47	79.28	14.50	12.83	30.42	1324

表 4-15　第三季水稻不同施肥处理对水稻农艺性状的影响

处理	沼液施用量/ (kg/亩)	株高/cm	穗长/cm	干物质重/ (g/穴)	有效分蘖数/ (苗/穴)	有效穗数/ (穗/穴)	千粒重/g	实粒数/ (颗/穴)
1	0	100.55	26.51	59.63	14.46	9.59	26.86	1182
2	0	108.62	25.82	64.66	14.80	13.33	29.56	1345

处理	沼液施用量/ （kg/亩）	株高/cm	穗长/cm	干物质重/ （g/穴）	有效分蘖数/ （苗/穴）	有效穗数/ （穗/穴）	千粒重/g	实粒数/ （颗/穴）
3	1100	101.10	26.82	64.82	18.13	10.30	29.76	1387
4	1800	101.80	26.45	67.81	16.80	10.97	29.93	1421
5	2500	102.95	26.98	70.41	15.80	10.94	29.90	1345
6	3200	104.36	28.02	78.69	16.40	12.33	28.76	1455
7	3900	106.65	27.89	86.37	18.40	13.42	30.20	1463
8	4600	106.58	27.71	93.28	15.20	13.11	28.86	1260
9	5300	104.13	27.79	100.03	16.80	12.18	29.66	1253
10	6000	106.30	26.17	103.87	16.60	12.11	29.67	1206
11	6700	105.02	25.99	103.83	16.40	13.29	28.67	1060
12	7400	107.66	26.05	105.62	18.12	13.28	28.93	1423
均值		104.64	26.85	83.25	16.48	12.07	29.23	1317

1. 株高

通过表 4-13 至表 4-15 可以看出，株高在总体上呈降低的趋势，第一季水稻株高为 103.87~111.53cm，平均值为 108.33cm；第二季水稻株高为 102.20~112.47cm，平均值为 106.39cm；第三季水稻株高为 100.55~108.62cm，平均值为 104.64cm。连续三年试验，沼液处理和清水对照的水稻株高均低于常规施肥处理，常规施肥处理的水稻株高分别为 111.53cm、112.47cm、108.62cm，清水对照的水稻株高分别为 107.27cm、105.20cm、100.55cm，呈逐年降低的趋势。分析其原因，可能为清水对照常年不施肥，土壤养分含量减少，导致水稻株高逐年降低，而常规施肥处理土壤养分供应充足，对水稻株高没有明显影响。

本试验在沼液施用量不同的情况下，分别对三年水稻的株高进行了方差分析。各处理间的方差分析结果显示，第一季水稻平均株高各处理之间呈极显著差异（$F=5.177^{**}$，$P=0.0001$），各处理间的 LSD 多重比较结果[图 4-1(a)]显示，常规施肥处理与清水对照、处理 3、处理 11、处理 12 差异极显著，与处理 10、11 差异显著，但与其他处理差异不显著；第二季水稻平均株高各处理呈极显著差异（$F=5.652^{**}$，$P=0.0002$），各处理间的 LSD 多重比较结果[图 4-1(a)]显示，常规施肥处理与清水对照、处理 3~8 差异极显著，与处理 9、10、11 差异显著，仅与处理 12 差异不显著；第三季水稻平均株高各处理呈极显著差异（$F=12.638^{**}$，$P=0.0001$），各处理间的 LSD 多重比较结果[图 4-1(a)]显示，常规施肥处理与清水对照、处理 3、处理 4、处理 5、处理 6、处理 9、处理 11 差异极显著，与处理 10 差异显著，与其他处理差异不显著。连续三年的试验表明，沼液施用量对水稻株高影响较大。

对于沼液处理来说，从水稻株高与沼液施用量的关系[图 4-1(b)]可以看出，水稻株高与沼液施用量之间呈极显著的一元二次抛物线关系，其回归方程为 $y=-1.6545 \times 10^{-7}x^2+0.0023x+98.7452$（$R^2=0.7415^{**}$，$P=0.0042$），随着沼液施用量的增加，水稻株高呈不断增高的趋势，处理 12 的株高达到 107.66cm。

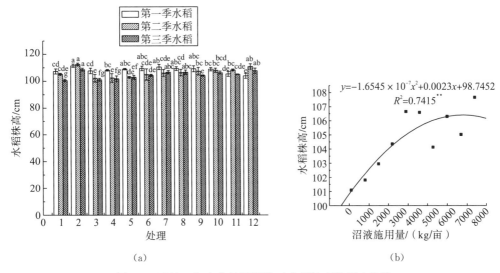

图 4-1　连续三年定位施用沼液对水稻株高的影响比较

2. 穗长

通过表 4-13 至表 4-15 可以看出，第一季水稻穗长为 25.14～27.41cm，平均值为 26.82cm；第二季水稻穗长为 26.40～28.53cm，平均值为 27.47cm，第三季水稻穗长为 25.82～28.02cm，平均值为 26.85cm。在总体上，水稻穗长上下浮动，无明显规律，清水对照的水稻穗长也没有多大变化。

本试验在沼液施用量不同的情况下，分别对三季水稻的穗长进行了方差分析。各处理间的方差分析结果显示，三季水稻平均穗长各处理之间差异均为不显著(第一季：$F = 0.9930$，$P = 0.4794$，第二季：$F = 1.4440$，$P = 0.2171$，第三季：$F = 0.8160$，$P = 0.6249$)，说明沼液施用量对水稻穗长影响较小。

从图 4-2(b) 可以看出，水稻穗长与沼液施用量呈不显著的一元二次抛物线关系，其回归方程为 $y = 25.2786 + 0.0012x - 1.6141 \times 10^{-7} x^2$ ($R^2 = 0.6758$，$P = 0.3344$)，随着沼液施用量的增加，水稻穗长总体上呈先升高后降低的趋势。

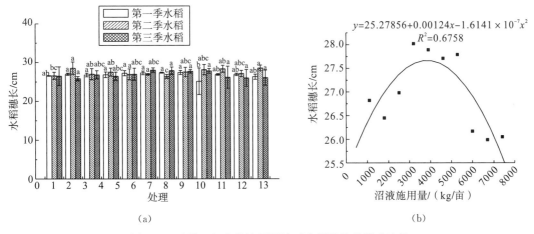

图 4-2　连续三年定位施用沼液对水稻穗长的影响比较

3. 干物质

通过表 4-13 至表 4-15 可以看出，第一季水稻干物质重为 $61.48\sim72.91$g/穴，平均值为 67.11g/穴；第二季水稻干物质重为 $60.37\sim92.29$g/穴，平均值为 79.28g/穴；第三季水稻干物质重为 $59.63\sim105.62$g/穴，平均值为 83.25g/穴。干物质重平均值逐年升高，第三季水稻干物质重平均值比第一季和第二季分别高出 24.1%、5.0%。

三季水稻干物质重的方差分析结果表明，第一季水稻干物质重各处理之间差异不显著（$F=0.5420$，$P=0.8548$），第二季、第三季水稻干物质重各处理间均呈极显著差异（第二季：$F=28.125^{**}$，$P=0.0001$，第三季：$F=103.797^{**}$，$P=0.0001$），说明在第一季水稻种植时，施用沼液对水稻干物质的影响不大，分析其原因可能是原始土壤养分含量较高，各处理沼液施用量的差异没有对土壤养分造成大的影响，而在第二季、第三季水稻种植时，随着各处理沼液施用量的大大增加，沼液对水稻干物质的影响明显增强。

经 LSD 检验[图 4-3(a)]发现，第二季水稻沼液和常规施肥处理干物质重均显著高于清水对照，同时处理 10、11、12 显著高于常规施肥处理，第三季水稻除处理 3、4 外，其他处理均显著高于清水对照和常规施肥处理。清水对照的干物质重逐年降低。

从图 4-3(b) 可以看出，水稻干物质重与沼液施用量之间呈极显著的一元二次抛物线关系，其回归方程为 $y=49.07651+0.01157x-4.87897\times10^{-7}x^2$（$R^2=0.9709^{**}$，$P=0.0001$），随着沼液施用量的增加，水稻干物质重呈逐渐升高的趋势，说明大量沼液施用给土壤带入过多的养分，导致水稻贪青徒长，生物量大量积累。

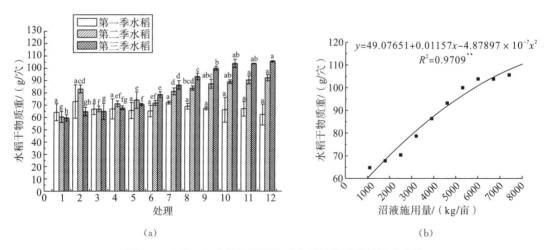

（a）　　　　　　　　　　　　　　（b）

图 4-3　连续三年定位施用沼液对水稻干物质重的影响比较

4. 千粒重

通过表 4-13 至表 4-15 可以看出，第一季水稻千粒重为 $26.48\sim29.65$g，平均值为 28.68g；第二季水稻千粒重为 $27.89\sim32.35$g，平均值为 30.42g；第三季水稻千粒重为 $26.86\sim30.20$g，平均值为 29.23g。就平均值相比较，水稻千粒重为第二季>第三季>第一季，这与水稻产量的大小顺序是一致的。

三季水稻千粒重的方差分析结果表明，三季水稻千粒重各处理之间差异极显著(第一季：$F = 20.442^{**}$，$P = 0.0001$，第二季：$F = 4.588^{**}$，$P = 0.0009$，第三季：$F = 4.983^{**}$，$P = 0.0005$)，说明施用沼液对水稻千粒重的影响较大。

经 LSD 检验[图 4-4(a)]发现，第一季沼液处理的水稻千粒重显著高于清水对照和常规施肥处理，其中处理 6 千粒重最高，为 29.65g，比清水对照(26.48g)和常规施肥(27.63g)分别高 11.97% 和 7.31%；第二季沼液处理水稻千粒重显著高于清水对照，同时处理 3、5、9 显著高于常规施肥处理；第三季水稻沼液处理显著高于清水对照处理，但与常规施肥处理间差异不显著，其中处理 7 千粒重最高，为 30.20g，清水对照处理的千粒重仅为 26.8667g。

从图 4-4(b)可以看出，第三季水稻千粒重与沼液施用量之间呈不显著的一元二次抛物线关系，其回归方程为 $y = -1.3399 \times 10^{-8} x^2 - 2.6077 \times 10^{-5} x + 29.8437$($R^2 = 0.2830$，$P = 0.1196$)，说明适宜和沼液施用量处理有利于提高水稻千粒重。

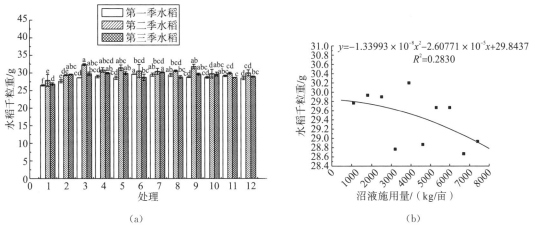

图 4-4　连续三年定位施用沼液对水稻千粒重的影响比较

4.2.2　对水稻产量的影响

三季水稻产量的方差分析结果表明，第一季水稻产量各处理之间差异不显著($F = 0.5420$，$P = 0.8551$)，第二季水稻产量各处理间呈极显著差异($F = 34.9740^{**}$，$P = 0.0001$)，第三季水稻产量各处理间也呈极显著差异($F = 42.5940^{**}$，$P = 0.0001$)，说明在第一季水稻种植时，由于土壤原始肥力较好，加上各处理沼液施用量较少，因此施用沼液对第一季水稻产量的影响较小，而在第二、第三季水稻种植时各处理沼液施用量大大增加，施用沼液对水稻产量的影响明显增强。

经 LSD 检验[图 4-5(a)]发现，第一季水稻产量各处理间差异不显著，第二季和第三季水稻除处理 3、4 外，其他处理的产量显著高于清水对照和常规施肥处理，且三季水稻均随着沼液施用量的增加，其产量呈先升高后降低的趋势。第一季所有处理中，处理 7 的产量最高，达 5542.5kg/hm²，分别比清水对照和常规施肥处理提高了 15.5% 和 9.9%；第二季所有处理中，处理 8 产量最高，为 8667.8kg/hm²，较清水对照和常规施肥处理升高了 145.09％、100.88％，升高幅度明显高于第一季；第三季所有处理中，同样处理 8 产量最高，为 8208.3kg/hm²，分别比清水对照和常规施肥处理升高了 228.3％ 和 69.8％。对于清水对照而言，其水稻产量逐年降低，到第三季时，产量已降至 2500kg/hm²，比第一季降低了 47.9％。

总体上，第二季水稻产量最高，其中产量最高的处理分别比第一季和第三季高出 56.4％和 5.6％，施用沼液的优势较为突出，说明适宜的沼液施用量比常规施肥处理更有利于水稻产量的提高，沼液施用量过高或过低都对水稻增产不利，施用量过低不能满足水稻的正常生长发育，而施用量过大时，从干物质重的升高趋势即可看出，大量沼液会给土壤带入较多养分，导致水稻贪青徒长，生物量大量累积，不利于有效穗数、实粒数、千粒重等产量因子的构建，也不利于产量的提高，反而大量消耗土壤养分，使土壤肥力下降。

在本研究中，综合三年的试验情况，为了维持水稻较高的产量，应将沼液施用量控制在适宜的范围内，针对试验田当地土壤和沼液特点，当沼液施用量在 3200～7400kg/亩 时，水稻的产量可维持在相对较高水平。

对第三季水稻产量与沼液施用量的关系进行回归分析发现，水稻产量与沼液施用量之间呈极显著的一元二次抛物线关系，其回归方程为 $y=431.9107+2.9552x-3.1308\times10^{-4}x^2$（$R^2=0.8163^{**}$，$P=0.0002$），随着沼液施用量的增加，水稻产量呈先升高后降低的趋势，沼液施用量在一定范围内时，水稻产量随沼液施用量的增加而升高，一方面，可能是沼液中含有大量的速效养分及生物活性物质，使得水稻营养充足且植株中叶片的叶绿素含量增加[11,12]，增强了植物的光合作用，促进了作物干物质的积累；另一方面，沼液提高了水稻的分蘖数、成穗率和千粒重[13,14]。沼液施用量过高时造成的水稻产量下降，可能原因是沼液中大量的养分导致植物营养生殖显著，贪青晚熟，同时加速了土壤肥力的消耗，影响生殖生长。

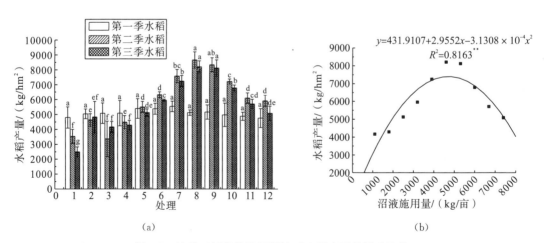

(a)　　　　　　　　　　　　　　(b)

图 4-5　连续三年定位施用沼液对水稻产量的影响比较

4.3　对大米品质的影响

4.3.1　糙米率

　　糙米率是体现大米碾磨品质的重要指标，它的高低在一定程度上反映了稻谷品质的高低。本研究根据试验需要，对后两季水稻进行了糙米率的分析，如图 4-6 所示。

　　糙米率与沼液施用量关系的回归分析表明，二者呈极显著的一元二次抛物线关系，其回归方程为 $y = 70.5347 + 9.09249 \times 10^{-4} x - 5.03487 \times 10^{-8} x^2$（$R^2 = 0.9669^{**}$，$P = 0.0001$），随沼液施用量的增加，糙米率不断提高，在处理 12 达到最高（74.61%）。第二季和第三季水稻的平均糙米率分别为 73.48% 和 72.97%，据有关研究发现，稻谷一般糙米率在 80% 左右，说明本试验糙米率较低，分析其原因，可能是空壳数量较多。

　　通过对后两季稻谷糙米率进行方差分析发现，各施肥处理间均为极显著差异（第二季：$F = 211.449^{**}$，$P = 0.0001$，第三季：$F = 9.7910^{**}$，$P = 0.0001$），说明沼液施用对稻谷糙米率的影响较大。从图 4-6 可以看出，第三季稻谷糙米率除常规施肥处理、处理 9 和处理 10 外，清水对照和其他处理均低于第二季，其中清水对照比第二季降低 3.96%。

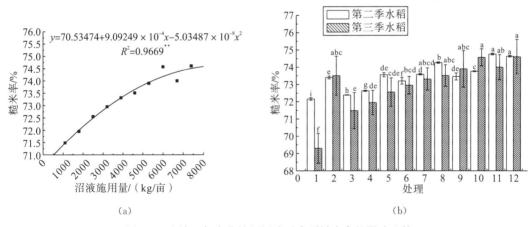

(a)　　　　　　　　　　　　　　　　(b)

图 4-6　连续三年定位施用沼液对水稻糙米率的影响比较

4.3.2　对大米蛋白质含量的影响

　　蛋白质是动植物体细胞的重要组成部分，在细胞和生物体的生命活动过程中，起着十分重要的作用。人体所需的蛋白质主要由食物供给，大米是我国的主食之一，因此，蛋白质是评价大米营养品质的一个重要指标。

　　通过连续三年定位施用沼液，得出精米中蛋白质含量变化的总体趋势，如图 4-7 所示。对第三季精米蛋白质含量与沼液施用量的关系进行回归分析发现，精米蛋白质与沼液施用量之间呈极显著的一元二次抛物线关系，其回归方程为 $y = 7.6385 - 2.4653 \times$

$10^{-5}x+2.5836\times10^{-8}x^2(R^2=0.8960^{**},P=0.0002)$，随着沼液施用量的增加，精米中蛋白质的含量不断升高，到处理12精米蛋白质含量已经达到9.01%，这可能与大量施用沼液带入较多氮元素有关，土壤中碱解氮含量变化随沼液施用量的增加也呈现类似的趋势。

三年精米中蛋白质含量的方差分析结果表明，每年各处理间精米中蛋白质含量都呈现极显著差异(第一年：$F=4.6670^{**}$，$P=0.0008$，第二年：$F=3.7860^{**}$，$P=0.0031$，第三年：$F=8.6350^{**}$，$P=0.0001$)。根据LSD检验及田间试验结果(图4-7)可知，沼液施用对精米中蛋白质含量影响较大。除常规施肥处理外，其他处理第一年精米中蛋白质含量均高于后两年，其原因可能是由于原始土壤的肥力较好，所含氮素水平高，所以施用沼液对蛋白质的影响效果不明显。而第二年和第三年的沼液处理的精米中蛋白质含量高于清水对照却低于常规施肥处理，其原因可能是沼液和化肥中都含有氮素，但沼液中氮素含量较化肥低。随沼液施用量的增加，第一年精米中蛋白质的含量呈先升高后降低的趋势，第二年处理3~8和处理9~12分别在7.0%~8.0%和8.1%~8.9%间波动，而第三年则呈微弱的升高趋势，与相应年份精米中Zn含量的变化趋势相同，这是因为Zn是蛋白质合成的辅助因子，Zn的存在促进了蛋白质的合成。

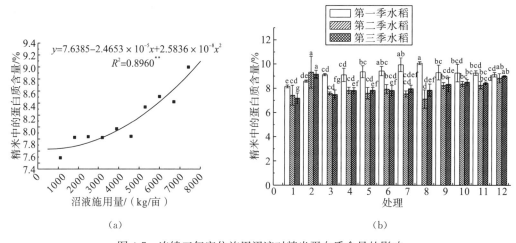

(a)　　　　　　　　　　　　　　(b)

图4-7　连续三年定位施用沼液对精米蛋白质含量的影响

4.3.3　对大米总氨基酸含量的影响

氨基酸是构成蛋白质的基本单位，也是评价大米营养品质的一个重要指标，在后两季试验中，增加了对精米总氨基酸含量的分析。

单看沼液处理，精米总氨基酸含量整体上随沼液施用量的增加而先升高后降低，对第三季精米总氨基酸与沼液施用量进行回归分析发现，二者呈不显著的一元二次抛物线关系，其回归方程为 $y=537.8183+0.1801x-1.9835\times10^{-5}x^2(R^2=0.8982,P=0.4072)$，处理3~8，随沼液施用量增加，总氨基酸含量逐渐升高，在处理8，即沼液施用量为4600kg/亩时，精米总氨基酸含量达到最高值996.45mg/g，处理9~12又整体降低，表明适宜的沼液施用量有利于提高精米总氨基酸含量。

方差分析结果(图 4-8)显示，第二年($F = 499.343^{**}$，$P = 0.0001$)和第三年($F = 348.42^{**}$，$P = 0.0083$)各处理间精米中总氨基酸含量存在极显著差异，说明沼液施用对精米总氨基酸含量影响较大。

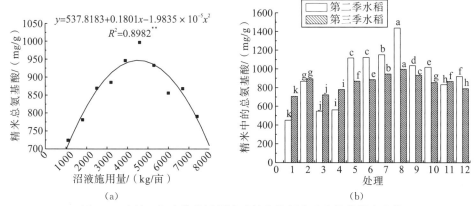

图 4-8　连续三年定位施用沼液对精米总氨基酸含量的影响比较

对两季水稻进行对比分析可知，与第二季相比，第三季精米中总氨基酸含量总体低于前一季，降低趋势最大的处理 8 下降了 44.15%，这可能与土壤中氮元素含量的降低有关。两季常规施肥处理和沼液处理的精米中总氨基酸含量均高于清水对照，这是由于清水对照常年不施肥，土壤养分含量低，第二季除处理 3、4、11 外，其他沼液处理的精米总氨基酸含量均高于常规施肥处理，其中含量最高的处理 8 达到 1440.1mg/g，比清水对照(444.5mg/g)和常规施肥处理(879.6mg/g)分别高出 224.0% 和 63.72%。第三季除处理 7~9 外其他沼液处理的精米中总氨基酸含量均低于常规施肥处理，分析其原因，虽然第三季沼液施用量相对第二季有所增加，但是土壤中相应的氮素等养分含量却有所降低，可能对大米氨基酸的合成造成一定的影响。

4.4　对大米矿质元素的影响

矿质元素是植物生长的必需元素，缺少这类元素植物将不能健康生长，长期以来，人们主要是通过施用化肥来供给作物生长所需的各种矿物质，在本研究中，通过连续三年沼液施用，对三季大米中的 Mg、Fe、Mn 3 种矿质元素进行比较分析，了解大米中各种矿质元素的分布情况，分析大米的营养品质水平，为指导合理施用沼液、种植矿质元素含量高的水稻提供一定的理论依据。精米中各种矿质元素的含量与沼液施用量的关系见表 4-16。

表 4-16　精米中各种矿质元素的含量与沼液施用量的回归方程

矿质元素	回归方程	R^2	P
Mg	$y = -1 \times 10^{-5} x^2 - 0.0886x + 168.3753$	0.8673	0.4145
Fe	$y = 2 \times 10^{-10} x^3 - 3 \times 10^{-6} x^2 + 0.0143x - 1.9314$	0.9355^*	0.0406
Mn	$y = -3 \times 10^{-7} x^2 + 0.003x + 10.7713$	0.8780	0.3294

注：表中"*"和"**"分别表示差异显著($P < 0.05$)和差异极显著($P < 0.01$)，下同。

4.4.1　三季大米 Mg 含量的比较分析

对三季大米 Mg 含量进行方差分析和 LSD 多重比较(图 4-9)发现，第一季各处理间差异显著($F=2.6110^*$，$P=0.0239$)，第二季和第三季各处理差异极显著(第二季：$F=12.2110^{**}$，$P=0.0001$，第三季：$F=90.6310^{**}$，$P=0.0001$)，说明沼液施用对大米 Mg 元素的影响较大。

相对于第一季，沼液处理的后两季大米 Mg 含量较高，平均值分别为 286.68mg/kg、293.50mg/kg，分别比第一季大米 Mg 含量(112.89mg/kg)高出 153.95%、159.99%，其原因可能是原始土壤中 Mg 含量较低，而沼液中 Mg 含量较高，通过大量施用沼液后，土壤中交换态 Mg 含量逐渐升高，大米中 Mg 含量也相应升高，可见，沼液的施用有利于大米 Mg 含量的提高。常规施肥处理的大米 Mg 含量有逐年升高的趋势，但不及沼液处理的升高趋势明显。清水对照的大米 Mg 含量逐年降低，这是常年不施肥而土壤 Mg 含量降低的效果。

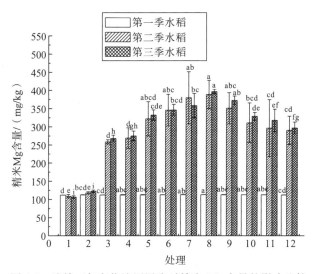

图 4-9　连续三年定位施用沼液对精米 Mg 含量的影响比较

4.4.2　三季大米 Fe 含量的比较分析

对三季大米 Fe 含量进行方差分析发现，第一季大米 Fe 含量各处理差异不显著($F=1.4520$，$P=0.2141$)，而后两季大米 Fe 含量均呈现极显著差异(第二季：$F=16.8400^{**}$，$P=0.0001$，第三季：$F=25.8730^{**}$，$P=0.0001$)，说明在第一季水稻种植时，施用沼液对大米 Fe 含量影响较小，而后两季影响显著增强，究其原因，可能是原始土壤中 Fe 元素水平较高，沼液中 Fe 含量较低，第一季施用沼液的量也比后两季少许多，因此第一季施用沼液的影响并不明显。

单看 10 组沼液处理，第一季大米 Fe 含量总体高于后两季，也说明原始土壤中 Fe 含量可以满足水稻的生长需要，而后两季施用的沼液中 Fe 含量较低，已不能满足水稻的正常生长所需。

随着沼液施用量的增加，三季大米 Fe 含量总体上均呈先升高后降低的趋势。由图 4-10 可以看出，清水对照的大米 Fe 含量逐年降低，第三季（9.5670mg/kg）比第一季（14.69mg/kg）降低了 34.87%，常规施肥处理呈逐年升高的趋势，第三季（19.66mg/kg）比第一季（14.19mg/kg）升高 38.55%，后两季常规施肥处理的大米 Fe 含量显著高于清水对照和沼液处理，表明施用沼液对大米 Fe 含量的累积不及化肥明显，沼液施用不利于大米 Fe 含量的提高，长期施用可能会降低大米的矿质营养，影响大米的营养品质。

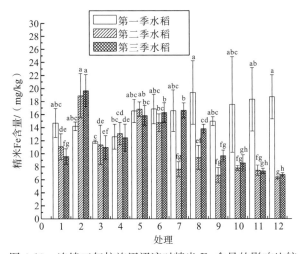

图 4-10　连续三年拉施用沼液对精米 Fe 含量的影响比较

4.4.3　三季大米 Mn 含量的比较分析

三季大米 Mn 元素的方差分析结果表明，大米中 Mn 的含量在每季各处理间均存在极显著差异（第一季：$F = 3.8950^{**}$，$P = 0.0026$，第二季：$F = 24.5470^{**}$，$P = 0.0001$；第三季：$F = 47.788^{**}$，$P = 0.0001$），说明施用沼液对大米 Mn 含量的影响也较大。三年田间试验结果及 LSD 检验如图 4-11 所示。

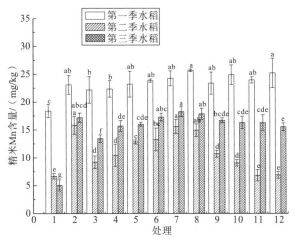

图 4-11　连续三年定位施用沼液对精米 Mn 含量的影响比较

第二季和第三季各处理间大米 Mn 的含量明显低于第一季，降低程度最大的是处理 12，分别降低了 72.65% 和 38.32%，分析其原因，可能是原始土壤 Mn 含量相对较高，在第二季与第一季过渡期间，土地有一段时间处于淹水状态，导致大量 Mn 淋溶流失，而化肥和沼液中 Mn 的供给量也不足，从而使得大米中的 Mn 含量降低。除清水对照外，第三季大米 Mn 含量略高于第二季，这可能是施入的沼液量增加，使得土壤中有效 Mn 含量高于第二季。

4.5　对大米重金属元素的影响

通过对沼液成分的测定发现，沼液中含有一定浓度的重金属元素，包括 Ni、Cr、Pb、Cd、As、Hg 等，水稻对这些重金属元素均有不同程度的吸收累积，通过食物链最终进入人体，危害人类健康。本研究通过连续三年定位施用沼液试验，了解沼液施用对水稻各种重金属含量的影响，对三季大米中各种重金属含量的变化进行比较分析，为指导合理施用沼液，保证水稻安全生产提供一定的理论依据。

4.5.1　三季大米 Ni 含量的比较分析

三季大米 Ni 含量的方差分析(表 4-17)表明，第一季不同施肥处理的大米 Ni 含量差异不显著，第二季和第三季均存在极显著差异，说明第一季施用沼液对大米 Ni 含量的影响不大，到后两季其影响较为明显，其原因可能一方面是受原始土壤 Ni 含量的影响，另一方面与沼液的施用量有关。

表 4-17　三季大米 Ni 含量的比较分析　　　　　　　　单位：mg/kg

处理	第一季	第二季	第三季
1	0.2277 cB	0.0312 dD	0.0317 gH
2	0.3084 aA	0.0490 cCD	0.0988 cdCDE
3	0.2322 cB	0.0488 cCD	0.0552 fG
4	0.2502 bcAB	0.0583 bcBC	0.0607 fG
5	0.2509 bcAB	0.0646 abABC	0.0833 eF
6	0.2522 bcAB	0.0689 abAB	0.0913 deDEF
7	0.2575 abcAB	0.0646 abABC	0.0861 eEF
8	0.2652 abcAB	0.0668 abABC	0.1039 bcBCD
9	0.2787 abcAB	0.0783 aA	0.1018 bcdCD
10	0.2691 abcAB	0.0747 aAB	0.1173 aAB
11	0.2655 abcAB	0.0708 abAB	0.1113 abABC
12	0.2865 abAB	0.0666 abABC	0.1217 aA
均值	0.2620	0.06188	0.08858
F	1.5390	7.7860**	56.2990**
P	0.1817	0.0001	0.0001

注：表中同列不同小写字母表示在 $P<0.05$ 时差异显著，同列不同大写字母表示在 $P<0.01$ 时差异极显著，表中"*"和"**"分别表示差异显著($P<0.05$)或极显著($P<0.01$)，下同。

从大米 Ni 含量与沼液施用量之间的关系[图 4-12(a)]来看,第三季大米 Ni 含量与沼液施用量呈极显著的一元二次抛物线关系,其回归方程为 $y = -1.0281 \times 10^9 x^2 + 1.8904 \times 10^{-5} x - 0.0356 (R^2 = 0.9431^{**},\ P = 0.0001)$,随沼液施用量的增加,大米中的 Ni 含量整体呈升高的趋势。

对三季大米 Ni 含量进行比较[图 4-12(b)]发现,随着沼液施用量的增加,第一季和第三季大米中的 Ni 含量也逐渐升高,第二季则呈先升高后降低的趋势。第一季所有处理大米 Ni 含量均明显高于后两季,其平均含量比第二季和第三季分别高 323.40% 和 195.78%。除清水对照外,第三季大米 Ni 含量又略高于第二季。其中,第一季大米 Ni 含量最高的为常规施肥处理,达 0.3084mg/kg,分别比第二季和第三季常规施肥处理的高出 529.39% 和 212.15%。单看沼液处理,连续三季高沼液处理 12 的大米 Ni 含量分别为 0.2865mg/kg、0.0666mg/kg、0.12127mg/kg,第一季分别比后两季高 330.18% 和 136.25%。分析其原因,三季水稻所施沼液 Ni 含量分别为 0.9031mg/kg、1.24mg/kg、1.4194mg/kg,施用量也在逐年增加,土壤中 Ni 含量也呈逐年升高的态势,而后两季大米中的 Ni 含量却低于第一季,可能是由于后两季水稻对 Ni 的吸收积累较少,具体原因有待进一步研究。

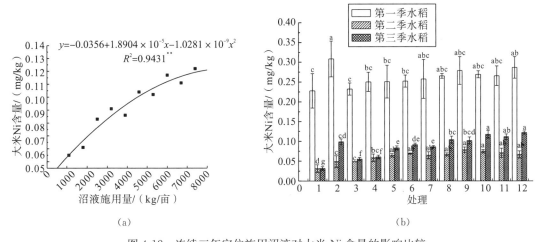

(a)　　　　　　　　　　　　　　　(b)

图 4-12　连续三年定位施用沼液对大米 Ni 含量的影响比较

4.5.2　三季大米 Cr 含量的比较分析

对三季大米中重金属 Cr 含量进行方差分析(表 4-18)发现,三季不同施肥处理间大米 Cr 含量均呈极显著差异,说明施用沼液对大米重金属 Cr 含量的影响非常明显,随着沼液施用量的增加,三季大米 Cr 含量也逐渐升高。经 LSD 检验发现,第一季处理7~12大米 Cr 含量显著高于清水对照,其中高沼液量处理 11 和 12 大米 Cr 含量显著高于常规施肥处理;第二季处理 5~12 大米 Cr 含量显著高于清水对照和常规施肥处理;第三季所有沼液处理和常规施肥处理大米 Cr 含量均显著高于清水对照。

表 4-18　三季大米 Cr 含量的比较分析　　　　　　　　　　单位：mg/kg

处理	第一季	第二季	第三季
1	0.2079 hF	0.1045 dD	0.0911 fE
2	0.4639 cdBCD	0.1111 cdCD	0.1233 abcABC
3	0.2329 ghF	0.1111 cdCD	0.1075 eD
4	0.2461 fghF	0.1126 bcdBCD	0.1106 deCD
5	0.2913 fghEF	0.1174 abcABCD	0.1163 cdeBCD
6	0.3128 efghDEF	0.1194 abcABC	0.1186 bcdABCD
7	0.3522 defgDEF	0.1194 abcABC	0.1215 abcABC
8	0.3659 defCDEF	0.1191 abcABC	0.1216 abcABC
9	0.4326 cdeCDE	0.1267 aA	0.1234 abcAB
10	0.5158 bcABC	0.1249 aAB	0.1262 abAB
11	0.6109 abAB	0.1213 abABC	0.1274 abAB
12	0.6460 aA	0.1238 aABC	0.1301 aA
均值	0.3899	0.1176	0.1181
F	12.5960**	3.6950**	10.9520**
P	0.0001	0.0036	0.0001

对第三季大米 Cr 含量与沼液施用量的关系进行回归分析[图 4-13(a)]发现，二者呈极显著的一元二次抛物线关系，其回归方程为 $y=-3.0535\times10^{-10}x^2+5.9349\times10^{-6}x+0.1018(R^2=0.9789^{**}，P=0.0001)$，大米 Cr 含量随着沼液施用量的增加而升高。

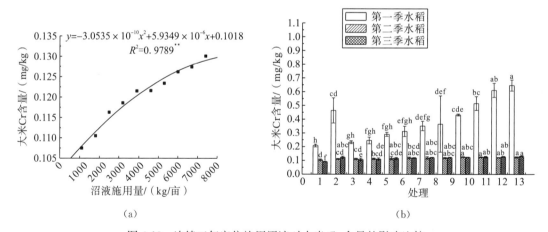

（a）　　　　　　　　　　　　　　　（b）

图 4-13　连续三年定位施用沼液对大米 Cr 含量的影响比较

将三季大米中的 Cr 含量进行比较[图 4-13(b)]发现，整体上，后两季大米中 Cr 含量明显低于第一季，第二季、第三季大米 Cr 平均含量比第一季分别低 69.84%、69.71%，第三季比第二季又略高。其中，清水对照的大米 Cr 含量逐年降低，第三季比第一季降低56.18%，三季水稻高沼液处理 12 的大米 Cr 含量分别为 0.6460mg/kg、0.1238mg/kg、0.1301mg/kg。分析其原因，三季水稻所施沼液 Cr 含量分别为 1.34mg/kg、1.06mg/kg、0.99mg/kg，而土壤中的 Cr 含量在第三季水稻种植后大量累积，说明施用沼液对水稻吸收 Cr 有一定的抑制作用。

4.5.3　三季大米 Pb 含量的比较分析

对三季大米中重金属 Pb 含量进行方差分析(表 4-19)发现,三季大米不同施肥处理间的大米 Pb 含量均呈极显著差异,说明施用沼液对大米 Pb 含量的影响很大,随着沼液施用量的增加,三季大米 Pb 含量也逐渐升高。经 LSD 检验表明,第一季常规施肥处理和处理 9~12 大米 Pb 含量显著高于清水对照;第二季常规施肥处理和处理 6~12 大米 Pb 含量显著高于清水对照;第三季所有沼液处理和常规施肥处理均显著高于清水对照。

表 4-19　三季大米 Pb 含量的比较分析　　　　　单位: mg/kg

处理	第一季	第二季	第三季
1	0.1684 dD	0.0250 eE	0.0187 hF
2	0.2385 aA	0.0365 dD	0.0704 bB
3	0.1837 cdBCD	0.0263 eE	0.0339 gE
4	0.1919 cdBCD	0.0261 eE	0.0416 fgDE
5	0.1984 bcdABCD	0.0247 eE	0.0449 efD
6	0.1990 bcdABCD	0.0367 dD	0.0434 fDE
7	0.1824 cdCD	0.0390 cdCD	0.0512 deCD
8	0.1934 cdBCD	0.0413 bcCD	0.0514 deCD
9	0.2024 bcABCD	0.0422 bcC	0.0593 cC
10	0.2110 abcABCD	0.0433 bBC	0.0574 cdC
11	0.2142 abcABC	0.0480 aAB	0.0713 bB
12	0.2260 abAB	0.0503 aA	0.0830 aA
均值	0.2008	0.0366	0.0521
F	3.1600**	49.3290**	44.1280**
P	0.0089	0.0001	0.0001

单看沼液处理,对第三季大米 Pb 含量与沼液施用量的关系进行回归分析[图 4-14(a)]发现,二者呈极显著的一元二次抛物线关系,其回归方程为 $y = 8.5814 \times 10^{-10} x^2 - 7.0362 \times 10^{-7} x + 0.0377 (R^2 = 0.9464^{**}, P = 0.0001)$,大米 Pb 含量随着沼液施用量的增加而逐渐升高,其中处理 12 大米 Pb 含量达到 0.0830mg/kg。因此,必须合理控制沼液施用量。

将三季大米 Pb 含量进行对比分析[图 4-14(b)]发现,总体上,后两季大米 Pb 含量明显低于第一季,第二季、第三季大米 Pb 平均含量比第一季分别低 81.77%、74.05%,第三季比第二季高 42.35%。《食品安全国家标准　食品中污染物限量》(GB 2762—2017)中食品 Pb 含量限量值为 0.2mg/kg,由图 4-14(b)可以看出,第一季常规施肥处理和沼液处理 9~12 的大米 Pb 含量均超标。其中,常规施肥处理的大米 Pb 含量最高,为 0.2385mg/kg,超出食品限量值 19.25%;高沼液处理 12 次之,为 0.226mg/kg,超出食品限量值 13%,后两季大米均未出现 Pb 超标的情况。单看清水对照的大米 Pb 含量，呈逐年降低的趋势，第三季大米 Pb 含量(0.0187mg/kg)比第一季(0.1684mg/kg)降低了 88.89%。

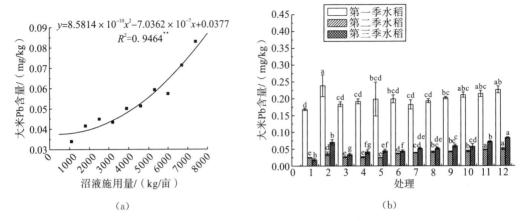

$$y=8.5814 \times 10^{-10}x^2-7.0362 \times 10^{-7}x+0.0377$$
$$R^2=0.9464^{**}$$

(a)　　　　　　　　　　(b)

图 4-14　连续三年定位施用沼液对大米 Pb 含量的影响比较

分析其原因，可能是由于长期施用化肥和农药导致原始土壤 Pb 含量较高，加上第一季水稻所施沼液 Pb 含量(0.5998mg/kg)相对较高的关系，使得后两季大米吸收累积的 Pb 元素较第一季相对较少，根据土壤当中 Pb 含量的变化趋势，也可证实这一点。因此，通过连续三年定位施用沼液表明，与施用常规施肥相比，施用沼液在一定程度上有利于降低大米中的 Pb 含量，当然，这也取决于沼液施用量及其施用浓度。

4.5.4　三季大米 Cd 含量的比较分析

对三季大米中重金属 Cd 含量进行方差分析(表 4-20)表明，三季大米不同施肥处理间的大米 Cd 含量均存在极显著差异，说明施用沼液对大米 Cd 含量的影响很大，与大米 Pb 含量的变化趋势类似，随着沼液施用量的增加，三季大米 Cd 含量也逐渐升高。LSD 检验发现，第一季处理 5~12 大米 Cd 含量显著高于清水对照，常规施肥处理的大米 Cd 含量最高；第二季处理 8~12 大米 Cd 含量显著高于清水对照，常规施肥处理的大米 Cd 含量较第一季有所降低；第三季处理 5~12 和常规施肥处理均显著高于清水对照。

表 4-20　三季大米 Cd 含量的比较分析　　　　　　　　　　单位：mg/kg

处理	第一季	第二季	第三季
1	0.1195 fG	0.1164 bcBC	0.1083 gG
2	0.2208 aA	0.1737 aA	0.1826 bABC
3	0.1226 fFG	0.1027 cC	0.1067 gG
4	0.1245 efFG	0.1183 bcBC	0.1085 gG
5	0.1376 deEFG	0.1277 bB	0.1191 fFG
6	0.1412 dEF	0.1302 bB	0.1292 efEF
7	0.1414 dEF	0.1250 bBC	0.1357 eE

续表

处理	第一季	第二季	第三季
8	0.1498 cdDE	0.1680 aA	0.1610 dD
9	0.1642 cCD	0.1678 aA	0.1703 cdCD
10	0.1859 bB	0.1694 aA	0.1747 bcBC
11	0.1808 bBC	0.1700 aA	0.1843 abAB
12	0.1926 bB	0.1807 aA	0.1933 aA
均值	0.1567	0.1459	0.1478
F	42.0670**	23.2470**	92.9960**
P	0.0001	0.0001	0.0001

对第三季大米 Cd 含量与沼液施用量的关系进行回归分析[图 4-15(a)]发现，二者呈极显著的一元二次抛物线关系，其回归方程为 $y=4.9196\times10^{-11}x^2+1.4622\times10^{-5}x+0.0850(R^2=0.9771**$，$P=0.0001)$，大米 Cd 含量随着沼液施用量的增加而升高。

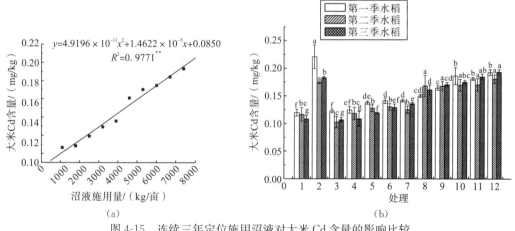

图 4-15　连续三年定位施用沼液对大米 Cd 含量的影响比较

将三季大米中的 Cd 含量进行比较[图 4-15(b)]发现，整体上，三季大米 Cd 含量变化不大，通过平均值可以看出，后两季大米中 Cd 含量略低于第一季，第三季比第二季又略高，其中第二季常规施肥处理的大米 Cd 含量降低最为明显，比第一季降低了21.33%。同样，清水对照的大米 Cd 含量逐年降低，第三季比第一季降低 9.37%，常规施肥处理与沼液处理、清水对照相比，常规施肥处理的大米 Cd 含量相对较高，表明常规施肥处理更容易导致大米 Cd 含量超标。《食品安全国家标准　食品中污染物限量》(GB 2762—2017)中食品 Cd 含量限量值为 0.2mg/kg，由图 4-5 可以看出，第一季常规施肥处理的大米 Cd 含量为 0.2208mg/kg，超出食品限量值 10.4%，三季水稻高沼液处理 12 的大米 Cd 含量分别为 0.1926mg/kg、0.1807mg/kg、0.1933mg/kg，接近食品污染物限量值。因此，与常规施肥处理相比，只要合理控制沼液施用量即可以抑制大米 Cd 的吸收累积，降低大米 Cd 含量，提高大米品质，防止"镉米事件"发生。

4.5.5　三季大米 As 含量的比较分析

对三季大米中 As 含量进行方差分析(表 4-21)发现，第一季水稻不同施肥处理间的大米 As 含量差异不显著，第二季和第三季水稻不同施肥处理间的大米 As 含量均呈极显著差异，说明在第一季水稻种植时，施用沼液对大米 As 含量的影响还不明显，而到后两季，沼液对大米 As 含量的影响逐渐增强，随着沼液施用量的增加，三季大米 As 含量整体上也逐渐升高。经 LSD 检验表明，第二季常规施肥处理和处理 10~12 大米 As 含量显著高于清水对照；第三季除处理 3 外，其他沼液处理和常规施肥处理均显著高于清水对照。

表 4-21　三季大米 As 含量的比较分析　　　　　　　单位：mg/kg

处理	第一季	第二季	第三季
1	0.0424 aA	0.0941 cCD	0.0786 iH
2	0.0445 aA	0.1299 aA	0.1354 aA
3	0.0427 aA	0.0962 cBCD	0.0864 hiGH
4	0.0429 aA	0.0925 cD	0.1011 fgEFG
5	0.0437 aA	0.0947 cBCD	0.1086 defgCDEF
6	0.0440 aA	0.0905 cD	0.0977 ghFGH
7	0.0448 aA	0.0966 cBCD	0.1079 efgDEF
8	0.0450 aA	0.1035 bcABCD	0.1152 cdefBCDEF
9	0.0469 aA	0.1046 bcABCD	0.1200 bcdeABCDE
10	0.0460 aA	0.1264 abABC	0.1230 abcdABCD
11	0.0490 aA	0.1276 abAB	0.1281 abcABC
12	0.0474 aA	0.1257 abABC	0.1297 abAB
均值	0.0450	0.1068	0.1110
F	0.2250	3.5100**	12.6000**
P	0.9933	0.0049	0.0001

对第三季大米 As 含量与沼液施用量进行回归分析[图 4-16(a)]发现，二者呈极显著的一元二次抛物线关系，其回归方程为 $y = -1.7161 \times 10^{-10} x^2 + 7.7306 \times 10^{-6} x + 0.0827$($R^2 = 0.8994**$，$P = 0.0001$)，随着沼液施用量的增加，大米 As 含量逐渐升高，其中处理 12 大米 As 含量达到 0.1297mg/kg。

将三季大米 As 含量进行对比分析[图 4-16(b)]发现，总体上，三季大米 As 含量逐年升高，第一季、第二季、第三季大米 As 含量平均值为 0.0450mg/kg、0.1068mg/kg、0.1110mg/kg，第三季大米 As 含量比第一季提高 146.67%。《食品安全国家标准　食品中污染物限量》(GB 2762—2017)中食品 As 含量限量值为 0.2mg/kg，由图 4-16 可以看出，所有处理的大米 As 含量均未出现超标的情况。分析其原因，可能是原始土壤 As 含量较低，所施沼液中的 As 含量逐年升高，第一季、第二季、第三季所施沼液 As 含量分别为 5.31mg/kg、5.96mg/kg、6.17mg/kg，使得土壤中 As 大量积累，促进水稻对 As 的吸收，导致大米 As 含量大幅度升高。

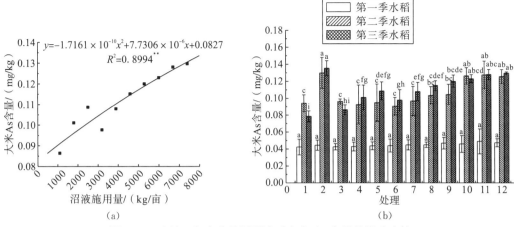

图 4-16　连续三年定位施用沼液对大米 As 含量的影响比较

4.5.6　三季大米 Hg 含量的比较分析

第三季大米中未检测出 Hg，与前两季研究结果一致，究其原因，与土壤中 Hg 含量较低有关，同时说明大米对 Hg 的吸收较其他重金属低，至于长期施用沼液是否会影响大米中的 Hg 含量，有待进一步研究。

4.6　对土壤养分含量的影响

土壤中各种养分含量是土壤肥力的重要指标，决定着作物的生长情况，通过连续三年定位施用沼液的试验，比较分析年季间土壤养分含量的变化，研究沼液施用对稻田土壤肥力的影响，为进一步指导沼液农用提供一定的理论依据。连续三年水稻种植后土壤养分含量情况见表 4-22。

表 4-22　三季水稻不同施肥处理对土壤养分含量的影响

处理	pH	全氮/ (g/kg)	碱解氮/ (mg/kg)	速效磷/ (mg/kg)	速效钾/ (mg/kg)	有机质/ (g/kg)	CEC/ (cmol/kg)
1	4.91 bC	1.47 fF	102.60eE	43.65 dE	22.83 eE	26.85 fD	10.46gE
2	5.07 bBC	1.68 eDE	175.39cC	62.74 aA	38.71cdCD	37.05 aA	15.34bcBC
3	5.35 aA	1.62 eEF	156.91dD	47.41cdCDE	34.56 dD	27.82efCD	13.15 fD
4	5.38 aAB	1.85 dCD	177.49 cC	48.32cdBCDE	34.56 dCD	29.88cdefBCD	14.22 eCD
5	5.29 aAB	1.87 cdC	177.75 cC	58.63 abABC	37.97 dCD	31.27bcdefABCD	14.67 cdeC
6	5.32 aAB	1.94 cdBC	180.47 cBC	60.09 abAB	42.89 bcBC	30.98bcdefABCD	15.16bcdeBC
7	5.45 aA	2.07 bB	190.43 bAB	61.49 abA	46.54 abAB	35.91abAB	16.13 abAB
8	5.35 aA	2.29 aA	202.02 aA	59.27 abABC	48.27 aAB	34.25abcABC	16.86 aA
9	5.39 aA	1.99 bcBC	196.94 abA	58.18abABCD	42.42 bcBC	33.60abcdABCD	15.08 cdeBC
10	5.36 aA	1.96bcdBC	198.43abA	58.58abABCD	46.07 abAB	32.25abcdeABCD	16.12 abAB

续表

处理	pH	全氮/ (g/kg)	碱解氮/ (mg/kg)	速效磷/ (mg/kg)	速效钾/ (mg/kg)	有机质/ (g/kg)	CEC/ (cmol/kg)
11	5.46 aA	1.90 cdBC	197.65 abA	52.93bcABCDE	47.48 aAB	31.03bcdefABCD	15.25 bcdBC
12	5.41 aA	1.89 cdC	196.16 abA	46.04 cdDE	49.58 aA	29.02defBCD	14.32 deCD
均值	5.31	1.88	179.35	54.78	40.99	31.66	14.73
F	5.817**	23.647**	74.584**	4.494**	26.567**	3.164**	23.126**
P	0.0002	0.0001	0.0001	0.001	0.0001	0.0089	0.0001

4.6.1 对土壤 pH 的影响

通过连续三年定位施用沼液，土壤 pH 逐年升高，其变化规律如图 4-17 所示。经方差分析发现，三季水稻收获后各处理土壤的 pH 均呈现显著差异（第一季：$F = 3.326^{**}$，$P = 0.0067$，第二季：$F = 2.44^{*}$，$P = 0.0328$，第三季：$F = 5.817^{**}$，$P = 0.002$），说明沼液施用对试验田土壤 pH 影响较大。试验田原始 pH 为 4.801，第一季水稻种植后，各处理 pH 均有不同程度的升高，清水对照和常规施肥处理 pH 分别为 4.9897、4.9517，比原始 pH 升高 0.1887 和 0.1507，随沼液施用量的增加，处理 3~12 的 pH 整体呈升高的趋势，其中处理 12 pH 最高，为 5.163，比原始 pH 升高 0.362；第二季水稻收获后，除清水对照和常规施肥处理较上一季有所降低外，沼液处理的土壤 pH 均高于第一季，其中升高幅度最大的为处理 7（5.35），比第一季升高 5.63%；同样，第三季较前两季也有所升高，其中处理 11 最高，为 5.4567，比原始 pH 升高 13.66%。

从图 4-17 可以看出，与清水对照和常规施肥处理相比，三季水稻收获后沼液处理的土壤 pH 均高于清水对照和常规施肥处理，同时，土壤 pH 随沼液施用量的增加而升高，说明与施用化肥相比，施用沼液能够有效提高土壤 pH，防止土壤酸化板结。

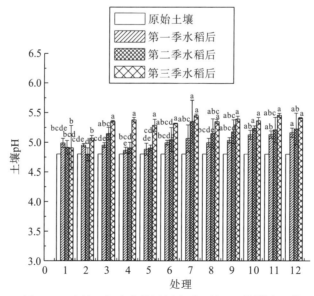

图 4-17 连续三年定位施用沼液对土壤 pH 的影响比较

4.6.2　对土壤全氮含量的影响

土壤全氮是衡量土壤肥力的指标之一，作物体内积累的氮素有 50% 左右来于土壤[15]。对第三季水稻收获后的土壤全氮含量与沼液施用量进行回归分析[图 4-18(a)]发现，二者呈极显著的一元二次抛物线关系，其回归方程为 $y = -3.4691 \times 10^{-8} x^2 + 3.2638 \times 10^{-4} x + 1.3176(R^2 = 0.7374^{**}$，$P = 0.0003)$，随着沼液施用量的增加，全氮含量呈现先升高后降低的趋势，在处理 8 达到最高值 2.2889g/kg，这与大米氨基酸的含量变化趋势相同。

对三季水稻收获后的土壤全氮含量进行方差分析发现，各处理间差异极显著(第一季：$F = 3.89^{**}$，$P = 0.0026$，第二季：$F = 11.072^{**}$，$P = 0.0001$，第三季：$F = 23.647^{**}$，$P = 0.0001$)，说明施用沼液对土壤全氮含量有明显影响。

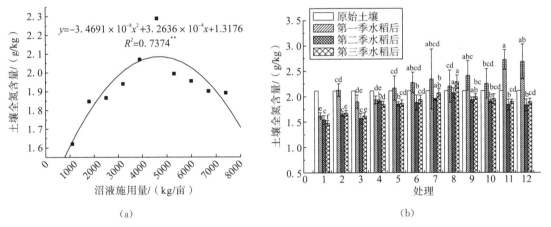

图 4-18　连续三年定位施用沼液对土壤全氮含量的影响比较

经 LSD 检验[图 4-18(b)]表明，第一季水稻种植后，土壤全氮含量随沼液施用量的增加而增加，处理 11 最高，为 2.7247g/kg，比原始土壤全氮含量升高了 28.95%，说明沼液施用有利于土壤氮素的积累，而清水对照由于未施用任何肥料，全氮含量最低，仅为 1.623g/kg，较原始土壤降低了 23.19%；第二季水稻种植后，除处理 3 外，其他沼液处理的土壤全氮含量均显著高于清水对照和常规施肥处理，与第一季不同的是，土壤全氮含量随沼液施用量的增加总体呈先升高后降低的趋势，这可能是由于高沼液处理使得水稻过分积累氮素，贪青徒长，不仅产量没有得到保证，而且土壤氮素也有一定程度的损失，清水对照的全氮含量继续降低，总体上，土壤全氮含量较第一季明显降低；第三季水稻种植后，同样除处理 3 外，其他沼液处理的土壤全氮含量均高于清水对照和常规施肥处理，清水对照最低(1.4737g/kg)，比原始土壤全氮含量降低了 30.26%，随着沼液施用量的增加，土壤全氮含量先升高后降低，与第二季相比，除清水对照和处理 4 外，其他处理的土壤全氮含量有所升高，但仍然低于第一季，这可能是由于沼液施用量过大，土壤氮素过分积累，而导致氮素通过挥发、渗漏、径流等方式流失，不仅不利于土壤氮素的保持，而且是造成农业面源污染的重要因素。因此，必须合理适量施用沼液，在消纳沼液、提高土壤肥力的同时，防止新的污染发生。

4.6.3　对土壤碱解氮含量的影响

碱解氮反应的是当季作物可利用的氮源情况，对作物的生长发育具有重要作用。对第三季水稻种植后的土壤碱解氮含量与沼液施用量进行回归分析[图 4-19(a)]发现，两者为极显著的一元二次抛物线关系，其回归方程为 $y = -1.6199 \times 10^{-6} x^2 + 0.0195x + 140.4743 (R^2 = 0.9222^{**}, P = 0.0015)$，土壤碱解氮含量随沼液施用量的增加先升高后降低，在处理 8 达到最高值，为 202.0246mg/kg。

对三季土壤碱解氮含量进行方差分析发现，各处理间差异极显著（第一季：$F = 16.247^{**}$，$P = 0.0001$，第二季：$F = 66.2^{**}$，$P = 0.0001$，第三季：$F = 74.584^{**}$，$P = 0.0001$），说明沼液施用对土壤碱解氮含量有很大影响。

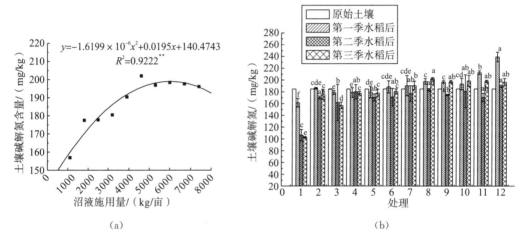

（a）　　　　　　　　　　　　　　　　（b）

图 4-19　连续三年定位施用沼液对土壤碱解氮含量的影响比较

经 LSD 多重比较[图 4-19(b)]可知，第一季水稻种植后，常规施肥处理和所有沼液处理的土壤碱解氮含量均显著高于清水对照，除处理 11、12 外，其他沼液处理与常规施肥处理均呈不显著差异，常规施肥处理和处理 6～12 较原始土壤碱解氮含量均有不同程度的升高，清水对照的土壤碱解氮含量最低，为 161.6533mg/kg，比原始土壤降低了12.54%，处理 12 最高，为 238.7833mg/kg，比原始土壤的碱解氮含量升高了 29.19%；第二季水稻种植后，常规施肥处理和所有沼液处理的土壤碱解氮含量均显著高于清水对照，但沼液处理与常规施肥处理不显著，这是因为尿素的施用提高了常规施肥处理的有效氮含量，与原始土壤相比，除处理 12 外，土壤碱解氮含量均有不同程度的降低；第三季水稻种植后，沼液处理和常规施肥处理的土壤碱解氮含量显著高于清水对照。另外，处理 7～12 显著高于常规施肥处理，除清水对照、处理 3、处理 4 外，其他处理的土壤碱解氮含量较第二季有所升高，处理 8～10 已经高于第一季，但其他处理的土壤碱解氮含量仍然低于第一季，分析其原因，可能是第二季水稻种植后土壤碱解氮含量大幅度降低，第三季大量施用沼液，对土壤的有效氮有一定程度的补充，土壤积累的氮素升高，但是由于沼液施用过程中氮素的损失及水稻生长过程的大量吸收，还不能升高到第一季水稻种植后的程度，但是第三季水稻收获后，处理7～12的土壤碱解氮含量明显高于原始土壤。

在连续三季水稻种植过程中，土壤碱解氮含量年季间的不同变化与沼液施用量、沼液成分、水稻的吸收特性都有关系，但总体来说，在该种植模式下适量的沼液施用能有效提高土壤有效氮素的含量。

4.6.4 对土壤速效磷含量的影响

土壤速效磷是土壤中能够被作物吸收的磷素组分，是反映土壤磷素供应水平的重要指标。

第三季水稻种植后的土壤速效磷含量与沼液施用量的回归关系[图 4-20(a)]表明，两者呈显著的一元二次抛物线关系，其回归方程为 $y = -1.483 \times 10^{-6} x^2 + 0.0127x + 33.874(R^2 = 0.9038^*$，$P = 0.0508)$，随沼液施用量的增加，处理3～7的土壤速效磷含量逐渐升高，处理8～12的土壤速效磷含量逐渐降低，在处理7达到 61.49mg/kg。

对三季土壤速效磷含量进行方差分析可知，各处理间土壤速效磷含量差异极显著(第一季：$F = 3.632^{**}$，$P = 0.004$，第二季：$F = 3.851^{**}$，$P = 0.0028$，第三季：$F = 4.494^{**}$，$P = 0.001)$，施用沼液对土壤速效磷含量影响很大，且由图4-20可知，三季水稻种植后的土壤速效磷含量均随沼液施用量的增加呈先升高后降低的趋势。

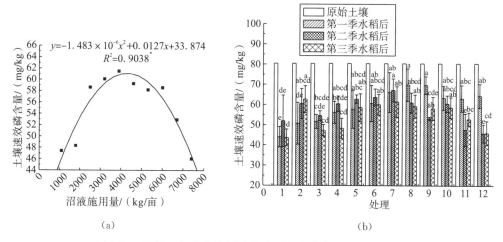

图 4-20 连续三年定位施用沼液对土壤速效磷含量的影响比较

由图4-20可以看出，土壤原始速效磷水平较高，达 80.44mg/kg，对三季水稻种植后土壤速效磷含量进行比较分析发现，第一季水稻种植后，各处理土壤速效磷含量大幅降低，清水对照最低，为 44.03mg/kg，降低了 45.26%，常规施肥处理次之，为 50.72mg/kg，较原始土壤降低了 36.95%，沼液处理也都有不同程度的降低，处理3降低最多，这可能是因为沼液中磷元素含量不高，同时沼液施用量不足，水稻生长过程中大量吸收原始土壤累积的速效磷，加上土壤中无机态磷容易流失的缘故，使得第一季水稻种植后土壤速效磷含量大大降低；从第二季水稻种植后土壤速效磷含量来看，常规施肥处理和处理3～7较第一季有一定提高，但增值不大，这可能是土壤中闭蓄态磷素被逐渐释放到土壤环境中，但处理8～12持续降低，这可能是水稻贪青徒长导致的；在三季水稻收获后，各处理的土壤速效磷含量整体降低，清水对照（43.65mg/kg）和处理12（46.04mg/kg）较原始土壤分别降低了45.74％和42.76％，说明在连续三年水稻种植模式下，施用沼液会降低土壤速效磷的含量。分析其原因，虽然沼液施用量在逐年增加，但是沼液中的磷主要以有机态为主，短时间内不易被矿化，从而不易转化成能被作物直接吸收利用的无机态磷[16]，为了满足水稻生长需要，一直消耗原始土壤的速效磷，加上水田自然流失，土壤中的速效磷含量就持续降低。

4.6.5　对土壤速效钾含量的影响

土壤速效钾能够很快被作物吸收利用，第三季土壤速效钾与沼液施用量的回归关系表明，二者呈极显著的一元二次抛物线关系，其回归方程为 $y = -3.8876 \times 10^{-7} x^2 + 0.0056x + 27.7795$（$R^2 = 0.8331^{**}$，$P = 0.0009$），随沼液施用量的增加，处理3～8的土壤速效钾含量逐渐升高，处理9有所降低，处理10～12继续升高，在处理12达到最高值49.5767mg/kg。

连续三年定位施用沼液对土壤速效钾含量的影响比较如图4-21所示。对三季土壤速效钾含量进行方差分析和LSD检验可知，第一季水稻收获后各处理间土壤速效钾含量差异不显著（$F = 1.473$，$P = 0.2058$），后两季水稻收获后各处理土壤速效钾含量均呈极显著差异（第二季：$F = 9.254^{**}$，$P = 0.0001$，第三季：$F = 26.567^{**}$，$P = 0.0001$），说明在第一季施用沼液对土壤速效钾含量影响较小，后两季沼液施用的影响明显增强。

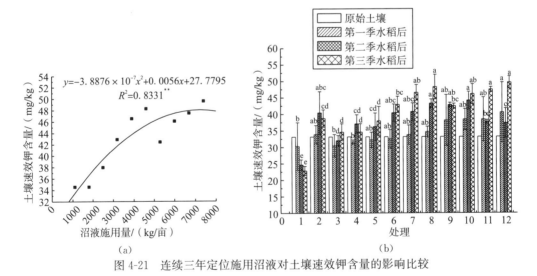

图4-21　连续三年定位施用沼液对土壤速效钾含量的影响比较

从图4-21可以看出，通过连续三年定位施用沼液，整体上，除清水对照外，常规施肥处理和沼液处理的土壤速效钾含量均有不同程度的升高。在第一季水稻收获后，处理12的土壤速效钾含量显著高于清水对照、处理3、处理4，其他处理间差异均不显著，处理12（40.4867mg/kg）较原始土壤速效钾含量（33.13mg/kg）升高了22.21％；第二季水稻收获后，常规施肥处理和沼液处理的土壤速效钾含量均显著高于清水对照。其中，常规施肥处理和处理 3~10 较第一季有所升高,处理 8 升高幅度最大;第三季水稻收获后,处理 7、8、10~12 显著高于清水对照和常规施肥处理,各沼液处理的土壤速效钾含量持续升高,处理 12(49.5767mg/kg)比第二季(37.2433mg/kg)和原始土壤(33.13mg/kg)分别升高了 33.12% 和 49.64%。另外,清水对照的土壤速效钾含量逐年降低。

　　总体来说,三季土壤速效钾含量随沼液施用量的增加而升高,沼液中含有的大量钾素可以显著提高土壤中的速效钾含量,使其保持相对稳定的水平,比化肥的提高效果更明显。

4.6.6　对土壤有机质含量的影响

　　土壤有机质由动植物残体、微生物及其分泌物组成,是土壤养分的主要来源,能够提高土壤保肥能力和缓冲性能,促进土壤结构的形成,改善土壤的物理性质。

　　第三季土壤有机质含量与沼液施用量的回归关系[图 4-22(a)]表明,二者呈显著的一元二次抛物线关系,其回归方程为 $y=-5.7955\times10^{-7}x^2+0.0052x+22.3746(R^2=0.8295^*$,$P=0.0602)$,随沼液施用量的增加,土壤有机质含量先升高后降低,在处理 7 达到最高值 35.9067g/kg。

　　三季水稻种植后土壤有机质含量的方差分析结果表明,第一季各处理间土壤阳离子交换量差异不显著($F=2.079$,$P=0.0649$),第二季、第三季各处理间土壤有机质含量均为极显著差异(第二季:$F=4.302^{**}$,$P=0.0014$,第三季:$F=3.164^{**}$,$P=0.0089$),说明沼液施用对土壤有机质含量影响较大。

　　对年季间土壤有机质含量进行对比分析[图 4-22(b)]发现,三季水稻种植后的土壤有机质含量均呈先升高后降低的趋势。第一季水稻种植后的沼液处理的土壤有机质含量较原始土壤均有所升高,升高最多的是处理 7,比原始有机质含量升高了 20.25%,说明施用沼液可以有效提高土壤有机质,增强土壤肥力;从后两季的土壤有机质含量来看,比第一季和原始土壤大大降低,其中第三季低沼液处理 3(27.8167g/kg)相比第一季(44.6967g/kg)和原始土壤(42.13g/kg)分别降低了 37.77% 和 33.97%,分析其原因,可能是由于在水稻种植排水过程中带走了大量可溶性有机质,致使土壤中有机质减少。

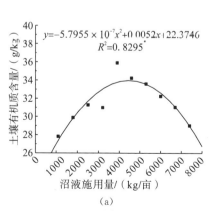

(a)

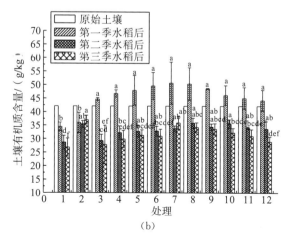

(b)

图 4-22　连续三年定位施用沼液对土壤有机质含量的影响比较

4.6.7　对土壤阳离子交换量的影响

阳离子交换量基本代表了土壤可能保持的养分数量，通过连续三年定位施用沼液，了解土壤中阳离子交换量的变化情况，对指导合理施用沼液、改良土壤具有重要意义。

第三季水稻收获后，土壤阳离子交换量与沼液施用量的回归关系表明，二者呈不显著的一元二次抛物线关系，其回归方程为 $y = -2.2967 \times 10^{-7} x^2 + 0.0022x + 10.9385 (R^2 = 0.8168, P = 0.2138)$，随沼液施用量的增加，土壤阳离子交换量呈先升高后降低的趋势，低沼液处理 3 含量最低，在处理 8 达到最高值 16.8633cmol/kg，处理 9～12 又逐渐降低。究其原因可能是沼液中含有较丰富的矿物质，处理 8 的沼液施用量刚好使土壤交换性盐基离子达到饱和，提高了土壤微生物和作物根系与土壤之间进行离子交换的能力，进而提高了土壤中的阳离子交换量[17]。

三季土壤阳离子交换量的方差分析结果表明，第一季各处理间土壤阳离子交换量差异不显著($F = 2.079$, $P = 0.0649$)第二季、第三季各处理间土壤阳离子交换量差异显著（第二季：$F = 3.441^{**}$, $P = 0.0055$，第三季：$F = 23.126^{**}$, $P = 0.0001$），表明施用沼液对土壤阳离子交换量影响较大。

年季间土壤阳离子交换量的变化情况如图 4-23 所示。原始土壤阳离子交换量为 12.21cmol/kg，第一季水稻种植后，除处理 7 外，其他处理的土壤阳离子交换量均有不同程度的降低，这可能是施用的沼液量较少的缘故；第二季水稻种植后，由于沼液施用量的增加，各处理土壤阳离子交换量较第一季明显升高，而且高于原始土壤，除处理 3 外，其余沼液处理均显著高于清水对照，说明沼液施用有利于提高土壤阳离子交换量，但与常规施肥处理的差异不显著；第三季水稻种植后，常规施肥处理和沼液处理的土壤阳离子交换量显著高于清水对照，但只有处理 8 显著高于常规施肥处理，土壤阳离子交换量继续升高，处理 8(16.8633cmol/kg)升高幅度最大，比原始土壤升高了 38.11%。综上所述，适宜的沼液施用量有助于提高土壤阳离子交换量，增强土壤肥力。

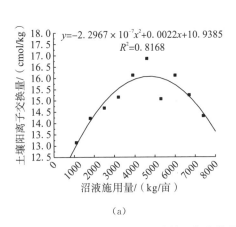

(a)

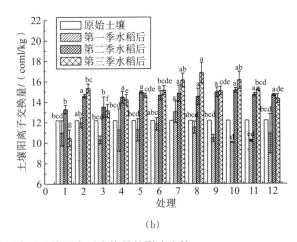

(b)

图 4-23　连续三年定位施用沼液对土壤阳离子交换量的影响比较

4.7 对土壤有效态矿质元素的影响

4.7.1 对土壤有效 Fe 含量的影响

第三季水稻收获后,土壤有效 Fe 与沼液施用量的回归关系表明,二者呈不显著的一元二次抛物线关系,其回归方程为 $y=-2.7265\times10^{-5}x^2+0.2454x+235.4835$ ($R^2=0.8904$,$P=0.4734$),随沼液施用量的增加,处理 3~7 土壤有效 Fe 含量逐渐升高,处理 8~12 逐渐降低,处理 7 的土壤有效 Fe 含量最高,达到 837.5534mg/kg,比原始土壤升高了 21.65%。

三季土壤有效 Fe 含量的方差分析结果表明,第一季水稻种植后各处理间土壤有效 Fe 含量差异不显著($F=0.847$,$P=0.5989$),后两季水稻种植后各处理间呈极显著差异(第二季:$F=133.198^{**}$,$P=0.0001$;第三季:$F=48.739^{**}$,$P=0.0001$),表明在第一季时,施用沼液对土壤有效 Fe 含量的影响较小,第二季、第三季施用沼液对土壤有效 Fe 含量影响较大。

年季间土壤有效 Fe 含量的变化情况如图 4-24 所示。原始土壤有效 Fe 含量为 688.5mg/kg,第一季水稻种植后,所有处理的有效 Fe 含量均有不同程度的升高,升高幅度最大的是处理 8(809.2mg/kg),比原始土壤有效 Fe 含量升高了 17.53%;第二季处理 8~10 的有效 Fe 含量较上一季有所升高,其中处理 9(864.9154mg/kg)比第一季(737.8333mg/kg)和原始土壤分别升高了 17.22% 和 25.62%,其他处理都在一定程度上有所降低;第三季处理 3~7、11、12 的土壤有效 Fe 含量比第二季升高,处理 7(837.5534mg/kg)比第二季(523.1341mg/kg)升高了 60.1%,清水对照的土壤有效 Fe 含量降低到 200.7762mg/kg,比原始土壤降低了 70.84%,因此,如果不施用任何肥料,土壤有效 Fe 含量下降速度非常快。年季间土壤有效 Fe 含量的变化情况表明,适宜的沼液施用量是有利于土壤有效 Fe 含量的升高,施用量过小或过大都不利。

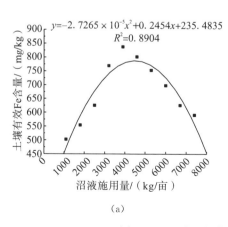

(a)

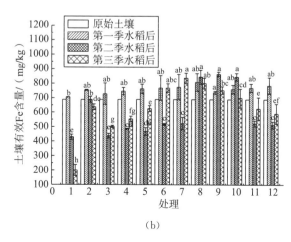

(b)

图 4-24 连续三年定位施用沼液对土壤有效 Fe 含量的影响

4.7.2　对土壤有效 Cu 含量的影响

Cu 元素是水稻生长的必需元素，第三季水稻收获后，土壤有效 Cu 与沼液施用量的回归关系表明，二者呈不显著的一元二次抛物线关系，其回归方程为 $y = -3.2234 \times 10^{-7}x^2 + 0.0028x + 6.00008$ （$R^2 = 0.7564$，$P = 0.6817$），随沼液施用量的增加，处理 3~8 土壤有效 Cu 含量整体上逐渐升高，处理 9~12 逐渐降低，处理 8 的土壤有效 Cu 含量最高，达到 13.2337mg/kg，但低于原始土壤（17.19mg/kg），降低了 23.02%。

土壤有效 Cu 含量的方差分析结果表明，三季水稻种植后各处理间土壤有效 Cu 含量均呈极显著差异（第一季：$F = 12.425^{**}$，$P = 0.0001$，第二季，$F = 5.672^{**}$，$P = 0.0002$，第三季：$F = 10.251^{**}$，$P = 0.0001$），表明施用沼液对土壤有效 Cu 含量的影响较大。

年季间土壤有效 Cu 含量的变化情况如图 4-25 所示。原始土壤有效 Cu 含量为 17.19mg/kg，第一季水稻种植后，处理 6~12 的有效 Cu 含量较原始土壤明显升高，升高幅度最大的是处理 7（23.7067mg/kg），比原始土壤有效 Cu 含量升高了 37.91%；然而，第二季所有处理的有效 Cu 含量较上一季都有不同程度的降低；第三季各处理的土壤有效 Cu 含量继续降低，低沼液处理 3（8.9258mg/kg）相应比原始土壤降低了 48.08%，高沼液处理 12（9.7349mg/kg）降低幅度也较大，比原始土壤降低了 43.37%，清水对照的土壤有效 Cu 含量降低到 8.5133mg/kg，比原始土壤降低了 50.48%。分析其原因，可能与沼液中 Cu 元素的含量有关，三季水稻施用的沼液 Cu 含量分别为 14.46mg/kg、12.25mg/kg、9.99mg/kg。另外，与作物的吸收特性等因素也有关。

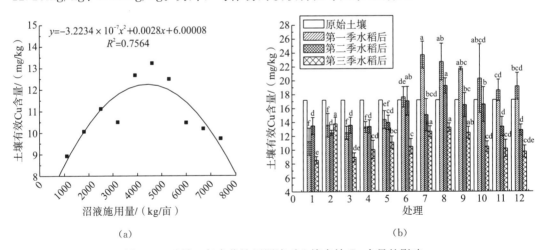

（a）　　　　　　　　　　　　　　　　　（b）

图 4-25　连续三年定位施用沼液对土壤有效 Cu 含量的影响

4.7.3　对土壤有效 Mn 含量的影响

第三季水稻收获后，对土壤有效 Mn 与沼液施用量进行回归分析可知，二者呈极显著的一元二次抛物线线关系，其回归方程为 $y = -4.1085 \times 10^{-7}x^2 + 0.0077x + 28.5953$

$(R^2 = 0.9722^{**}$，$P = 0.0001)$，随沼液施用量的增加，土壤有效 Mn 的含量逐渐升高，处理 12 的土壤有效 Mn 含量最高，达到 63.6659mg/kg，比原始土壤的含量(55.62mg/kg)升高了 14.47%。

三季土壤有效 Mn 含量的方差分析结果表明，第一季水稻种植后各处理间土壤有效 Mn 含量差异不显著($F = 0.5750$，$P = 0.8303$)，后两季水稻种植后各处理间差异极显著(第二季：$F = 25.414^{**}$，$P = 0.0001$，第三季：$F = 18.008^{**}$，$P = 0.0001$)，表明第一季时施用沼液对土壤有效 Mn 含量的影响较小，后两季影响较大。

年季间土壤有效 Mn 含量的变化情况如图 4-26 所示。原始土壤有效 Mn 含量为 55.62mg/kg，第一季水稻种植后，处理 6~12 的有效 Mn 含量较原始土壤有所升高，升高幅度最大的是处理 8(63.8033mg/kg)，比原始土壤有效 Mn 含量升高了 14.71%，清水对照、常规施肥处理、低沼液处理的土壤有效 Mn 含量则有所降低；然而，第二季除高沼液处理 12 外，其他处理的有效 Mn 含量较上一季都有不同程度的降低，且明显低于原始土壤的含量；第三季除清水对照外，常规施肥处理和沼液处理的土壤有效 Mn 含量都比第二季高，其中高沼液处理 10~12 的土壤有效 Mn 含量高于第一季和原始土壤，处理 12(63.6659mg/kg)相应比原始土壤升高了 14.47%，清水对照的土壤有效 Mn 含量逐年降低，到第三季水稻收获后，清水对照土壤有效 Mn 含量降到 25.0698mg/kg，比原始土壤降低了 54.93%。年季间土壤有效 Mn 含量的变化情况表明，高沼液施用有利于提高土壤有效 Mn 含量。

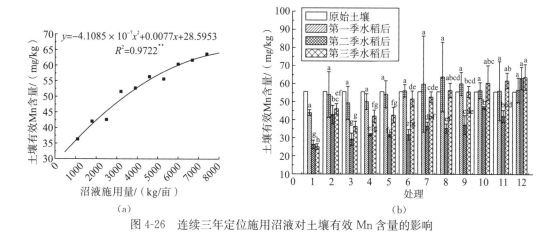

图 4-26　连续三年定位施用沼液对土壤有效 Mn 含量的影响

4.7.4　对土壤有效 Zn 含量的影响

第三季水稻收获后，对土壤有效 Zn 与沼液施用量进行回归分析可知，二者呈极显著的一元二次抛物线关系，其回归方程为 $y = -3.5489 \times 10^{-7} x^2 + 0.0048x + 10.8744$($R^2 = 0.8130^{**}$，$P = 0.0018$)，随沼液施用量的增加，土壤有效 Zn 含量整体上呈逐渐升高的趋势，处理 8 的土壤有效 Zn 含量最高，达到 28.8441mg/kg，比原始土壤的含量 (20.71mg/kg)升高 8.1341mg/kg，处理 12 次之，为 27.7974mg/kg，比原始土壤升高 7.0874mg/kg。

三季土壤有效 Zn 含量的方差分析结果表明，第一季水稻种植后各处理间土壤有效 Zn 含量差异显著（$F=2.352^*$，$P=0.0387$），后两季水稻种植后各处理间差异极显著（第二季：$F=12.238^{**}$，$P=0.0001$，第三季：$F=90.067^{**}$，$P=0.0001$），表明施用沼液对土壤有效 Zn 含量的影响逐渐增强。

年季间土壤有效 Zn 含量的变化情况如图 4-27 所示。原始土壤有效 Zn 含量为 20.71mg/kg，第一季水稻种植后，常规施肥处理和沼液处理的有效 Zn 含量较原始土壤明显升高。其中，升高幅度最大的是处理 12（36.2967mg/kg），比原始土壤有效 Zn 含量升高了 75.26%，常规施肥处理的土壤有效 Zn 含量次之，为 33.6467mg/kg；第二季处理 3~5、8~11 土壤有效 Zn 含量较上一季有不同程度的升高，处理 8（38.7967mg/kg）升高幅度最大，比第一季（30.2967mg/kg）和原始土壤分别升高了 28.06% 和 87.33%，常规施肥处理明显降低，而且低于原始土壤；第三季沼液处理的土壤有效 Zn 含量明显低于前两季，但处理 6~12 的土壤有效 Zn 含量仍然高于原始土壤，这可能与施用的沼液 Zn 元素含量有关，连续三季施用沼液的 Zn 含量分别为 22.11mg/kg、10.27mg/kg、9.38mg/kg。清水对照的土壤有效 Zn 含量逐年降低，到第三季水稻收获后，清水对照土壤有效 Zn 含量降到 7.5912mg/kg，比原始土壤降低 13.1188mg/kg。年季间土壤有效 Zn 含量的变化情况表明，与常规施肥相比，施用沼液可有效提高土壤有效 Zn 的含量。

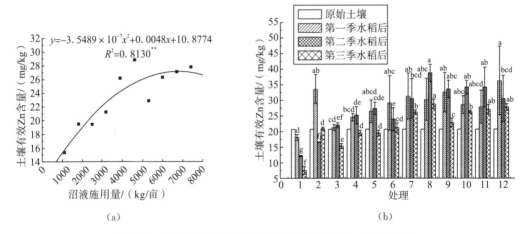

图 4-27　连续三年定位施用沼液对土壤有效 Zn 含量的影响

4.8　对土壤微生态环境的影响

4.8.1　对土壤微生物数量的影响

细菌、真菌、放线菌是土壤微生物的三大类[18,19]，它们在土壤中进行氧化、氨化、固氮、硝化、硫化等过程，促进土壤有机质的分解和养分的转化[20]，维持土壤肥力，同时，能够灵敏反映土壤质量变化和污染状况。本研究通过后两季水稻种植后根际土壤微生物的变化情况，了解施用沼液对土壤微生物的影响。

1. 细菌

细菌是土壤微生物中数量最多的一类，第三季水稻收获后，土壤细菌数量与沼液施用量的回归分析结果表明，二者呈极显著的一元二次抛物线关系，其回归方程为 $y=-0.072x^2+1258.071x+549686.7011$（$R^2=0.8244^{**}$，$P=0.0005$），随沼液施用量的增加，土壤细菌的数量整体上呈逐渐增多的趋势，处理 12 的土壤细菌数量最多，达到 6761232CFU/g。

后两季土壤细菌数量的方差分析结果表明，第二季、第三季水稻种植后各处理间土壤细菌数量差异极显著（第二季：$F=7.396^{**}$，$P=0.0001$，第三季：$F=14.889^{**}$，$P=0.0001$），说明施用沼液对土壤细菌的数量影响很大。

由图 4-28 可以看出，第二季水稻种植后，处理 5~12 和常规施肥处理的细菌数量显著高于清水对照和低沼液处理 3、4，细菌数量最多的是处理 9，为 2694125CFU/g，处理 12 次之，为 2639887CFU/g，清水对照处理和常规施肥处理的细菌数量分别为 1484068CFU/g 和 2333042CFU/g；第三季水稻种植后，同样，处理 5~12 和常规施肥处理的细菌数量显著高于清水对照，低沼液处理 3、4 与清水对照差异不显著，与第二季相比，根际土壤的细菌数量明显增加，其中处理 12 的细菌数量达到 5575565CFU/g，比第二季增加 111.20%，比当季清水对照（1636227CFU/g）和常规施肥处理（2755192CFU/g）分别高出 240.76% 和 102.37%。综合后两季水稻收获后土壤细菌数量的变化情况，整体上，两季细菌数量均随沼液施用量的增加而增多，表明施用沼液有利于增加土壤细菌数量，加强土壤微生物活动。

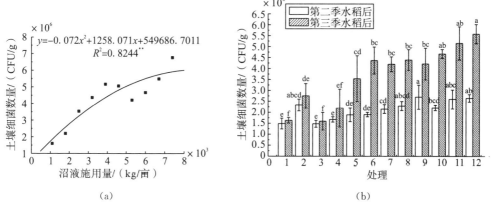

图 4-28　连续三年定位施用沼液对土壤细菌数量的影响

2. 真菌

第三季水稻收获后，土壤真菌数量与沼液施用量的回归分析结果表明，二者呈极显著的一元二次抛物线关系，其回归方程为 $y=-0.0018x^2+39.7902x+195259.1443$（$R^2=0.9384^{**}$，$P=0.0001$），随沼液施用量的增加，土壤真菌的数量整体上呈逐渐增加的趋势，处理 11 的土壤真菌最多，达到 393712CFU/g。

后两季土壤真菌数量的方差分析结果表明，第二季、第三季水稻种植后各处理间土壤真菌数量差异显著（第二季：$F=32.348^{**}$，$P=0.0001$，第三季：$F=2.745^*$，$P=$

0.0187），说明施用沼液对土壤真菌的数量影响很大。

由图 4-29 可以看出，第二季水稻种植后，沼液处理的土壤真菌数量显著高于清水对照，高沼液处理 7～12 显著高于常规施肥处理，真菌数量最多的是处理 11，为 324908CFU/g，处理 12 次之，为 320731CFU/g，清水对照和常规施肥处理的真菌数量分别为 129704CFU/g 和 179933CFU/g；第三季水稻种植后，处理 7～12 和常规施肥处理的真菌数量显著高于清水对照处理，沼液处理与常规施肥处理差异不显著，与第二季相比，根际土壤的真菌数量明显增加，其中处理 11 和处理 12 的真菌数量达到 393712CFU/g 和 391485CFU/g,相应比第二季增加 21.18％ 和 22.06％，处理 11 比当季清水对照 (212870CFU/g)和常规施肥处理(337578CFU/g)分别增加 84.95％ 和 16.63％。综合后两季水稻收获后土壤真菌数量的变化情况，整体上，两季土壤真菌数量均随沼液施用量的增加而增加，表明施用沼液有利于增加土壤真菌数量，加强土壤微生物活动。

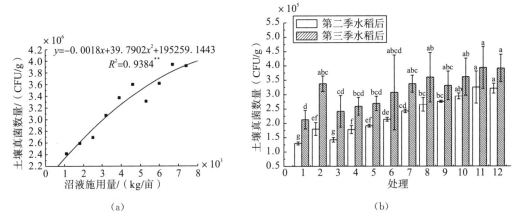

图 4-29　连续三年定位施用沼液对土壤真菌数量的影响

3. 放线菌

土壤微生物中存在一定数量的放线菌，第三季水稻收获后，土壤放线菌数量与沼液施用量的回归分析结果表明，二者呈极显著的一元二次抛物线关系，其回归方程为 $y = 0.0168x^2 + 28.3944x + 2.1123 \times 10^6 (R^2 = 0.9384^{**}$, $P = 0.0001)$，随沼液施用量的增加，土壤放线菌的数量整体上呈逐渐增加的趋势，处理 12 的土壤放线菌最多，达到 3378340CFU/g。

后两季土壤放线菌数量的方差分析结果表明，第二季、第三季水稻种植后各处理间土壤放线菌数量差异显著(第二季：$F = 17.998^{**}$，$P = 0.0001$，第三季：$F = 3.065^*$，$P = 0.0105$)，说明施用沼液对土壤放线菌的数量影响较大。

由图 4-30 可以看出，第二季水稻种植后，处理 5～12 的土壤放线菌数量显著高于清水对照和常规施肥处理，常规施肥处理与清水对照之间差异不显著，放线菌数量最多的是处理 11，为 3408116CFU/g，处理 12 次之，为 3404476CFU/g，清水对照处理和常规施肥处理的真菌数量分别为 1737406CFU/g 和 1876886CFU/g；第三季水稻种植后，处理 7～12 的放线菌数量显著高于清水对照处理，仅高沼液处理 11、12 显著高于常规施肥处理，与第二季相比，根际土壤的放线菌数量有所减少，其中处理 11(2908887CFU/g)比第二季减少了 14.65%。综合后两季水稻收获后土壤放线菌数量的变化情况，整体上，两季土壤放线菌数量均随沼液施用量的增加而增加，表明施用沼液有利于增多土壤真菌数量，加强土壤微生物活动。

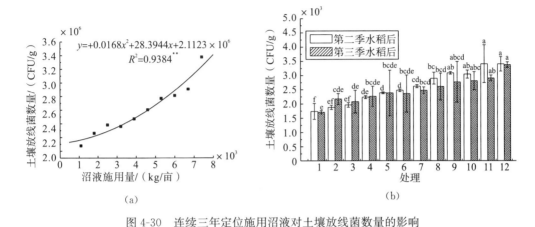

图 4-30　连续三年定位施用沼液对土壤放线菌数量的影响

4.8.2　对土壤酶活性的影响

土壤酶是土壤的组成成分之一，具有较强的催化作用，土壤的一切生物化学过程都有土壤酶的参与，其在土壤肥力的形成和演化过程中占据着重要地位。本研究在后两季水稻种植过程中增加了对土壤淀粉酶、蛋白酶、过氧化氢酶、脲酶、蔗糖酶的活性测定，了解施用沼液对土壤酶活性的影响。

1. 土壤酶活性与沼液施用量的回归分析

对第三季水稻种植后的土壤 5 种酶的活性与沼液施用量的关系进行回归分析，结果(表 4-23)表明，淀粉酶和过氧化氢酶的活性与沼液施用量呈不显著的一元二次抛物线关系，随着沼液施用量的增加，淀粉酶和过氧化氢酶的活性都呈先增强后减弱的趋势，说明适宜的沼液施用量有利于提高土壤淀粉酶和过氧化氢酶的活性。蛋白酶、脲酶、蔗糖酶的活性与沼液施用量呈极显著的一元二次抛物线关系，随着沼液施用量的增加，这 3 种酶的活性呈逐渐增强的趋势，说明施用沼液可有效提高土壤蛋白酶、脲酶、蔗糖酶的活性。

表 4-23　土壤各种酶活性与沼液施用量的回归关系

土壤酶活性	回归方程	R^2	P
淀粉酶活性	$y = -1 \times 10^{-7} x^2 + 0.0009x + 0.8185$	0.7021	0.6960
蛋白酶活性	$y = -3 \times 10^{-8} x^2 + 0.0021x + 10.3735$	0.9851**	0.0001
过氧化氢酶活性	$y = -3 \times 10^{-7} x^2 + 0.0024x + 6.6027$	0.7063	0.4296
脲酶活性	$y = -4 \times 10^{-10} x^2 + 5 \times 10^{-5} x + 0.2883$	0.9883**	0.0001
蔗糖酶活性	$y = -8 \times 10^{-8} x^2 + 0.0023x + 1.7666$	0.9910**	0.0001

　　施用沼液对这5种酶活性的影响不尽相同，综合来看，就水稻种植而言，当沼液施用量控制在3200～7400kg/亩时，可使土壤酶保持相对高的活性水平。

2. 后两季水稻种植后土壤淀粉酶活性的比较分析

　　后两季土壤淀粉酶活性的方差分析结果表明，第二季、第三季水稻种植后各处理间土壤的淀粉酶活性呈极显著差异（第二季：$F = 7.158^{**}$，$P = 0.0001$，第三季：$F = 12.505^{**}$，$P = 0.0001$），说明施用沼液对土壤淀粉酶活性影响较大。

　　由图4-31可以看出，第二季水稻种植后，常规施肥处理和处理6、8、9、10的土壤淀粉酶活性显著高于清水对照，处理8、9的土壤淀粉酶活性显著高于常规施肥处理，土壤淀粉酶活性最高的为处理9，为2.7379mg/g，处理8次之，为2.5085mg/g，清水对照和常规施肥处理的土壤淀粉酶活性分别为1.6101mg/g和2.0295mg/g；第三季水稻种植后，常规施肥和所有沼液处理的土壤淀粉酶活性显著高于清水对照，同样，仅处理8、9显著高于常规施肥处理，与第二季土壤相比，除清水对照外，其他处理的土壤淀粉酶活性明显增强，其中处理9（3.1543mg/g）比第二季升高0.4164mg/g。综合后两季水稻收获后土壤淀粉酶活性的变化情况，整体上，两季土壤淀粉酶活性均随沼液施用量的增加呈先升高后降低的趋势，表明适宜的沼液施用量，有利于提高土壤淀粉酶活性，但是如果过量施入沼液，可能会对土壤的自净和恢复能力造成影响。

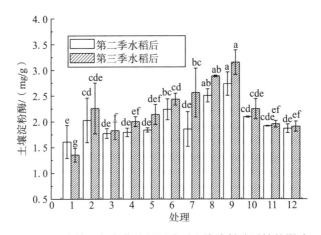

图4-31　连续三年定位施用沼液对土壤淀粉酶活性的影响

3. 后两季水稻种植后土壤蛋白酶活性的比较分析

　　后两季土壤蛋白酶活性的方差分析结果表明，第二季、第三季水稻种植后各处理间土壤蛋白酶活性呈极显著差异（第二季：$F = 14.323^{**}$，$P = 0.0001$，第三季：$F = 63.209^{**}$，$P = 0.0001$），说明施用沼液对土壤蛋白酶活性影响较大，土壤蛋白酶活性随沼液施用量的增加而升高。

　　后两季水稻种植后土壤蛋白酶活性的变化情况（图4-32）表明，第二季水稻种植后，处理5～12的土壤蛋白酶活性显著强于清水对照，常规施肥处理与清水对照的差异不显著，土壤蛋白酶活性最强的是处理12，为21.9496mg/g，处理11次之，为21.6709mg/g，清水对照和常规施肥处理的土壤蛋白酶活性分别为 12.9662mg/g 和 13.8514mg/g；第三季水稻种植后，除低沼液处理 3 外，其他沼液处理的土壤蛋白酶活性显著高于清水对照，处理 6～12 显著高于常规施肥处理，与第二季土壤相比，除清水对照、处理 4 和 5 外，其他处理的土壤蛋白酶活性明显升高，其中处理 12（23.9848mg/g）比第二季增多 9.27%，比当季清水对照（12.1438mg/g）和常规施肥处理（14.6192mg/g）分别升高 97.51% 和 64.06%。综合后两季水稻收获后土壤蛋白酶活性的变化情况，整体上，两季土壤蛋白酶活性均随沼液施用量的增加而升高，表明沼液施用有利于提高土壤蛋白酶活性，丰富土壤氮库，增多作物可吸收氮源。

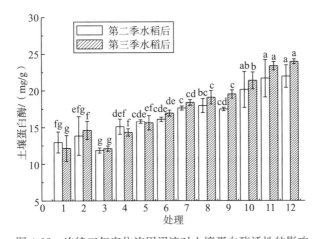

图 4-32　连续三年定位施用沼液对土壤蛋白酶活性的影响

4. 后两季水稻种植后土壤过氧化氢酶活性的比较分析

后两季土壤过氧化氢酶活性的方差分析结果表明，第二季、第三季水稻种植后各处理间土壤过氧化氢酶活性呈极显著差异（第二季：$F=9.217^{**}$，$P=0.0001$，第三季：$F=9.504^{**}$，$P=0.0001$），说明施用沼液对土壤过氧化氢酶活性影响较大，土壤蛋白酶活性随沼液施用量的增加呈先升高后降低的趋势。

后两季水稻种植后土壤过氧化氢酶活性的变化情况（图 4-33）表明，第二季水稻种植后，除低沼液处理 3 外，其他沼液处理的土壤过氧化氢酶活性显著高于清水对照，常规施肥处理与清水对照的差异不显著，土壤过氧化氢酶活性最高的是处理 11，为 13.4609mg/g，清水对照和常规施肥处理的土壤过氧化氢酶活性分别为 10.0589mg/g 和 10.8318mg/g；第三季水稻种植后，处理 7～9 的土壤过氧化氢酶活性显著高于清水对照和常规施肥处理，与第二季土壤相比，除处理 7、8 外，其他处理的土壤过氧化氢酶活性有所降低，其中处理 11（10.4482mg/g）比第二季降低 3.0127mg/g，处理 8（13.0470mg/g）相应比第二季（12.6366mg/g）升高 0.4104mg/g。综合后两季水稻收获后土壤过氧化氢酶活性的变化情况，整体上，两季土壤过氧化氢酶活性均随沼液施用量的增加呈先升高后降低的趋势，表明适宜的沼液施用量有利于提高土壤过氧化氢酶活性，施用量过量可能会抑制土壤过氧化氢酶活性，加重过氧化氢对作物的毒害。

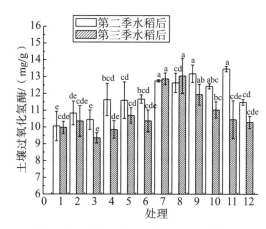

图 4-33　连续三年定位施用沼液对土壤过氧化氢酶活性的影响

5. 后两季水稻种植后土壤脲酶活性的比较分析

后两季土壤脲酶活性的方差分析结果表明,第二季、第三季水稻种植后各处理间土壤脲酶活性呈极显著差异(第二季:$F=4.573^{**}$,$P=0.0009$,第三季:$F=4.781^{**}$,$P=0.0007$),说明施用沼液对土壤脲酶活性影响较大,第二季水稻种植后的土壤脲酶活性随沼液施用量的增加而先升高后降低,第三季则逐渐升高。

后两季水稻种植后土壤脲酶活性的变化情况(图 4-34)表明,第二季水稻种植后,处理 7～11 的土壤脲酶活性显著高于清水对照,常规施肥处理与清水对照的差异不显著,土壤脲酶活性最高的是处理 9,为 0.6088mg/g,处理 10 次之,为 0.5968mg/g,清水对照和常规施肥处理的土壤脲酶活性分别为 0.4631mg/g 和 0.5130mg/g;第三季水稻种植后,处理 9～12 的土壤脲酶活性显著高于清水对照,仅处理 12 显著高于常规施肥处理,与第二季土壤相比,除处理 11 和 12 外,其他处理的土壤脲酶活性较第二季降低,其中低沼液处理 4(0.3606mg/g)比第二季(0.4558mg/g)降低 20.89%。第三季水稻种植后,土壤脲酶活性随沼液施用量的变化趋势与土壤有效态氮的变化趋势相同,与常规施肥相比,合理施用沼液有利于提高土壤脲酶活性,加强酶促反应,增加土壤中作物可吸收氮源的含量。

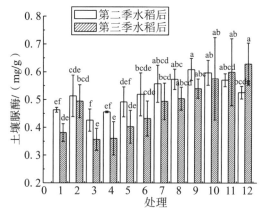

图 4-34　连续三年定位施用沼液对土壤脲酶活性的影响

6. 后两季水稻种植后土壤蔗糖酶活性的比较分析

后两季土壤蔗糖酶活性的方差分析结果表明，第二季、第三季水稻种植后各处理间土壤蔗糖酶活性呈极显著差异（第二季：$F=85.704^{**}$，$P=0.0001$，第三季：$F=52.467^{**}$，$P=0.0001$），说明施用沼液对土壤蔗糖酶活性影响较大，随沼液施用量的增加两季土壤蔗糖酶活性均逐渐升高。

后两季水稻种植后土壤蔗糖酶活性的变化情况（图 4-35）表明，第二季水稻种植后，常规施肥和沼液处理的土壤蔗糖酶活性显著高于清水对照，处理 6~12 显著高于清水对照，土壤蔗糖酶活性最高的是处理 12，为 13.5537mg/g，处理 11 次之，为 12.8406mg/g，清水对照和常规施肥处理的土壤蔗糖酶活性分别为 0.5791mg/g 和 5.1661mg/g；第三季水稻种植后，常规施肥和沼液处理的土壤蔗糖酶活性显著高于清水对照，处理 6~12 显著高于清水对照，土壤蔗糖酶活性最高的是处理 12，为 14.922mg/g，处理 11 次之，为 13.2754mg/g，清水对照和常规施肥处理的土壤蔗糖酶活性分别为 0.8301mg/g 和 5.9756mg/g，与第二季土壤相比，所有处理的土壤蔗糖酶活性均高于第二季，高沼液处理 12 比上一季升高 10.1%，比当季清水对照和常规施肥处理分别升高 14.0919mg/g 和 8.9464mg/g。两季水稻种植后土壤蔗糖酶活性的变化趋势说明，与常规施肥相比，施用沼液可以大大提高土壤蔗糖酶活性，增加土壤易溶性物质。

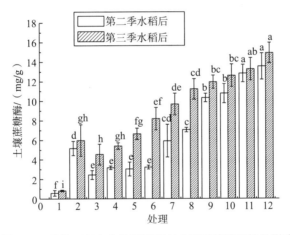

图 4-35　连续三年定位施用沼液对土壤蔗糖酶活性的影响

4.9　对土壤重金属含量的影响

大米中的重金属均来于土壤，严格控制土壤中的各种重金属元素是水稻安全生产的关键所在，本研究旨在通过连续三年定位施用沼液，了解土壤中各种重金属含量的变化情况（表 4-24）。

表 4-24　第三季水稻不同施肥处理对土壤重金属含量的影响　　　　单位：mg/kg

处理	Ni	Cr	Pb	Cd	As	Hg
1	24.00 fE	23.62 gE	26.40 gG	0.29 hH	7.87 eC	0.08 fF
2	28.39 cdeBCD	63.91 fD	44.15 aA	0.45 cdCDE	15.52 bcdAB	0.15cC
3	27.30 eD	72.23 efCD	27.52 gFG	0.33 gG	14.07 cdB	0.09efEF
4	27.45 deCD	74.72 deCD	29.19 fgEFG	0.34 gFG	13.90 dB	0.10deDE
5	27.97 cdeCD	74.19 deCD	31.35 efDEF	0.37 fF	14.27 cdB	0.11dD
6	28.13 cdeCD	79.01 deBC	30.83 efDEF	0.42 eE	14.94 bcdAB	0.10deDE
7	28.20 cdeBCD	82.42 bcdBC	32.57 deCDE	0.43 deDE	15.26 bcdAB	0.15cC
8	28.91 bcBCD	81.38 cdBC	33.36 cdeBCD	0.45 cdCD	16.37 abcdAB	0.15cC
9	28.77 bcdBCD	89.95 abcAB	32.07 defCDE	0.46 bcBCD	16.05 abcdAB	0.17bB
10	29.39 bcABC	90.79 abAB	34.46 bcdBCD	0.48 abABC	17.46 abcAB	0.19bAB
11	30.15 abAB	96.58 aA	35.64 bcBC	0.49 aAB	18.35 abAB	0.18bB
12	31.02 aA	98.55 aA	37.24 bB	0.50 aA	19.23 aA	0.20aA
均值	28.31	77.28	32.90	0.42	15.27	0.14
F	12.219**	42.612**	21.223**	64.314**	5.884**	77.173**
P	0.0001	0.0001	0.0001	0.0001	0.0001	0.0008

4.9.1　对土壤 Ni 含量的影响

从土壤 Ni 含量与沼液施用量之间的关系[图 4-36(a)]来看，第三季水稻种植后土壤 Ni 含量与沼液施用量呈极显著的一元二次抛物线关系，其回归方程为 $y = 6.6711 \times 10^{-8} x^2 - 2.8738 \times 10^{-5} x + 27.3755 (R^2 = 0.9701^{**}$，$P = 0.0001)$，随沼液施用量的增加，土壤中的 Ni 含量整体呈逐渐升高的趋势，与大米中 Ni 含量的变化趋势相同，在处理 12 处，土壤 Ni 含量达到 31.0194mg/kg。

三季土壤 Ni 含量的方差分析表明，第一季水稻种植后，不同施肥处理的土壤 Ni 含量差异显著($F = 2.227^*$，$P = 0.049)$，第二季和第三季均存在极显著差异(第二季：$F = 9.701^{**}$，$P = 0.0001$，第三季：$F = 12.219^{**}$，$P = 0.0001)$，说明施用沼液对土壤 Ni 含量的影响逐年加强，究其原因，可能一方面是受原始土壤 Ni 含量的影响，另一方面与沼液的施用量有关。

原始土壤 Ni 含量为 24.69mg/kg，对三季水稻种植后的土壤 Ni 含量进行比较[图 4-36(b)]发现，随着沼液施用量的增加，三季土壤中的 Ni 含量总体逐渐升高。第一季常规施肥处理和沼液处理的土壤 Ni 含量均高于原始土壤，常规施肥处理的土壤 Ni 含量最高，为 32.4267mg/kg，比原始土壤高出 7.7367mg/kg，处理 12 次之，为 30.9967mg/kg，比原始土壤和清水对照的土壤 Ni 含量(24.72mg/kg)分别高出 25.54% 和 25.39%；第二季水稻种植后，处理 3、4、7~11 的土壤 Ni 含量在第一季的基础上有所升高，常规施肥处理的明显降低；第三季水稻种植后，常规施肥处理和沼液处理的土壤 Ni 含量显著高于清水对照，处理 11、12 显著高于常规施肥处理，其中处理 12 的土壤

Ni 含量为 31.0191mg/kg，比清水对照（24.0045mg/kg）和常规施肥处理（28.3934mg/kg）分别高出 29.22％和 9.25％，与前两季和原始土壤相比，处理 7～12 的土壤 Ni 含量有不同程度的升高，其中处理 12 较原始土壤升高 25.63％。在本次所有试验中，土壤 Ni 含量的变化趋势表明，施用沼液可提高土壤 Ni 含量。

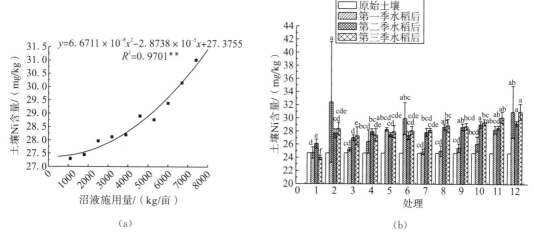

图 4-36　连续三年定位施用沼液对土壤 Ni 含量的影响

4.9.2　对土壤 Cr 含量的影响

从土壤 Cr 含量与沼液施用量之间的关系［图 4-37（a）］来看，第三季水稻种植后土壤 Cr 含量与沼液施用量呈极显著的一元二次抛物线关系，其回归方程为 $y = 3.1056 \times 10^{-7} x^2 + 0.0017x + 69.7662$（$R^2 = 0.9721^{**}$，$P = 0.0001$），随沼液施用量的增加，土壤中的 Cr 含量整体呈逐渐升高的趋势，与大米中 Cr 含量的变化趋势相同，在处理 12 处，土壤 Cr 含量达到 98.5467mg/kg。

三季土壤 Cr 含量的方差分析结果表明，三季水稻种植后，不同施肥处理的土壤 Cr 含量均呈极显著差异（第一季：$F = 10.599^{**}$，$P = 0.0001$，第二季：$F = 7.569^{**}$，$P = 0.0001$，第三季：$F = 42.612^{**}$，$P = 0.0001$），说明施用沼液对土壤 Cr 含量的影响很大。

原始土壤的 Cr 含量为 46.18mg/kg，对三季水稻种植后的土壤 Cr 含量进行比较［图 4-37（b）］发现，随着沼液施用量的增加，三季土壤中的 Cr 含量总体逐渐升高。第一季常规施肥处理和高沼液处理 10～12 的土壤 Cr 含量显著高于清水对照，与土壤 Ni 含量一样，常规施肥处理的土壤 Cr 含量最高，为 55.56mg/kg，比原始土壤高出 9.38mg/kg，处理 12 次之，为 54.86mg/kg，比原始土壤和清水对照的土壤 Cr 含量（46.20mg/kg）分别高出 18.80％和 18.74％；第二季水稻种植后，土壤 Cr 含量变化不大，除处理 3、6、7 外，其他沼液处理的土壤 Cr 含量较第一季有一定程度的升高；第三季水稻种植后，所有沼液处理的土壤 Cr 含量显著高于清水对照，常规施肥处理与清水对照差异不显著，其中处理 12 的土壤 Cr 含量为 57.2458mg/kg，比当季清水对照（32.9444mg/kg）和常规施肥处理（40.4623mg/kg）分别高出 73.76％和 41.48％，与前两季和原始土壤相比，除清水对照外,其他处理的土壤 Cr 含量均大幅度升高,其中处理 12 较原始土壤升高 23.96%,清水对照的土壤 Cr 含量逐年降低,第三季水稻种植结束后,清水对照较原始土壤降低 28.66%。在本次所有试验中,土壤 Cr 含量的变化趋势表明,施用沼液可提高土壤 Cr 含量。

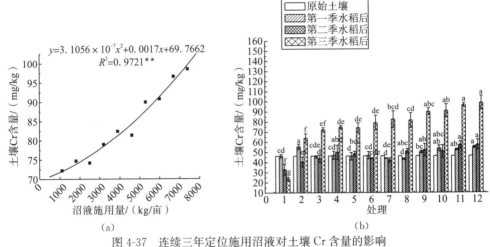

图 4-37 连续三年定位施用沼液对土壤 Cr 含量的影响

4.9.3 对土壤 Pb 含量的影响

从土壤 Pb 含量与沼液施用量之间的关系[图 4-38(a)]来看,第三季水稻种植后土壤 Pb 含量与沼液施用量呈极显著的一元二次抛物线关系,其回归方程为 $y = -4.1195 \times 10^{-10} x^2 + 0.0013x + 26.7997$($R^2 = 0.9185^{**}$,$P = 0.0001$),随沼液施用量的增加,土壤中的 Pb 含量整体呈逐渐升高的趋势,与大米中 Pb 含量的变化趋势类似,在处理 12 处,土壤 Pb 含量达到 37.2367mg/kg。

三季土壤 Pb 含量的方差分析结果表明,三季水稻种植后,不同施肥处理的土壤 Pb 含量均呈极显著差异(第一季:$F = 9.408^{**}$,$P = 0.0001$,第二季:$F = 14.156^{**}$,$P = 0.0001$,第三季:$F = 21.223^{**}$,$P = 0.0001$),说明施用沼液对土壤 Pb 含量的影响很大。

原始土壤的 Pb 含量为 42.17mg/kg,对三季水稻种植后的土壤 Pb 含量进行比较[图 4-38(b)]发现,随着沼液施用量的增加,第一季土壤中的 Pb 含量呈先降低后升高的趋势,第二季和第三季总体上呈逐渐升高的趋势。第一季常规施肥处理的土壤 Pb 含量最高,为 43.8667mg/kg,比原始土壤高出 1.6967mg/kg,处理 7 的土壤 Pb 含量最低,为 35.9833mg/kg,明显低于原始土壤,比原始土壤和常规施肥处理的土壤 Pb 含量分别降低 14.67% 和 17.97%;第二季水稻种植后,除处理 3 外,其他沼液处理和常规施肥处理的土壤 Pb 含量均显著高于清水对照,所有处理的土壤 Pb 含量较第一季明显降低,其中处理 3(26.3333mg/kg)降低最为明显,相应比第一季处理 3(43.3233mg/kg)降低 39.22%;第三季水稻种植后,除处理 7 外,其他处理的土壤 Pb 含量显著高于清水对照,其中处理 12 的土壤 Pb 含量最高,为 42.0667mg/kg,与前两季和原始土壤相比,除常规施肥处理、处理 3、处理 10 外,其他处理的土壤 Pb 含量在第二季的基础上继续降低,清水对照的土壤 Pb 含量(28.3mg/kg)较原始土壤降低 32.89%。在本次所有试验中，施用沼液可降低土壤 Pb 含量，这可能是沼液中 Pb 元素含量较低的缘故。

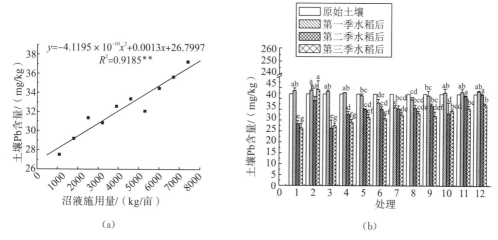

图 4-38　连续三年定位施用沼液对土壤 Pb 含量的影响

4.9.4　对土壤 Cd 含量的影响

从土壤 Cd 含量与沼液施用量之间的关系[图 4-39(a)]来看，第三季水稻种植后土壤 Cd 含量与沼液施用量呈极显著的一元二次抛物线关系，其回归方程为 $y = -2.5394 \times 10^{-9} x^2 + 4.9987 \times 10^{-5} x + 0.2721 (R^2 = 0.9866^{**}$，$P = 0.0001)$，随沼液施用量的增加，土壤中的 Cd 含量整体呈逐渐升高的趋势，与大米中 Cd 含量的变化趋势类似，在处理 12 处，土壤 Cd 含量达到 0.504mg/kg。

三季土壤 Cd 含量的方差分析结果表明，三季水稻种植后，不同施肥处理的土壤 Cd 含量均呈显著差异(第一季：$F = 3.053^*$，$P = 0.0108$，第二季：$F = 124.768^{**}$，$P = 0.0001$，第三季：$F = 64.314^{**}$，$P = 0.0001)$，说明施用沼液对土壤 Cd 含量的影响很大。

原始土壤的 Cd 含量为 0.4802mg/kg，对三季水稻种植后的土壤 Cd 含量进行比较[图 4-39(b)]发现，随着沼液施用量的增加，三季土壤中的 Cd 含量均呈逐渐升高的趋势。第一季高沼液处理 10~12 的土壤 Cd 含量显著高于清水对照和常规施肥处理，清水对照与常规施肥处理差异不显著，除清水对照、处理 7、处理 8 外，其他处理的土壤 Cd 含量较原始土壤有所升高，处理 12 的土壤 Cd 含量最高，为 0.6894mg/kg，比原始土壤高出 0.2092mg/kg；第二季水稻种植后，除处理 7、8 外，其他处理的土壤 Cd 含量较第一季有所降低，其中处理 12(0.5513mg/kg)降低最为明显，相应比第一季处理 12(0.6894mg/kg)降低 20.03%；第三季水稻种植，常规施肥处理和沼液处理的土壤 Cd 含量显著高于清水对照，其中处理 12 的土壤 Cd 含量最高，为 0.5040mg/kg，与前两季和原始土壤相比，除常规施肥处理外，其他处理的土壤 Cd 含量在第二季的基础上继续降低，清水对照的土壤 Cd 含量(0.2877mg/kg)较原始土壤降低 40.09%。在本次所有试验中，除第三季清水对照外，其他处理的土壤 Cd 含量均超过 0.30mg/kg，这可能是原始土壤 Cd 含量较高的缘故，随着沼液的施用，土壤中的 Cd 含量逐年降低，其中第三季低沼液处理 3(0.3326mg/kg)比原始土壤降低 0.1476mg/kg，因此，与常规施肥相比，施用沼液可以有效降低土壤 Cd 含量，提高大米品质，防止"镉米事件"发生，随着沼液施用量的增加，土壤 Cd 含量呈现逐渐升高的趋势，沼液施用量增加，升高的趋势放缓，所以控制沼液施用量也很关键。

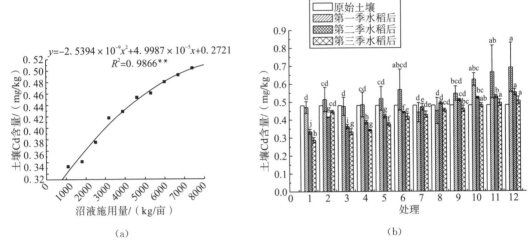

(a)　　　　　　　　　(b)

图 4-39　连续三年定位施用沼液对土壤 Cd 含量的影响

4.9.5　对土壤 As 含量的影响

从土壤 As 含量与沼液施用量之间的关系[图 4-40(a)]来看，第三季水稻种植后土壤 As 含量与沼液施用量呈极显著的一元二次抛物线关系，其回归方程为 $y = 1.014 \times 10^{-7} x^2 - 1.3471 \times 10^{-5} x + 13.8062 (R^2 = 0.9794^{**}$，$P = 0.0001)$，随沼液施用量的增加，土壤中的 As 含量整体呈逐渐升高的趋势，与大米中 As 含量的变化趋势类似，在处理 12 处，土壤 As 含量达到 19.23mg/kg。

三季土壤 As 含量的方差分析结果表明，第一季水稻种植后，不同施肥处理的土壤 As 含量差异不显著($F = 1.959$，$P = 0.0816$)，后两季不同施肥处理的土壤 Cd 含量呈极显著差异(第二季：$F = 8.393^{**}$，$P = 0.0001$，第三季：$F = 5.884^{**}$，$P = 0.0001$)，说明在第一季水稻种植后，施用沼液对土壤 As 含量的影响较小，后两季施用沼液对土壤 As 含量的影响很大。

原始土壤的 As 含量为 7.629mg/kg，对三季水稻种植后的土壤 As 含量进行比较[图 4-40(b)]发现，随着沼液施用量的增加，第一季、第三季土壤中的 As 含量整体呈逐渐升高的趋势，第二季先升高后降低。第一季各处理的土壤 As 含量较原始土壤有所升高，但升高幅度不大，其中处理 12 的土壤 As 含量最高，为 9.4307mg/kg，比原始土壤高出 1.8017mg/kg；第二季水稻种植后，常规施肥处理和沼液处理的土壤 As 含量显著高于清水对照，与第一季相比，各处理的土壤 As 含量明显升高，其中处理 8 最高，为 13.4575mg/kg，比第一季处理 8(8.7080mg/kg)升高 54.54%；第三季水稻种植后，常规施肥处理和沼液处理的土壤 As 含量显著高于清水对照,其中处理 12 的土壤 As 含量最高,为 19.23mg/kg,与前两季和原始土壤相比,除清水对照外,其他处理的土壤 As 含量在第二季的基础上继续升高,处理 12 的土壤 As 含量比原始土壤升高 152.06%,清水对照的土壤 As 含量变化不大。在本次所有试验中,所有处理的土壤 As 含量均未超过30mg/kg,但是随着沼液的施用,土壤中的 As 含量在逐年升高,这与施用的沼液中的As 含量密切相关,因此,利用沼液种植水稻时,应严格控制沼液的用量。

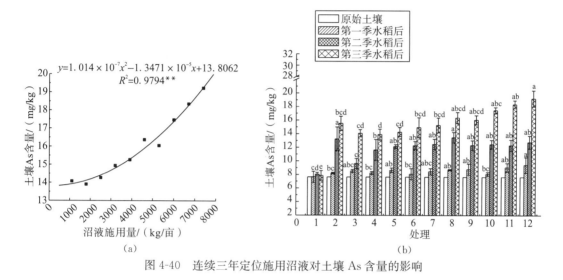

图 4-40　连续三年定位施用沼液对土壤 As 含量的影响

4.9.6　对土壤 Hg 含量的影响

从土壤 Hg 含量与沼液施用量之间的关系[图 4-41(a)]来看,第三季水稻种植后土壤 Hg 含量与沼液施用量呈极显著的一元二次抛物线关系,其回归方程为 $y=-6.6481\times10^{-11}x^2+1.8834\times10^{-5}x+0.0664(R^2=0.9416^{**}, P=0.0001)$,随沼液施用量的增加,土壤中的Hg 含量整体呈逐渐升高的趋势,在处理 12 处,土壤 Hg 含量达到 0.2016mg/kg。

三季土壤 Hg 含量的方差分析结果表明,三季不同施肥处理的土壤 Hg 含量均呈极显著差异(第一季:$F=4.014^{**}, P=0.0021$,第二季:$F=4.683^{**}, P=0.0008$,第三季:$F=77.173^{**}, P=0.0001$),说明施用沼液对土壤 Hg 含量的影响很大。

原始土壤的 Hg 含量为 0.1362mg/kg,对三季水稻种植后的土壤 Hg 含量进行比较[图 4-41(b)]发现,随着沼液施用量的增加,第一季、第三季土壤中的 Hg 含量整体呈逐渐升高的趋势,第二季先升高后降低。第一季常规施肥处理和处理 7~12 的土壤 Hg 含量显著高于清水对照,除清水对照和低沼液处理 3 外,其他各处理的土壤 Hg 含量较原始土壤大幅度升高,其中处理 12 的土壤 Hg 含量最高,为 0.2878mg/kg,比原始土壤高出0.1516mg/kg;第二季水稻种植后,常规施肥处理和处理 7~12 的土壤 Hg 含量显著高于清水对照,与第一季相比,各处理的土壤 Hg 含量又大幅度降低,其中处理 12(0.1211mg/kg)相应比第一季处理 12 降低 57.92%,这应该与沼液中的 Hg 含量有关,在第二季施用的沼液中,未检测出 Hg;第三季水稻种植后,除低沼液处理 3 外,其他处理的土壤 Hg 含量显著高于清水对照，其中处理 12 的土壤 Hg 含量最高，为 0.2016mg/kg，与第二季相比，除清水对照外，其他处理的土壤 Hg 含量在第二季的基础上有一定程度的升高，清水对照的土壤 Hg 含量逐年降低。总体上，土壤 Hg 含量未出现超标情况，在沼液的实际应用过程中，应根据沼液中实际的 Hg 含量确定用量，避免造成土壤 Hg 含量超标。

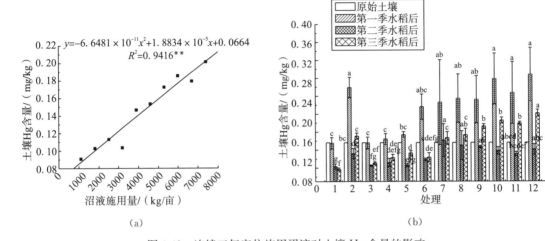

图 4-41　连续三年定位施用沼液对土壤 Hg 含量的影响

4.10　对大米重金属的安全性评价

4.10.1　不同处理下精米对重金属的富集

重金属在土壤-作物体系中的生物富集因子是衡量重金属积累迁移能力的一项重要指标，不同的土壤介质和作物种类、同一物种的不同品种的富集因子都存在差异[21]。一般而言，对某种重金属的富集因子越高，植物对该重金属的吸收能力越强。

如图 4-42 和图 4-43 所示，不同的施肥处理，精米对各种重金属的吸收累积程度不同。总体上，精米对 Cd 的富集系数最大，常规施肥处理的最高，达到 0.4090，高沼液处理 12 次之，为 0.3835，而清水对照为 0.3763，比常规施肥处理和处理 12 分别低 0.0327 和 0.0072，说明与常规施肥处理相比，沼液处理降低了精米对 Cd 的吸收能力，但随着沼液施用量的增加，精米对 Cd 的富集系数也越大。

与重金属 Cd 相比，精米对 Cr、Pb、Ni、As 的富集能力相对较弱，就 As 而言，沼液处理的富集系数总体小于清水对照和常规施肥处理，沼液处理的富集系数呈波峰波谷交替变化，总体较平稳。清水对照的富集系数为 0.0099，常规施肥处理为 0.0087，而沼液处理富集系数最高为处理 5，为 0.0076，说明施用沼液可能有利于降低精米对 As 元素的吸收累积能力。精米对重金属 Cr 的富集趋势与 As 较一致，同样，沼液处理的精米 Cr 富集系数整体小于清水对照和常规施肥处理，其中清水对照为 0.0039，常规施肥处理为 0.0019，沼液处理中处理 5 最高，为 0.0016，沼液处理的精米 Cr 富集系数变化幅度不大，总体较平稳。另外，就重金属 Pb 而言，处理 3~9 的精米 Pb 富集系数小于常规施肥处理，高沼液处理 10~12 的富集系数较大，分别为 0.0017、0.0020、0.0022，清水对照和常规施肥处理分别为 0.0007、0.0016，沼液处理的精米 Pb 富集系数随沼液施用量的增加而增大，同样，Ni 的变化趋势与 Pb 类似，处理 8~12 的精米 Ni 富集系数明显大于常规施肥处理，处理 3~7 则小于常规施肥处理，其中高沼液处理 12 为 0.0039，清水对照和常规施肥处理分别为 0.0013、0.0035，随着沼液施用量的增加，精米对重金属 Ni 的吸收富集能力增强，Pb 和 Ni 的变化趋势表明，只要控制沼液施用量，并不会提高精米对 Pb、Ni 的富集能力。

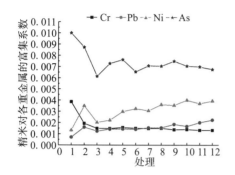

图 4-42　不同施肥处理对精米各重
金属富集系数的影响

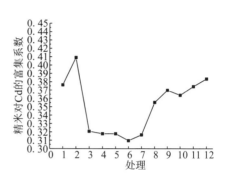

图 4-43　不同施肥处理对精米 Cd
富集系数的影响

　　精米对这 5 种重金属的富集情况表明，施用沼液对控制重金属胁迫有较明显的优势，Cd、Cr、As 的数据显示，与常规施肥相比，施用沼液可以有效控制生物富集因子，保障大米安全生产，Pb 和 Ni 的数据说明，适宜的沼液施用量并不会提高精米对重金属的吸收累积能力。

4.10.2　精米的重金属安全性评价

　　本研究采用单因子污染指数和内梅罗污染指数法，对三季水稻沼液处理后的精米重金属污染状况进行综合评价。其计算公式如下：

$$P_i = \frac{C_i}{S_i}$$

式中，P_i——所计算出的重金属单因子污染指数；

　　　　C_i——精米中该重金属的实测值；

　　　　S_i——GB 2762—2017 中该重金属元素的标准限值。

$$I_i = \left[\frac{(P_{平均}{}^2 + P_{max}{}^2)}{2} \right]^{1/2}$$

式中，$P_{平均}$——各单因子污染指数 P_i 的平均值；

　　　　P_{max}——各单因子污染指数中的最大值。

　　三季水稻的 12 个处理精米中重金属受污染状况评价结果见表 4-25 至表 4-27。

表 4-25　第一季水稻沼液农用的精米重金属污染指数

处理	单因子污染指数 P_i				内梅罗综合污染指数 I_i	各处理等级
	Pb	Cr	Cd	As		
1	0.842	0.208	0.598	0.283	0.686	清洁
2	1.193	0.464	1.104	0.296	1.002	轻度污染
3	0.919	0.233	0.615	0.285	0.744	尚清洁
4	0.960	0.246	0.623	0.286	0.775	尚清洁
5	0.992	0.291	0.689	0.292	0.808	尚清洁
6	0.995	0.313	0.706	0.293	0.813	尚清洁
7	0.912	0.352	0.707	0.299	0.760	尚清洁
8	0.967	0.366	0.748	0.300	0.803	尚清洁
9	1.012	0.433	0.821	0.313	0.848	尚清洁
10	1.055	0.516	0.930	0.307	0.896	尚清洁
11	1.071	0.611	0.905	0.327	0.916	尚清洁
12	1.130	0.646	0.962	0.316	0.964	尚清洁

注：$P_i \leqslant 1$ 未受污染；$P_i > 1$ 已受污染，P_i 值越大，污染越严重。$I_i \leqslant 0.7$ 清洁；$0.7 < I_i \leqslant 1.0$ 尚清洁（警戒线）；$1.0 < I_i \leqslant 2.0$ 轻度污染；$2.0 < I_i \leqslant 3.0$ 中度污染；$I_i > 3.0$ 重污染。

表 4-26　第二季水稻沼液农用的精米重金属污染指数

处理	单因子污染指数 P_i				内梅罗综合污染指数 I_i	各处理等级
	Pb	Cr	Cd	As		
1	0.125	0.104	0.582	0.627	0.511	清洁
2	0.182	0.111	0.868	0.866	0.711	尚清洁
3	0.132	0.111	0.514	0.641	0.516	清洁
4	0.130	0.113	0.599	0.617	0.507	清洁
5	0.123	0.117	0.638	0.631	0.524	清洁
6	0.183	0.119	0.651	0.599	0.536	清洁
7	0.197	0.119	0.625	0.644	0.535	清洁
8	0.207	0.119	0.840	0.690	0.679	清洁
9	0.211	0.127	0.839	0.697	0.680	清洁
10	0.217	0.125	0.847	0.843	0.698	清洁
11	0.240	0.123	0.850	0.851	0.703	尚清洁
12	0.252	0.124	0.903	0.838	0.740	尚清洁

注：$P_i \leqslant 1$ 未受污染；$P_i > 1$ 已受污染，P_i 值越大，污染越严重。$I_i \leqslant 0.7$ 清洁；$0.7 < I_i \leqslant 1.0$ 尚清洁（警戒线）；$1.0 < I_i \leqslant 2.0$ 轻度污染；$2.0 < I_i \leqslant 3.0$ 中度污染；$I_i > 3.0$ 重污染。

表 4-27　第三季水稻沼液农用的精米重金属污染指数

处理	单因子污染指数 P_i				内梅罗综合污染指数 I_i	各处理等级
	Pb	Cr	Cd	As		
1	0.093	0.091	0.541	0.524	0.442	清洁
2	0.352	0.123	0.913	0.903	0.762	尚清洁
3	0.170	0.108	0.533	0.576	0.475	清洁
4	0.208	0.111	0.542	0.674	0.548	清洁
5	0.225	0.116	0.596	0.724	0.590	清洁
6	0.217	0.119	0.646	0.651	0.544	清洁
7	0.251	0.122	0.678	0.720	0.597	清洁
8	0.257	0.122	0.805	0.768	0.665	清洁
9	0.297	0.123	0.851	0.800	0.705	尚清洁
10	0.287	0.126	0.874	0.820	0.721	尚清洁
11	0.357	0.127	0.922	0.854	0.764	尚清洁
12	0.415	0.130	0.966	0.865	0.802	尚清洁

注：$P_i \leqslant 1$ 未受污染；$P_i > 1$ 已受污染，P_i 值越大，污染越严重。$I_i \leqslant 0.7$ 清洁；$0.7 < I_i \leqslant 1.0$ 尚清洁（警戒线）；$1.0 < I_i \leqslant 2.0$ 轻度污染；$2.0 < I_i \leqslant 3.0$ 中度污染；$I_i > 3.0$ 重污染。

由表 4-25 至表 4-27 可知，三季水稻种植中，精米中 Pb、Cd、Cr、As 的单因子污染指数 P_i 和内梅罗综合污染指数 I_i 随沼液施用量的增加整体上呈逐渐增大的趋势，说明沼液施用量的增加会增加精米受重金属污染的风险，而低沼液处理的 Pb、Cd、As 的污染指数低于常规施肥处理，表明与常规施肥相比，适宜的沼液施用量有利于降低精米重金属含量，从而减小重金属通过食物链进入人体的风险。

第一季精米受重金属的污染程度为 Pb>Cd>Cr>As，说明精米受 Pb 和 Cd 污染影响较大，而且常规施肥处理和处理 9~12 的精米 Pb 污染指数超过 1.0，已受污染，超过食品限量标准（0.2mg/kg），其他沼液处理的精米 Pb 污染指数也接近 1.0。另外，第一季处理 10~12 的精米 Cd 污染指数也较高，达到 0.9 以上，从内梅罗综合污染指数看，第一季常规施肥处理的精米 I_i 值大于 1.0，属轻度污染范畴。

第二季精米受重金属的污染程度为 Cd>As>Pb>Cr，说明在这一季精米受 Cd 和 As 的污染相对严重，高沼液处理 11、12 的 Cd 和 As 单因子污染指数接近 1.0，虽然在当前状况下精米还未受重金属污染，但仍然存在受污染的可能。从内梅罗综合污染指数看，常规施肥处理的精米 I_i 值为 0.711，除高沼液处理 12 外，其他沼液处理的精米 I_i 值均小于常规施肥处理，表明与常规施肥相比，适宜的沼液量施用有利于降低精米受重金属污染的风险，沼液替代化肥农用成为可能。

第三季精米受重金属的污染程度与第二季相同，为 Cd>As>Pb>Cr，Cd 和 As 对精米的影响依旧较明显。从内梅罗综合污染指数看，常规施肥处理的精米 I_i 值为 0.762，除高沼液处理 11、12 外，其他沼液处理的精米 I_i 值均小于常规施肥处理，再次说明沼液替代化肥农用有利于降低精米受重金属污染的风险，在处理 9 处，已经达到精米受重金属污染的警戒线，因此，在实际的应用过程中，应该严格控制沼液施用量，保障大米安全生产。

综合三季精米受重金属污染情况来看，总体上，第一季精米污染情况较严重，随着沼液施用年限的增加，精米受重金属 Pb 和 Cr 的污染有所缓解，后两季精米 Pb 和 Cr 的 P_i 值明显小于第一季，精米受 Cd 的污染基本维持在相对稳定的水平，起伏不大，然而，后两季精米 As 的 P_i 值明显高于第一季，说明 As 对精米的污染情况逐年加重，这是土壤中 As 含量大幅度升高导致的。总体来看，在沼液替代化肥农用的过程中，只要控制适宜的沼液施用量，可以有效降低精米受重金属污染的风险。

4.10.3 连续三年定位施用沼液后土壤重金属的污染评价

通过连续三年定位施用沼液，研究稻田土壤受重金属污染的程度，为指导沼液替代化肥种植水稻，保障土壤及大米安全提供一定的理论依据。与精米重金属安全评价一样，采用单因子污染指数法和内梅罗综合污染指数法，对连续三季沼液种植水稻后的土壤重金属污染进行综合评价。其计算公式与精米一样，S_i 值采用 GB 15618—2018 中的标准值，选取 pH≤5.5。

三季水稻种植不同施肥处理中的土壤重金属污染评价结果见表 4-28 至表 4-30。

表 4-28　第一季水稻沼液施用后土壤重金属污染指数

处理	单因子污染指数 P_i						内梅罗综合污染指数 I_i	各处理等级
	Ni	Pb	Cr	Cd	As	Hg		
原始土壤	0.617	0.169	0.308	1.601	0.254	0.454	1.201	轻度污染
1	0.618	0.174	0.308	1.569	0.255	0.451	1.179	轻度污染
2	0.811	0.175	0.370	1.714	0.274	0.864	1.309	轻度污染
3	0.631	0.173	0.303	1.584	0.284	0.453	1.191	轻度污染
4	0.661	0.171	0.313	1.614	0.275	0.481	1.214	轻度污染
5	0.708	0.166	0.306	1.730	0.289	0.514	1.299	轻度污染
6	0.749	0.152	0.313	1.890	0.270	0.720	1.421	轻度污染
7	0.623	0.144	0.293	1.468	0.282	0.754	1.120	轻度污染
8	0.626	0.158	0.288	1.497	0.290	0.782	1.142	轻度污染
9	0.637	0.166	0.334	1.818	0.293	0.774	1.370	轻度污染
10	0.652	0.171	0.358	2.075	0.270	0.928	1.558	轻度污染
11	0.707	0.173	0.350	2.217	0.302	0.824	1.657	轻度污染
12	0.775	0.174	0.366	2.298	0.314	0.959	1.724	轻度污染

注：P_i≤1 未受污染；P_i>1 已受污染，P_i 值越大，污染越严重。I_i≤0.7 清洁；0.7<I_i≤1.0 尚清洁（警戒线）；1.0<I_i≤2.0 轻度污染；2.0<I_i≤3.0 中度污染；I_i>3.0 重污染。

表 4-29　第二季水稻沼液施用后土壤重金属污染指数

处理	单因子污染指数 P_i						内梅罗综合污染指数 I_i	各处理等级
	Ni	Pb	Cr	Cd	As	Hg		
原始土壤	0.617	0.169	0.308	1.601	0.254	0.454	1.201	轻度污染
1	0.652	0.113	0.220	1.116	0.269	0.278	0.848	尚清洁
2	0.692	0.156	0.270	1.383	0.441	0.373	1.053	轻度污染
3	0.675	0.105	0.290	1.208	0.321	0.284	0.919	尚清洁
4	0.699	0.131	0.332	1.287	0.388	0.307	0.982	尚清洁
5	0.688	0.140	0.322	1.400	0.405	0.288	1.061	轻度污染
6	0.684	0.141	0.291	1.473	0.409	0.328	1.113	轻度污染
7	0.696	0.142	0.280	1.569	0.416	0.472	1.187	轻度污染
8	0.717	0.143	0.339	1.644	0.449	0.433	1.243	轻度污染
9	0.717	0.148	0.347	1.696	0.411	0.422	1.277	轻度污染
10	0.727	0.133	0.338	1.739	0.415	0.394	1.306	轻度污染
11	0.716	0.165	0.381	1.758	0.410	0.369	1.321	轻度污染
12	0.731	0.168	0.382	1.838	0.426	0.404	1.380	轻度污染

注：$P_i \leq 1$ 未受污染；$P_i > 1$ 已受污染，P_i 值越大，污染越严重。$I_i \leq 0.7$ 清洁；$0.7 < I_i \leq 1.0$ 尚清洁（警戒线）；$1.0 < I_i \leq 2.0$ 轻度污染；$2.0 < I_i \leq 3.0$ 中度污染；$I_i > 3.0$ 重污染。

表 4-30　第三季水稻沼液施用后土壤重金属污染指数

处理	单因子污染指数 P_i						内梅罗综合污染指数 I_i	各处理等级
	Ni	Pb	Cr	Cd	As	Hg		
原始土壤	0.617	0.169	0.308	1.601	0.254	0.454	1.201	轻度污染
1	0.600	0.106	0.157	0.959	0.262	0.257	0.732	尚清洁
2	0.710	0.177	0.426	1.488	0.517	0.503	1.144	轻度污染
3	0.682	0.110	0.482	1.109	0.469	0.303	0.868	尚清洁
4	0.686	0.117	0.498	1.137	0.463	0.343	0.890	尚清洁
5	0.699	0.125	0.495	1.249	0.476	0.377	0.971	尚清洁
6	0.703	0.123	0.527	1.391	0.498	0.345	1.071	轻度污染
7	0.705	0.130	0.549	1.429	0.509	0.489	1.106	轻度污染
8	0.723	0.133	0.543	1.510	0.546	0.512	1.166	轻度污染
9	0.719	0.128	0.600	1.535	0.535	0.575	1.188	轻度污染
10	0.735	0.138	0.605	1.601	0.582	0.619	1.239	轻度污染
11	0.754	0.143	0.644	1.641	0.612	0.598	1.271	轻度污染
12	0.775	0.149	0.657	1.680	0.641	0.672	1.305	轻度污染

注：$P_i \leq 1$ 未受污染；$P_i > 1$ 已受污染，P_i 值越大，污染越严重。$I_i \leq 0.7$ 清洁；$0.7 < I_i \leq 1.0$ 尚清洁（警戒线）；$1.0 < I_i \leq 2.0$ 轻度污染；$2.0 < I_i \leq 3.0$ 中度污染；$I_i > 3.0$ 重污染。

由表 4-28 至表 4-30 可以看出，连续三季水稻种植后，随沼液施用量的增加，土壤 Ni、Pb、Cr、Cd、As、Hg 的 P_i 和 I_i 整体上呈逐渐增大的趋势，总体来说，提高沼液施用量会加重土壤重金属污染。第一季土壤重金属的内梅罗综合污染指数 I_i 均大于 1.0，高沼液处理 12 的 I_i 达到 1.724，稻田土壤处于轻度污染程度，第二季和第三季清水对照、处理 3、处理 4 的土壤处于尚清洁水平，随沼液施用年限的增加，内梅罗综合污染指数 I_i 整体上逐渐减小，土壤污染程度降低。

据内梅罗综合污染指数 I_i 值可知，原始土壤已受轻度污染，其受重金属污染的程度为 Cd>Ni>Hg>Cr>As>Pb，说明原始土壤受重金属 Cd 和 Ni 的污染较为严重。其中，原始土壤 Cd 的 P_i 值为 1.601，已经接近中度污染的等级。

第一季水稻种植后，总体上土壤处于轻度污染水平，土壤受各种重金属的污染程度为 Cd>Hg>Ni>Cr>As>Pb，其中高沼液处理 12 的土壤 Cd 的 P_i 值达到 2.298，污染较严重，清水对照和常规施肥处理土壤 Cd 的 P_i 值分别为 1.569 和 1.714，清水对照的土壤 Cd 污染较原始土壤污染（P_i 为 1.601）有所降低，除处理 3、4、7、8 外，其他处理的土壤 Cd 污染都较常规施肥处理严重。同样，土壤 Hg 污染指数最高的也为处理 12，为 0.959，常规施肥处理为 0.864，处理 3~9 的土壤 Hg 污染指数都比常规施肥处理的小。从内梅罗综合污染指数 I_i 值来看，高沼液处理 12 的 I_i 值依然最高，为 1.724，土壤处于轻度污染水平，同时，随着沼液施用量的增加，I_i 值也逐渐增大，表明土壤重金属污染情况与沼液施用量呈正相关关系。与原始土壤相比，除清水对照、处理 3、处理 7、处理 8 外，其他处理的土壤重金属污染情况都加重。

第二季水稻种植后，与第一季相比，土壤 I_i 值整体有所降低，污染程降低，清水对照、处理 3、处理 4 的土壤已经处于尚清洁水平，土壤受各种重金属的污染程度变化较大，为 Cd>Ni>As>Hg>Cr>Pb，其中高沼液处理 12 的土壤 Cd 的 P_i 值最高，达到 1.838，较第一季减小 0.46，清水对照和常规施肥处理土壤 Cd 的 P_i 值分别为 1.116 和 1.383，也比第一季有所降低，除低沼液处理 3、4 外，其他沼液处理的土壤 Cd 污染程度高于常规施肥处理。土壤 Hg 污染指数整体较第一季降低，最高为 0.404，土壤 As 和 Cr 污染指数较第一季有一定的提高，土壤受 As 污染程度加重。同样，随着沼液施用量的增加，第二季土壤重金属污染的 I_i 值也逐渐增大，土壤重金属污染情况与沼液施用量呈正相关关系。与原始土壤相比，清水对照、常规施肥处理、处理 3~7 的 I_i 值均已经低于原始土壤，土壤重金属污染情况有所缓解。

第三季水稻种植后，清水对照、处理 3、处理 4 的土壤继续保持在尚清洁水平，处理 5 的土壤由轻度污染水平转变为尚清洁水平，内梅罗综合污染指数 I_i 值总体上继续减小，与前两季相比，土壤受重金属污染情况有所缓解，说明施用沼液有利于降低土壤受重金属污染的风险。该季土壤受各种重金属的污染程度为 Cd>Ni>Hg>Cr>As>Pb，其中高沼液处理 12 的土壤 Cd 的 P_i 值达到 1.680，分别比第一季和第二季减小了 0.618 和 0.158，其他处理土壤 Cd 的 P_i 值也都有不同程度的减小，处理 10 土壤 Cd 的 P_i 值与原始土壤相当，处理 3~9 土壤 Cd 的 P_i 值均较原始土壤小，说明土壤受 Cd 污染程度在逐年减轻。第三季土壤 Hg 污染指数在第二季的基础上总体有所提高，但仍然低于第一季，其中高沼液处理 12 的 Hg 污染指数最高，为 0.672，土壤未受 Hg 污染；处理 3~7 的土壤 Hg 污染指数小于常规施肥处理，说明低沼液施用有利于减轻土壤 Hg 污染程度。另外，土壤 As 污染指数逐年增大，As 污染程度较前两季升高，但是第三季所有处理土壤 As、Ni、Pb、Cr、Hg 污染指数均小于 1.0，没有受到这 5 种重金属的污染。

三季土壤重金属污染情况表明，随着沼液施用年限的增加，土壤受重金属污染的情况逐渐缓解，与常规施肥相比，长期适量施用沼液有利于降低土壤重金属污染水平，改善土壤环境质量。

4.11　本章总结

(1)第三季水稻的株高、干物质重随沼液施用量的增加而升高，而穗长、有效穗数、实粒数、水稻产量等则呈先升高后降低的趋势。大米蛋白质含量和糙米率随沼液施用量的增加而升高；大米总氨基酸、Mg、Mn 含量则呈先升高后降低的趋势；大米 Fe 含量则持续降低。与前两季大米相比，除大米 Mg 含量升高外，其他元素都有不同程度的降低。综合考虑三季水稻生长情况，当沼液施用量控制在 3200～5300kg/亩时，水稻的产量和大米品质维持在相对较高的水平。

(2)三季大米中的重金属含量结果显示，在大米中还没有检测到 Hg 的存在，随着沼液施用量的增加，大米 Ni、Cr、Pb、Cd、As 含量均呈升高的趋势。后两季大米 Ni、Cr、Pb、Cd 含量较第一季有不同程度的降低，而 As 含量逐渐升高。根据内梅罗综合污染指数来看，认为在第三季水稻种植时，将沼液施用量控制在 1100～4600kg/亩时，大米整体重金属含量较低。

从精米对各种重金属的生物富集因子看，精米对 Cd 的富集系数最大，但与常规施肥处理相比，沼液处理降低了精米对 Cd 的吸收能力，随着沼液施用量的增加，精米对 Cd 的富集系数也增大。精米对 Ni、Cr、Pb、Cd、As 5 种重金属的富集情况表明，施用沼液对控制重金属胁迫有较明显的优势，Cd、Cr、As 的数据显示，与常规施肥相比，施用沼液可以有效控制生物富集因子，保障大米安全生产，Pb 和 Ni 的数据说明，适宜的沼液施用量并不会提高精米对重金属的吸收累积能力。

(3)连续三年定位施用沼液，土壤 pH 随沼液施用年限的增加而升高，与常规施肥相比，施用沼液能够有效提高土壤 pH，防止土壤酸化板结。随着施用年限的增加，土壤全氮和碱解氮含量在年季间呈现先升高后降低再升高的趋势，第三季水稻种植后，虽然土壤全氮含量较原始土壤有所降低，但是适量沼液处理的土壤全氮含量却高于常规施肥处理，而且处理 7～12 的土壤碱解氮含量还是比原始土壤高，因此，总体来看，与常规施肥相比，施用沼液能够有效提高土壤氮含量。随沼液施用年限的增加，除清水对照外，土壤速效钾含量逐年升高，表明沼液中含有的大量钾素可以显著提高土壤中的速效钾含量。另外，适宜的沼液施用量也有助于提高土壤阳离子交换量，增强土壤保肥能力。然而，土壤速效磷含量随沼液施用年限的增加而降低，从土壤有机质的变化看，连续三年定位施用沼液，后两季土壤有机质含量也有明显降低，但是，第一季水稻种植后沼液处理的土壤有机质含量却较原始土壤有所提高，说明施用沼液可以有效提高土壤有机质含量，但是可能由于本试验田采取的是水旱轮作的种植方式，在水稻种植排水过程中带走了大量可溶性有机质，致使土壤中有机质含量大幅度降低。

从土壤微量元素含量的变化情况看，适宜的沼液施用量有利于土壤有效 Fe 含量的提高，施用量过小或过大都不利，其中处理 8～10 的土壤有效 Fe 含量在三年中始终维持在相对稳定的水平，比原始土壤有效 Fe 含量高。第三季水稻种植后，高沼液处理 10～12 的土壤有效 Mn 含量高于第一季和原始土壤，说明高沼液施用有利于提高土壤有效 Mn 含量。从三季土壤有效 Zn 含量看，施用沼液后，土壤有效 Zn 含量较原始土壤升高。但是，随沼液施用年限的增加，土壤有效 Cu 含量逐年降低，说明施用沼液不利于土壤 Cu 的积累。

综合来看，适量施用沼液可以有效提高土壤养分含量，增强土壤微生物活动和酶活性，使土壤微量元素含量保持稳定，在第三季水稻种植时，研究认为当沼液施用量在 3200～6000kg/亩时，土壤肥力状况较好。

(4)土壤重金属污染评价结果表明，原始土壤处于轻度污染水平，随着沼液施用年限的增加，土壤受重金属污染的情况逐渐缓解，与常规施肥相比，长期适量施用沼液有利于降低土壤重金属污染水平，改善土壤环境质量。综合考虑三季水稻土壤各种重金属含量，与常规施肥处理相比，处理 3～8 土壤重金属含量相对较低，即将沼液施用量控制在 1100～4600kg/亩时，施用沼液能有效控制土壤重金属含量。

(5)连续三年定位施用沼液，综合考虑土壤肥力、土壤质量、水稻产量及品质等因素，研究认为在四川省邛崃市固驿镇黑石村的黄壤性水稻土上，利用当地养猪场发酵的沼液种植水稻时，第三季水稻种植沼液的最佳施用量为 3200～4600kg/亩，此时沼液替代化肥农用效益最佳。综合考虑土壤和大米的质量，在四川山丘区黄壤性稻田中消纳沼液的最大容量为 4600kg/亩。

参 考 文 献

[1]邓良伟. 规模化畜禽养殖废水处理技术现状探析[J]. 中国生态农业学报，2006，14(2)：23-26.

[2]郭笃发，陈友云. 污水土地处理系统的研究现状[J]. 山东师范大学学报(自然科学版)，1994，9(2)：85-88.

[3]张进，张妙仙，单胜道，等. 沼液对水稻生长产量及其重金属含量的影响[J]. 农业环境科学学报，2009，28(10)：2005-2009.

[4]Blake L, Goulding K W T, Mott C J B, et al. Changes in soil chemistry accompanying acidification over more than 100 years under woodland and grass at Rothamsted Experimental Station, UK[J]. European Journal of Soil Science, 1999, 50(3)：401-412.

[5]Emmett B A. Nitrogen saturation of terrestrial ecosystems: some recent findings and their implications for our conceptual framework[J]. Water, Air, & Soil Pollution, 2007, 7(1-3)：99-109.

[6]姚槐应，黄昌勇. 土壤微生物生态学及其实验室技术[M]. 北京：科学出版社，2006.

[7]中国土壤学会. 土壤农业化学分析方法[M]. 北京：中国农业科技出版社，2000.

[8]NY/T 83—2017 中华人民共和国农业行业标准 米质测定方法[S]. 北京：中国农业出版社，2017.

[9]GB/T 5515—2008 粮油检验 粮食中粗纤维素含量测定 介质过滤法[S]. 北京：中国标准出版社，2008.

[10]国家环境保护总局. 水和废水分析监测方法[M]. 北京：中国环境科学出版社，2002.

[11]全国农业技术推广服务中心. 中国有机肥料资源[M]. 北京：中国农业出版社，1999.

[12]杨合法，范聚芳，郝晋珉，等. 沼肥对保护地番茄产量、品质和土壤肥力的影响[J]. 中国农学通报，2006，22(7)：369-372.

[13]段然. 沼肥肥力和施用后潜在污染风险研究与土壤安全性评价[D]. 兰州：兰州大学，2008.

[14]Bittman S，Mikkelsen R．Ammonia emissions from agricultural operations：Livestock[J]．Better Crops with Plant Food，2009，93(1)：28-31.

[15]张勇，陈效民，杜臻杰，等. 典型红壤区田间尺度下土壤养分和水分的空间变异研究[J]. 土壤通报，2011，42(1)：7-12.

[16]刘建玲，张凤华. 土壤磷素化学行为及影响因素研究进展[J]. 河北农业大学学报，2000(3)：36-45.

[17]Zhao K J，Ma F M，Jiang F C，et al．Effect on amount of soil microbe with different level of nitrogen applied in sugarbeet fields and fallow fields[J]．China Sugarbeet，1995(3)：21-25.

[18]黄昌勇. 土壤学[M]. 3 版. 北京：中国农业出版社，2010.

[19]刘传和，刘岩，易干军，等. 不同有机肥影响菠萝生长的生理生化机制[J]. 西北植物学报，2009(12)：2527-2534.

[20]Nayak D R，Babu Y J，Adhya T K．Long-term application of compost influences microbial biomass and enzyme activities in a tropical Aeric Endoaquept planted to rice under flooded condition[J]．Soil Biology and Bio-chemistry，2007(39)：1897-1906.

[21]朱宇恩，赵烨，李强，等. 北京城郊污灌土壤—小麦(Triticum aestivum)体系重金属潜在健康风险评价[J]. 农业环境科学学报，2011(2)：263-270.

第5章 水稻-油菜油轮作模式下三年连续施用沼液对油菜生产及土壤环境质量的影响

沼液是一种可再生资源，含有丰富的氮、磷、钾等营养元素，沼液农用可满足作物的营养需要，降低农业生产成本，提高经济效益。沼液农用是一条促进农业增效、改进生产条件、建立生态农业、发展绿色食品的有效途径。沼液农用能有效解决沼液资源化利用问题，变"废"为宝，为农业可持续生产提供有力保障。

为了研究水稻-油菜轮作模式下沼液长期施用对油菜产量、品质和土壤质量的影响，在试验地进行了三年连续定位施用不同沼液量种植油菜的田间小区试验，以确定沼液长期农用的可行性及最佳施用量范围，为沼液的有效处理和合理长期农用提供一定的理论依据。

5.1 材料与方法

5.1.1 供试材料

供试油菜品种：四川省宜宾市农业科学院油料所选育的双低优质杂交油菜品种宜油15。

供试沼液：生猪养殖场正常产气3个月以上的沼气池中已发酵完全的沼液，发酵原料为猪粪尿，供试沼液氮、磷、钾总养分为1.689g/kg，其中氮为1.102g/kg。供试肥料：尿素（TN≥46.4%），磷肥（含有机质磷肥，速效磷≥12%，有机质≥3.0%），钾肥（K_2O≥60%），硼肥（硼酸钠盐含量99%，纯硼含量15%）（表5-1）。供试土壤：浅丘，黄壤母质发育而来的水稻土（表5-2）。

表 5-1　三年油菜施用沼液成分　　　　　　　　　　　　单位：mg/L

指标	2010 年	2011 年	2012 年	指标	2010 年	2011 年	2012 年
pH	7.026	7.064	7.127	Mn	28.44	27.45	27.34
TN	903.4	1063.2	876.23	Cu	55.33	49.77	48.73
NH_4^+-N	652.4	717.2	634.7	Zn	5.263	7.51	5.532
TP	87.23	146.9	108.4	Cd	0.0456	0.0248	0.0376
TK	394.3	429.1	378.5	Cr	1.272	1.245	1.138
NO_3^--N	7.000	6.464	7.152	Pb	0.4754	0.8968	0.5549

续表

指标	2010 年	2011 年	2012 年	指标	2010 年	2011 年	2012 年
Na	245.9	275.78	237.34	Ni	1.165	0.7952	1.224
Ca	1685.1	2063.52	1467.39	As	4.993	9.29	7.84
Mg	369.9	447.29	387.9	Hg	—	—	—
Fe	704.1	763.73	721.3	总残渣/(g/L)	12.84	18.78	21.14

表 5-2　土壤原始基本理化性质及重金属含量表

项目	含量	项目	含量
pH	4.812	有效 Zn/(mg/kg)	20.72
全氮/(g/kg)	2.108	Ca/(mg/kg)	119.6
碱解氮/(mg/kg)	173.4	Mg/(mg/kg)	150.2
速效磷/(mg/kg)	57.32	Pb/(mg/kg)	43.25
速效钾/(mg/kg)	31.48	Cd/(mg/kg)	0.4798
有机质/(g/kg)	35.65	Cr/(mg/kg)	38.52
CEC/(cmol/kg)	13.26	As/(mg/kg)	12.26
有效 Fe/(mg/kg)	676.8	Hg/(mg/kg)	0.1802
有效 Mn/(mg/kg)	49.32	Ni/(mg/kg)	23.78
有效 Cu/(mg/kg)	14.74		

5.1.2　试验地点

四川省邛崃市固驿镇黑石村三组某农户责任田，土壤类型为水稻土，前茬作物为水稻，土壤肥力中等，地势平坦向阳，两旁修鱼塘，紧接沼液池，排灌方便。

5.1.3　试验设计

试验设 12 个处理，3 次重复，随机区组排列。试验田前茬作物为水稻，每一个小区的面积为 20m²(5m×4m)，每个处理间的间隔为 40cm，重复间间隔为 50cm，四周设保护行。油菜按沼液浸种进行育苗，于 9 月初播种，待苗龄 30 天左右免耕移栽至大田。按宽窄行进行移栽，每小区定植 168 株，折合密度为 5603 株/亩。移栽时记录苗龄、苗高和叶龄。试验包括 1 个清水对照(处理 1)、1 个常规施肥处理(处理 2)和 10 个纯沼液处理(处理 3~12)，见表 5-3。纯沼液试验小区的沼液总用量分别设计为 64000kg/hm²、81000kg/hm²、98000kg/hm²、110250kg/hm²、115500kg/hm²、124250kg/hm²、132500kg/hm²、149500kg/hm²、166500kg/hm²、183500kg/hm²(表 5-4)。

表 5-3　2012 年不同施肥量试验设计　　　　　　　　单位：kg/hm²

处理	沼液总用量	基肥	苗肥		薹肥
		移栽后 15 天	移栽后 25 天	移栽后 55 天	移栽后 75 天
1	0	0	0	0	0
2	0	按当地常规施肥，尿素 33.4kg，磷肥 150kg，钾肥 16.7kg			
3	64000	30000	7000	7000	20000
4	81000	32500	10500	10500	27500
5	98000	35000	14000	14000	35000
6	110250	37000	17750	17750	37750
7	115500	37000	18000	18000	42500
8	124250	38500	19750	19750	46250
9	132500	39500	21500	21500	50000
10	149500	42000	25000	25000	57500
11	166500	44500	28500	28500	65000
12	183500	47000	32000	32000	72500

注：基肥各处理均面施硼肥 8.4kg。

表 5-4　各小区三年沼液定位施用试验设计

年份	处理/（kg/hm²）										基肥/%	苗肥/%	薹肥/%
	3	4	5	6	7	8	9	10	11	12			
2010	22500	45000	67500	78750	90000	101250	112500	135000	157500	180000	23	51	26
2011	64000	81000	98000	108750	115500	124500	132500	149500	166500	183500	37	47	16
2012	64000	81000	98000	110250	115500	124250	132500	149500	166500	183500	31	32	37

5.1.4　样品采集及指标测定

1. 生育期的记载

油菜生育期如图 5-1 所示。

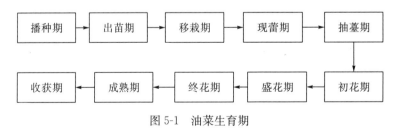

图 5-1　油菜生育期

2. 油菜主要经济性状及干物质重的测定

油菜主要经济性状的测定参照刘后利标准[1]。收获前，每小区随机取 5 株油菜，称取地上部干物重(分主茎、分枝、果壳、籽粒),并对主要经济性状进行调查和考种。考察农艺性状 13 个:分枝部位(cm)、一次有效分枝数、二次有效分枝数、角果长度(cm)、株高(cm)、主花序有效长度(cm)、主花序有效角果数、一次分枝角果数、二次分枝角果数、单株角果总数、角果粒数、单株产量(g)、千粒重(g)。然后小区整体收获脱粒计产。

3. 油菜品质指标的测定

收获晒干后,测定油菜的饼粕蛋白质、饼粕硫苷、含油率、硫苷、芥酸、种子蛋白质、油酸、亚油酸、亚麻酸、花生烯酸及种子水分等。用近红外光谱仪进行品质分析时[2],所得蛋白质和硫苷均为饼粕中的数值,若换为种子中蛋白质和硫苷,其公式为种子蛋白质=(100%−含油率)×饼粕蛋白质(用近红外光谱仪分析时,所得的蛋白质的数值),种子硫苷=(100%−含油率)×饼粕硫苷(用近红外光谱仪分析时,所得的硫苷的数值)。同时测定籽粒中重金属的含量(包括 As、Hg、Pb、Cr、Cd 等)。

4. 土壤的分析测定

油菜采收后采集试验小区的土样,采用梅花型采点的原则,每个试验小区各采集一个均匀混合的土样。供试土壤的基本理化性质分析参照中国土壤学会编写《土壤农业化学分析方法》[3];微生物数量的测定参照姚槐应、黄昌勇等编著的《土壤微生物生态学及其实验技术》[4],具体分析方法见表 5-5。

表 5-5　土壤各测定项目的分析方法

项目	测定方法
pH	电位法
有机质	重铬酸钾容量法——外加热法
CEC	1mol/L 中性乙酸铵淋洗法
全氮	半微量开氏定氮法
碱解氮	碱解扩散法
有效磷	碳酸氢钠或氟化铵-盐酸浸提——钼锑抗比色法
速效钾	1mol/L 乙酸铵浸提——火焰光度计法
有效 Fe、Mn、Cu、Zn	0.1mol/L HCl 浸提——原子吸收光谱法
Ca、Mg	
重金属(Cr、Cd、Ni、Pb)	原子吸收分光光度法
重金属(As、Hg)	原子荧光分光光度法
微生物活菌数	平板计数法

5. 沼液的分析测定

每次施肥前均采集沼液样品进行测定,分析方法参照《水和废水分析监测方法》(第四版)[5],具体方法见表 5-6。

表 5-6 沼液各项目的测定方法

项目	测定方法
pH	电位法
NH_4^+-N	纳氏试剂分光光度法
TN	过硫酸钾氧化——紫外分光光度法
TP	HNO_3-HClO_4 消解——钼锑抗分光光度法
TK	火焰光度计法
矿质元素(Fe、Mn、Cu、Zn、Ca、Mg)	原子吸收分光光度法
重金属(Cr、Cd、Ni、Pb)	
重金属(As、Hg)	原子荧光分光光度法

5.1.5 数据统计分析方法

利用 Excel 2003 和 SPSS 13.0 进行数据处理统计,用 Origin 8.0 进行图表制作。用 SPSS 13.0 对数据进行方差分析,结合 LSD、Duncan 法进行多重比较,对统计处理显著的指标进行相关分析和回归分析。

5.2 水稻—油菜轮作模式下沼液连续三年施用对油菜生长的影响

5.2.1 油菜生育期变化

1. 沼液施用对当季油菜生育期的影响

当季油菜生育进程见表 5-7,不同沼液处理量的油菜生育期差异不明显,全生育期天数差距并不大,仅为 4 天。其中,全生育期最短的为清水对照和处理 3,只有 242 天;最长的为高沼液处理(处理 10、11、12),均为 246 天;而处理 6、7、8 和常规施肥处理相比较高沼液处理的全生育期则要缩短 2 天,随着沼液施用量的不断增加,油菜的生育期也随之延长,原因在于沼液中营养元素丰富,进入土壤后带入大量氮、磷、钾,促使油菜吸收,合成细胞蛋白质、纤维素等,使得油菜在后期生产中多用于营养生长,因此为避免沼液资源的浪费,控制施用量对油菜生产和沼液的高效利用尤为关键。

表 5-7　三年不同沼液量处理对油菜生育期的影响

处理	播种期			出苗期			移栽期			蕾薹期		
	2009 年	2010 年	2011 年	2009 年	2010 年	2011 年	2009 年	2010 年	2011 年	2010 年	2011 年	2012 年
1	09-09-07	10-09-07	11-09-10	09-09-11	10-09-11	11-09-15	09-10-16	10-10-05	11-10-11	10-02-07	11-01-18	12-02-09
2	09-09-07	10-09-07	11-09-10	09-09-11	10-09-11	11-09-15	09-10-16	10-10-05	11-10-11	10-02-09	11-01-20	12-02-11
3	09-09-07	10-09-07	11-09-10	09-09-11	10-09-11	11-09-15	09-10-16	10-10-05	11-10-11	10-02-07	11-01-18	12-02-09
4	09-09-07	10-09-07	11-09-10	09-09-11	10-09-11	11-09-15	09-10-16	10-10-05	11-10-11	10-02-08	11-01-19	12-02-10
5	09-09-07	10-09-07	11-09-10	09-09-11	10-09-11	11-09-15	09-10-16	10-10-05	11-10-11	10-02-09	11-01-20	12-02-10
6	09-09-07	10-09-07	11-09-10	09-09-11	10-09-11	11-09-15	09-10-16	10-10-05	11-10-11	10-02-09	11-01-20	12-02-11
7	09-09-07	10-09-07	11-09-10	09-09-11	10-09-11	11-09-15	09-10-16	10-10-05	11-10-11	10-02-09	11-01-20	12-02-11
8	09-09-07	10-09-07	11-09-10	09-09-11	10-09-11	11-09-15	09-10-16	10-10-05	11-10-11	10-02-09	11-01-20	12-02-11
9	09-09-07	10-09-07	11-09-10	09-09-11	10-09-11	11-09-15	09-10-16	10-10-05	11-10-11	10-02-10	11-01-20	12-02-12
10	09-09-07	10-09-07	11-09-10	09-09-11	10-09-11	11-09-15	09-10-16	10-10-05	11-10-11	10-02-10	11-01-21	12-02-13
11	09-09-07	10-09-07	11-09-10	09-09-11	10-09-11	11-09-15	09-10-16	10-10-05	11-10-11	10-02-11	11-01-22	12-02-13
12	09-09-07	10-09-07	11-09-10	09-09-11	10-09-11	11-09-15	09-10-16	10-10-05	11-10-11	10-02-11	11-01-22	12-02-13

处理	开花期			角果成熟期			全生育期/d		
	2010 年	2011 年	2012 年	2010 年	2011 年	2012 年	2010 年	2011 年	2012 年
1	10-03-04	11-03-10	12-03-06	10-05-06	11-05-08	12-05-08	241	244	242
2	10-03-06	11-03-12	12-03-08	10-05-08	11-05-10	12-05-10	243	246	244
3	10-03-04	11-03-10	12-03-06	10-05-06	11-05-08	12-05-08	241	244	242
4	10-03-05	11-03-11	12-03-07	10-05-07	11-05-09	12-05-09	242	245	243
5	10-03-06	11-03-12	12-03-07	10-05-08	11-05-10	12-05-09	243	246	243
6	10-03-06	11-03-12	12-03-08	10-05-08	11-05-10	12-05-10	243	246	244
7	10-03-06	11-03-12	12-03-08	10-05-08	11-05-10	12-05-10	243	246	244
8	10-03-06	11-03-12	12-03-08	10-05-08	11-05-10	12-05-10	243	246	244
9	10-03-07	11-03-12	12-03-09	10-05-09	11-05-11	12-05-11	244	246	245
10	10-03-07	11-03-13	12-03-10	10-05-09	11-05-11	12-05-12	244	247	246
11	10-03-08	11-03-14	12-03-10	10-05-10	11-05-12	12-05-12	245	248	246
12	10-03-08	11-03-14	12-00-10	10-05-10	11-05-12	12-05-12	245	248	246

2. 沼液施用三年油菜生育期的变化

三年油菜生育期随时间的变化见表5-7。从全生育期来看，2011年均大于其他两年的各水平处理，最长天数出现在处理11和处理12，比同期处理2010年和2012年分别延长3天和2天，随着沼液施用量的增加，全生育期三年均出现延长的趋势，而在沼液施用量一致的2011年和2012年的全生育期则未出现相同的结果，这是由于2011年和2012年沼液在油菜生长期施用的比例不同。蕾薹期中2011年比其他两年均早出现十多天，而2010年和2012年的差异只有2天左右，油菜蕾薹期的提前，增加了花果实发育的时间，利于角果的成熟。开花期2010年和2012年相差仅2天，而比2011年则要提前4~6天，2011年花期推迟的原因有可能在于薹肥期沼液施用量较前两年低，同时过早地施入也引起花期的推迟。角果成熟期三年差异不明显，相差均在2天范围内，但从蕾薹期到角果成熟期的天数看出，2011年的天数明显多于其他两年，这对油菜角果成熟及油菜产量的提高有明显作用。从三年施用沼液对油菜生育期的影响可以发现，适量的沼液施入可以有效地增加生育期天数，而合理分期施用沼液也有利于油菜角果的成熟，从而增加油菜产量。

5.2.2　油菜生理性状变化

1. 沼液施用对当季油菜生理性状的影响

随着沼液施用量的增加，当季油菜生理性状的各项指标见表5-8。经过方差分析可知，各处理间除主轴有效角果数（$F=3.011^*$，$P=0.012$）和二次分枝有效角果数（$F=2.672^*$，$P=0.021$）为显著差异外，其余均为极显著差异。油菜株高、一次有效分枝数、主轴长、一次分枝有效角果数、二次分枝有效角果数、单株有效角果数随着沼液施用量的增加，均呈现逐渐增大的趋势，其中最大值分别比清水对照和常规施肥处理高12.49%、41.25%、20.13%、107.29%、2550.15%、101.78%和19.95%、28.41%、25.76%、97.19%、530.36%、92.23%；而二次有效分枝数、主轴角果数、千粒重则呈现先增大后减小的趋势，最大值分别为7.3个、109.92个、4.3848g；油菜分枝部位的变化则无明显趋势。

2. 沼液施用三年油菜生理性状的变化

油菜三年沼液施用后生理性状变化见表5-8。各指标因沼液施用量的不同呈现出不同的变化，年际变化也不尽相同。三年油菜生理性状指标方差分析结果详见表5-8。可知2011年中分枝部位（$F=1.804$，$P=0.110$）和一次有效分枝数（$F=2.205$，$P=0.051$）处理间差异不显著；2010年二次有效分枝数（$F=2.708^*$，$P=0.020$），2012年主轴有效角果数（$F=3.011^*$，$P=0.012$），2012年二次分枝角果数（$F=2.672^*$，$P=0.021$）处理间差异显著；其余均为极显著差异。

表 5-8　三年不同沼液量处理对油菜生理性状的影响

处理	株高/cm			分枝部位/cm			一次有效分枝数/个			二次有效分枝数/个			主轴长/cm		
	2010年	2011年	2012年	2010年	2011年	2012年	2010年	2011年	2012年	2010年	2011年	2012年	2010年	2011年	2012年
1	187.5	163.6	194.6	71.74	53.10	86.27	7.7	7.3	8.0	0.0	3.3	1.5	87.0	118.3	134.1
2	205.9	177.1	182.5	78.30	53.60	82.67	8.7	8.7	8.8	0.7	3.3	1.9	65.8	98.5	128.1
3	201.2	173.9	183.1	77.17	54.67	72.73	7.7	8.0	9.1	0.3	5.7	2.3	64.3	134.3	122.5
4	202.1	175.6	201.0	74.64	54.55	83.53	9.0	8.7	9.2	1.3	4.7	2.1	63.5	129.4	136.1
5	209.4	176.1	197.6	80.95	57.47	76.93	9.0	8.3	9.7	0.7	5.0	5.3	65.1	130.4	135.6
6	209.2	178.4	208.7	75.94	60.75	70.13	8.7	8.7	10.8	1.0	4.7	5.0	66.2	126.3	137.9
7	216.9	179.4	203.5	74.90	56.34	77.80	9.7	9.0	10.6	2.7	5.3	7.1	65.4	130.2	145.7
8	225.7	182.8	207.6	78.17	55.98	68.40	10.3	9.0	11.2	4.7	7.7	7.3	66.0	129.3	137.8
9	230.0	185.7	214.5	82.69	58.12	78.67	11.0	9.3	11.3	4.0	8.7	5.1	63.3	133.2	147.0
10	227.9	189.3	213.0	93.12	57.27	73.93	10.3	9.7	10.7	4.3	8.0	5.7	63.3	135.0	143.1
11	231.4	194.2	213.4	85.75	57.47	74.20	10.7	10.0	11.3	4.7	11.0	6.8	66.5	131.9	144.3
12	232.6	190.9	218.9	93.93	60.92	84.27	10.3	10.0	10.9	2.7	11.3	6.7	63.5	130.4	161.1
均值	215.0	180.6	203.2	80.61	56.69	77.46	9.4	8.9	10.1	2.3	6.6	4.7	66.7	127.3	139.4
F	24.16**	13.18**	6.50**	4.46**	1.804	3.25**	5.18**	2.205	7.64**	2.708*	24.68**	4.52**	14.40**	3.18**	4.19**
P	0.000	0.000	0.000	0.001	0.110	0.008	0.000	0.051	0.000	0.020	0.000	0.001	0.000	0.009	0.002

续表

处理	主轴有效角果数/个			一次分枝有效角果数/个			二次分枝有效角果数/个			单株有效角果数/个			千粒重/g		
	2010年	2011年	2012年	2010年	2011年	2012年	2010年	2011年	2012年	2010年	2011年	2012年	2010年	2011年	2012年
1	90.00	80.00	88.83	169.40	241.00	268.50	0.87	5.67	3.33	260.33	326.67	360.67	3.4733	3.2873	3.9949
2	106.67	101.67	82.33	354.87	363.33	282.25	4.00	24.33	14.00	465.33	489.33	378.58	3.5367	3.7873	3.9703
3	96.33	98.00	78.50	276.13	309.00	321.92	2.93	57.67	14.92	375.53	464.67	415.33	3.5000	3.5157	3.9898
4	99.67	99.00	95.00	298.53	322.67	358.58	4.33	55.33	19.75	402.27	477.00	473.33	3.5067	3.5679	4.0710
5	103.00	99.33	82.83	327.40	358.33	397.50	0.33	47.33	38.67	430.80	505.00	519.00	3.5233	3.6260	4.0941
6	103.33	101.00	109.92	343.27	359.00	511.75	7.07	66.33	48.33	453.87	526.33	670.00	3.5667	3.6988	4.2251
7	108.00	103.33	88.28	401.53	378.33	449.05	23.20	76.00	54.43	532.60	557.67	591.77	3.5833	3.7245	4.3397
8	101.67	99.00	96.75	425.93	385.00	556.58	20.33	86.00	74.42	547.67	570.00	727.75	3.6600	3.8103	4.3848
9	100.00	104.33	104.50	434.93	424.67	514.67	15.87	152.33	70.67	550.80	681.33	689.83	3.5367	3.8911	4.2782
10	109.33	104.67	92.92	405.93	364.00	522.08	7.73	114.33	64.25	523.07	583.00	679.25	3.4867	3.7956	4.1594
11	113.00	109.67	92.92	387.13	377.67	530.58	24.60	107.67	88.00	524.87	595.00	711.50	3.4233	3.7175	4.1130
12	111.33	106.67	90.17	362.53	386.33	534.00	10.27	85.00	88.25	484.00	578.00	712.42	3.4400	3.5545	4.1455
均值	103.53	100.56	91.91	348.97	355.78	437.29	10.13	73.17	48.25	462.59	529.50	577.45	3.5197	3.6647	4.1471
F	4.71**	8.19**	3.011*	116.29**	13.14**	8.40**	11.704**	60.710**	2.672*	132.396**	37.839**	7.601**	24.661**	12.684**	3.284**
P	0.001	0.000	0.012	0.000	0.000	0.000	0.000	0.000	0.021	0.000	0.000	0.000	0.000	0.000	0.007

　　由三年油菜株高变化可知，2011 年油菜株高均低于其余两年，2010 年株高均值最大，而各处理均值除清水对照外，皆大于 2011 年和 2012 年，最大值出现在处理 12，为 230.6cm；油菜分枝部位是指从根部到第一根有效分枝的距离，从表 5-8 中可知，2011 年各处理间分枝部位均值小于其余两年，而 2010 年均值大于 2012 年，无明显变化趋势，三年沼液施用后油菜分枝部位最大值均出现在处理 12，分别为 93.93cm、60.92cm、84.27cm；三年一次有效分枝数随着沼液施用量的增加而呈现增大的趋势，二次有效分枝数也有相同的变化，从均值比较中可以看出，2012 年一次有效分枝数大于前两年，2011 年二次有效分枝数大于其他两年，分枝数越多，角果数量也同时会有一定的增加，对油菜产量的提高有一定的贡献作用；三年油菜主轴长年际变化呈现逐渐增大的趋势，而 2011 年和 2012 年各小区均值是 2010 年的近 2 倍，说明通过沼液的持续施入，可以增加油菜主轴长度，三年沼液施用处理间最大值分别为 66.5cm、135.0cm、161.1cm；沼液施用后的油菜主轴有效角果数随着年际的增加，差异并不大，但相较于其他两年，2012 年中各处理均值有一定程度的减小，原因可能是分期施用沼液后期沼液量大，多用于角果成熟生长；一次分枝有效角果数承担着油菜增产大部分的作用，是油菜产量的生力军，因此其数量是评价油菜产量的重要生理指标，由表 5-8 可知，随着年际的增加，油菜一次分枝有效角果数均值呈现增大的趋势，最大值分别为 434.93 个、424.67 个、556.58 个；二次分枝有效角果数也是油菜产量不可或缺的指标，2011 年相比其他两年有较大幅度的增大，而 2012 年也比 2010 高出近 5 倍，这也是油菜产量有差别的原因之一；三年单株有效角果数随着年际的增加呈现增大的趋势，这有利于油菜产量的提高，最大值分别出现在处理 8、9、8；油菜千粒重三年各小区变化均为先增大后减小的趋势，最大值分别为 3.6600g、3.8911g、4.3848g，分别出现在各年处理 8、9、8。

　　从持续三年施入不同量沼液处理后的油菜生理性状中可以发现，沼液施用量能有效地影响油菜的各项生理指标，清水对照因营养元素的匮乏，三年生长均不理想，大部分油菜生理性状数据都偏低；同时，由于外源供给元素较少，依靠土壤自身能力生产，并不能得到良好效果，出现病害、田间倒伏、产量低下等现象。常规施肥处理中各项指标相较于沼液处理明显较低，因此通过大田试验可以看出，有效的沼液施用，对油菜的生长发育有明显的改善和增效作用，并且长期施用效果也高于长期使用化肥生产，沼液长期施用有效可行。

　　由三年不同量沼液处理下油菜株高可以看出，当沼液施用量在处理 8~12 处油菜株高能获得较高水平；油菜分枝部位则出现此起彼伏的现象，因此沼液对油菜分枝部位的影响较小；主轴长、一次有效分枝数、二次有效分枝数均在处理 8~12 有较大数值；一次分枝有效角果数、二次分枝有效角果数、主轴有效角果数、单株有效角果数在处理 6~12 有较高水平；油菜千粒重在处理 5~9 有较大值。综合三年油菜施用不同量沼液后的生理指标可以得出，当沼液施用量在 101250~183500kg/hm^2 范围内时，油菜生理性状达到最优水平。

5.3 水稻－油菜轮作模式下沼液连续三年施用对油菜产量及干物质重的影响

5.3.1 油菜产量三年变化

三年连续施用沼液各处理油菜产量的变化如图 5-2 所示。由图 5-2 可知，2010 年当沼液施用量控制在 101250kg/hm² (处理 8)时，油菜产量有最大值 3433kg/hm²，2011 年和 2012 年当沼液施用量控制在 132500kg/hm² (处理 9)时油菜产量有最大值，为 3589kg/hm² 和 3371kg/hm²，三年分别比清水对照提高 157.54％、365.50％、254.10％，比常规施肥处理提高 38.26％、55.50％、155.57％。各处理间油菜产量方差分析表明，2010 年 ($F = 155.356^{**}$)、2011 年($F = 246.837^{**}$)、2012 年($F = 121.462^{**}$)各处理间差异极显著，说明沼液施用量对油菜产量有较大影响。

由图 5-2 可以看出，清水对照和常规施肥处理油菜产量逐年下降，说明土壤本身肥力不能够满足作物正常生产的营养需求，单靠施用化肥仍然会降低作物产量。沼液处理油菜产量随沼液施用量的增加呈现出先升高后降低的趋势，年际变化则呈现出低沼液量处理 3~5 的 2010 年产量高于其他年份，而高沼液量处理 11、12 则是 2012 年产量高于其他年份，在处理 7 中(沼液施用量为 90000~115500kg/hm²)各年份产量最接近，说明该沼液施用量较为适宜油菜生产。在各小区沼液施用量相同时，即 2011 年与 2012 年产量相比较，油菜产量并未出现相同的产量，原因可能在于各施肥期沼液施用量的不同，适量增加苗肥的施用量能促进有效分枝数和角果数的增加，对比可知 2011 年的沼液施用方式最适合油菜的生产。

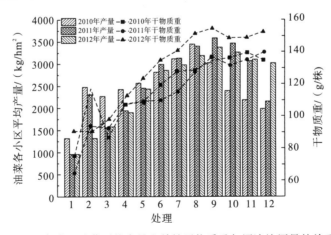

图 5-2 各小区油菜平均产量和单株干物质重与沼液施用量的关系

本试验结果表明，沼液施用量控制在 101250~132500kg/hm² 范围内可达到油菜的高产，说明长期施用沼液有利于油菜的生产，同时控制基肥用量在 37％左右可以良好促进油菜生长发育，苗肥用量在 47％左右能增加油菜产量。

5.3.2　油菜干物质重变化

由图 5-2 可知，油菜产量与干物质重之间存在一定的关系，经相关性分析表明，每年油菜产量和干物质重之间均呈极显著的相关性：2010 年 $N=36$，$F=0.520^{**}$；2011 年 $N=36$，$F=0.782^{**}$；2012 年 $N=36$，$F=0.955^{**}$。

随沼液施用量的增加，三年各小区油菜干物质重呈升高趋势，在高沼液量处理 10～12 条件下均出现降低的趋势。三年中清水对照油菜干物质重均比其他处理低，而各年份中油菜干物质重的最大值分别比当年清水对照高 85.95%、115.56%、70.72%，说明沼液施用后能促进油菜根茎叶的发育，满足油菜的正常生长需求。常规施肥处理油菜干物质重逐年降低，说明长期单施化肥不仅不能提高作物产量，还不利于油菜的正常生长。2012 年沼液处理油菜干物质重均高于前两年各小区平均值，原因可能在于薹肥期施用沼液量百分比高于前两年，沼液过剩养分被油菜吸收用于营养生长，因此确定沼液在油菜各生长期的施用量可使资源得到优化配置，提高沼液农用效益。

田间试验结果表明，常规施肥三年后，油菜干物质重逐年降低，不利于油菜长期生产；当沼液施用量在 101250～149500kg/hm² 范围内（处理 8～10）时，油菜干物质重有较高水平，有助于油菜正常生长，因此长期施用沼液对油菜生产有积极作用。

5.4　水稻—油菜轮作模式下沼液连续三年施用对油菜籽品质的影响

5.4.1　对油菜籽氮、磷、钾的影响

图 5-3 所示为不同处理间油菜籽氮、磷、钾含量。随沼液施用量的增加，油菜籽氮、磷、钾含量呈逐渐升高的趋势，同时油菜籽氮、磷、钾含量的年际效应呈现 2012 年＞2011 年＞2010 年的变化。三年各小区油菜籽氮、磷、钾含量均为极显著差异，方差分析结果见表 5-9。清水对照和常规施肥处理油菜籽氮、磷、钾含量除 2010 年和 2011 年常规施肥处理的全氮含量外，其余均低于沼液处理。通过图 5-3 可以看出，三年油菜籽氮、磷、钾含量均值差异不大，而 2011 年的适量沼液处理条件下，能够使其含量略高于其余两年，原因在于分期施用沼液量的不同，油菜吸收养分供给不同，而使氮、磷、钾含量产生变化。

2010 年油菜籽氮、磷、钾含量中，沼液处理的最大值分别比清水对照和常规施肥处理高 23.89%、13.84%、18.66% 和 17.07%、9.54%、16.66%，油菜籽中氮、磷、钾含量最大值分别为 3.718%、0.775%、0.5659%，均出现在高沼液处理中。2011 年菜籽氮、磷、钾含量中，沼液处理的最大值分别比清水对照和常规施肥处理高 39.65%、15.02%、21.22% 和 30.76%、12.07%、18.80%，其中全氮含量出现较大的波动，处理 12 达最大值 4.174%。2012 年沼液处理的油菜籽氮、磷、钾含量最大值分别比清水对

照和常规施肥处理高 29.89%、16.84%、21.49% 和 26.23%、12.58%、20.43%，其中2012 年油菜籽氮含量和磷含量在处理 12 达最大值 4.124% 和 0.8235%，而油菜籽钾含量最大值出现在处理 10，为 0.6112%。

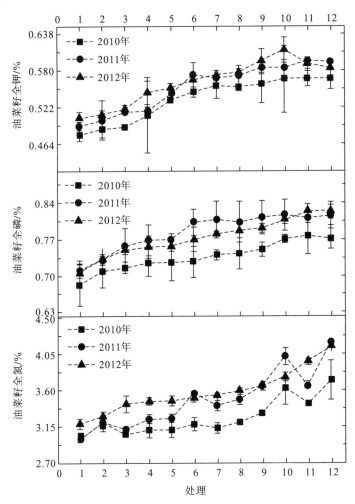

图 5-3 不同处理油菜籽氮、磷、钾含量

表 5-9 三年不同沼液施用量对油菜籽氮、磷、钾含量的影响

处理	全氮/%			全磷/%			全钾/%		
	2010 年	2011 年	2012 年	2010 年	2011 年	2012 年	2010 年	2011 年	2012 年
1	3.001	2.989	3.175	0.6808	0.7089	0.7048	0.4769	0.490	0.5031
2	3.176	3.192	3.267	0.7075	0.7276	0.7315	0.4851	0.500	0.5075
3	3.034	3.106	3.423	0.7141	0.7556	0.7481	0.4882	0.512	0.5177
4	3.103	3.232	3.457	0.7233	0.7674	0.7540	0.5073	0.515	0.5435
5	3.110	3.244	3.462	0.7241	0.7685	0.7548	0.5317	0.542	0.5512
6	3.170	3.544	3.495	0.7245	0.8014	0.7685	0.5443	0.571	0.5639

续表

处理	全氮/%			全磷/%			全钾/%		
	2010 年	2011 年	2012 年	2010 年	2011 年	2012 年	2010 年	2011 年	2012 年
7	3.127	3.402	3.529	0.7386	0.8065	0.7792	0.5544	0.566	0.5706
8	3.198	3.478	3.584	0.7407	0.8021	0.7847	0.5528	0.570	0.5757
9	3.310	3.648	3.644	0.7490	0.8108	0.7897	0.5577	0.583	0.5939
10	3.615	4.008	3.754	0.7688	0.8154	0.8061	0.5650	0.583	0.6112
11	3.436	3.655	3.952	0.7750	0.8091	0.8211	0.5659	0.594	0.5888
12	3.718	4.174	4.124	0.7695	0.8152	0.8235	0.5656	0.592	0.5819
均值	3.250	3.473	3.572	0.7347	0.782	0.7722	0.5329	0.551	0.5591
F	12.79**	5.67**	80.10**	3.43**	9.49**	14.38**	4.92**	78.94**	29.28**
P	0.000	0.000	0.000	0.006	0.000	0.000	0.001	0.000	0.000

从沼液处理后三年油菜籽全氮和全磷含量可知，当沼液施用量在 $101250 \sim 183500 \mathrm{kg/hm^2}$ 范围内(处理 8~12)，其含量有较高水平；而油菜籽全钾含量在 $101250 \sim 149500 \mathrm{kg/hm^2}$ 范围内(处理 8~10)有较大值。因此能使油菜籽氮、磷、钾含量处于最佳水平的沼液施用量范围应该为 $101250 \sim 149500 \mathrm{kg/hm^2}$。而沼液分期施用量采取：基肥用量在 37% 左右，苗肥用量在 47% 左右，薹肥用量在 16% 左右，即能很好地提高沼液的利用率，使油菜籽中氮、磷、钾含量增加。

5.4.2　对油菜籽营养指标的影响

三年连续施用沼液对油菜籽营养品质的影响如图 5-4 所示。由图 5-4 可知，三年中各小区油菜籽蛋白质含量随着当年沼液施用量的增加而呈逐渐升高的趋势，2011 年油菜籽蛋白质含量显著高于其他两年；随着沼液施用量的增加，除 2012 年芥酸含量外，油菜籽含油率、芥酸、硫苷含量呈逐渐降低的趋势；油菜籽油酸含量则呈现先升高后降低的趋势，在处理 9 达最大值。由表 5-10 的方差分析结果可知，三年各小区油菜籽营养物质除 2012 年油菜籽蛋白质、含油率、硫苷含量为显著差异外，其余均为极显著差异，说明不同沼液施用量对油菜籽营养品质的影响很大。

由图 5-4 可知，三年油菜籽蛋白质含量均在处理 12 达最大值，分别为 22.42%、26.10%、22.98%，2011 年油菜籽蛋白质平均含量高于其他年份，说明 2011 年的沼液施用方式可能有助于提高其含量。油菜籽含油率变化与蛋白质的变化不同，随沼液施用量的增加，油菜籽含油率有明显的降低趋势，并且其含油率均低于清水对照和常规施肥处理，三年的最小值均出现在处理 12，分别为 42.81%、45.21%、45.35%，表明如果要获得高含油率的油菜籽，沼液施用量应该控制在一定范围内。不同施肥处理间油菜籽油酸含量在处理 9 达到最大值，分别为 59.42%、59.94%、53.35%，2012 年各处理间油菜籽油酸平均含量较前两年有一定程度的降低，因此控制沼液施用量在 112500~

132500kg/hm² 范围内油酸含量可达到最大值。三年中各小区油菜芥酸含量范围为 0.1763%～0.3915%，变化范围相对较小，满足国际标准。油菜籽硫苷含量在处理 12 有较低值，分别为 18.19μmol/g、17.58μmol/g、18.76μmol/g。同时在总沼液施用量相同的 2011 年和 2012 年中，品质指标并未出现一致现象，原因是油菜分期施用的沼液量不同，因此通过比较可知，选择 2011 年的沼液分期施用量最适于油菜增质。

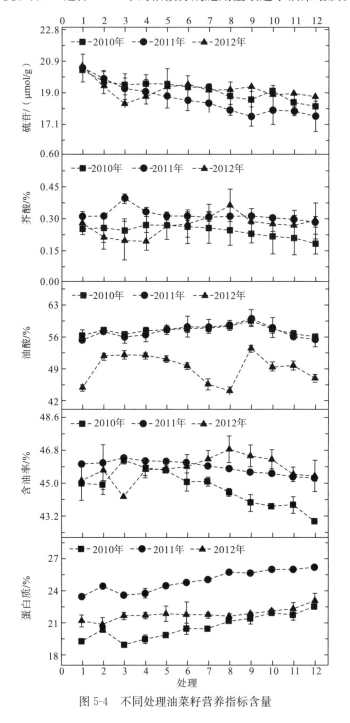

图 5-4　不同处理油菜籽营养指标含量

表 5-10　油菜籽营养品质方差分析结果

处理	蛋白质/%			含油率/%			油酸/%			芥酸/%			硫苷/(μmol/g)		
	2010 年	2011 年	2012 年	2010 年	2011 年	2012 年	2010 年	2011 年	2012 年	2010 年	2011 年	2012 年	2010 年	2011 年	2012 年
1	19.15	23.35	21.09	44.91	46.02	45.05	56.22	55.06	44.77	0.2476	0.3076	0.2767	20.39	20.47	20.58
2	20.24	24.34	20.76	44.84	46.07	45.69	57.22	56.87	51.54	0.2514	0.3090	0.2100	19.62	19.84	19.38
3	18.85	23.50	21.56	46.21	46.34	44.18	56.41	55.66	50.89	0.2407	0.3915	0.1933	19.48	19.24	18.34
4	19.38	23.69	21.61	45.80	46.19	45.73	57.02	56.34	50.75	0.2675	0.3296	0.1900	19.53	19.04	18.77
5	19.74	24.40	21.77	45.67	46.15	45.75	57.38	57.57	50.94	0.2637	0.3096	0.2633	19.52	18.77	19.36
6	20.37	24.70	21.72	45.01	46.09	45.90	57.63	58.09	51.54	0.2587	0.3086	0.2700	19.38	18.52	19.50
7	20.38	24.97	21.69	45.03	45.90	46.45	57.80	58.10	51.84	0.2548	0.3047	0.3033	19.31	18.37	19.19
8	21.07	25.66	21.57	44.42	45.75	46.83	58.17	58.31	51.78	0.2432	0.3082	0.3600	18.78	17.96	19.17
9	21.30	25.57	21.75	43.85	45.56	46.45	59.42	59.94	53.34	0.2263	0.3083	0.2833	18.59	17.57	19.38
10	21.82	25.93	22.03	43.64	45.49	46.27	57.47	57.87	49.13	0.2147	0.3010	0.2733	19.12	17.95	18.90
11	21.64	25.93	22.25	43.73	45.28	45.35	56.46	55.97	49.56	0.2059	0.2941	0.2667	18.41	17.89	18.94
12	22.42	26.10	22.98	42.81	45.21	45.35	55.90	55.09	46.74	0.1763	0.2809	0.2867	18.19	17.58	18.76
均值	20.53	24.85	21.73	44.66	45.84	45.74	57.26	57.07	50.23	0.2376	0.3129	0.2647	19.19	18.60	19.19
F	40.127**	60.743**	2.878*	21.365**	38.029**	2.972*	4.200**	10.272**	29.656**	26.234**	6.703**	4.463**	3.529**	4.855**	2.744*
P	0.000	0.000	0.015	0.000	0.000	0.012	0.002	0.000	0.000	0.000	0.0001	0.001	0.005	0.001	0.019

油菜籽蛋白质含量在 101250~183500kg/hm² 施用范围内（处理 8~12）有较大值；而油菜籽含油率在 45000~132500kg/hm² 施用范围内（处理 4~9）处于较高水平；同时油菜籽油酸、芥酸、硫苷含量在 67500~132500kg/hm² 施用范围内（处理 5~9）最适宜。因此，沼液长期施用量控制在 112500~132500kg/hm² 施用范围内可使油菜籽各营养品质达到最佳的状态，能够满足优质油菜的要求。而油菜分期施用沼液量为基肥用量在 37% 左右，苗肥用量在 47% 左右，薹肥用量在 16% 左右，即能够很好地满足高质油菜的要求。

5.4.3　对油菜籽矿质元素的影响

图 5-5 所示为三年连续施用沼液对油菜籽矿质元素的影响，随着沼液施用量的增加，除 2011 年油菜籽 Cu 含量外，Fe、Mn、Zn 含量均呈逐渐升高的趋势；而油菜籽 Ca、Mg 含量则呈现先升高后降低的趋势。由方差分析结果表 5-11 可知，不同沼液量处理间油菜籽 Fe、Mn、Cu、Zn、Ca、Mg 含量均存在极显著差异。

油菜籽 6 种矿质元素含量的变异系数中，Cu 的三年年际变异系数变化较小，分别为 6.84%、5.64%、6.72%；Fe 和 Mn 的年际变异系数相对较大，分别为 11.09%、12.80%、11.81% 和 10.25%、10.33%、10.54%；Zn 和 Ca 的年际变异系数则是随着年际的增加而增大，分别为 2.49%、6.68%、17.58% 和 2.78%、3.93%、13.71%；Mg 的年际变异系数变化与 Zn 和 Ca 相似，但 2011 年略低于 2010 年。说明沼液施用对油菜籽 Fe 和 Mn 的调控作用和改善效果相对较大，而油菜籽 Cu 含量的稳定性则相对较好，

Zn、Ca、Mg 含量波动较大。研究结果表明，长期施用沼液并不会导致矿质元素平均含量剧烈变化，不断增加沼液的施用量能提高油菜籽 Fe、Mn、Cu、Zn 含量，但油菜籽 Ca 和 Mg 含量需控制在处理 8 的沼液施用量范围内才能达到最优水平。

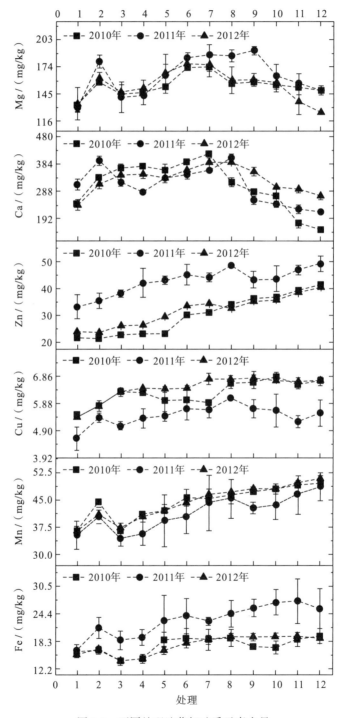

图 5-5　不同处理油菜籽矿质元素含量

表 5-11　油菜籽矿质元素含量的变异统计

矿质元素	年份	变化范围/(mg/kg)	变异系数/%	F
Fe	2010	13.85~19.36	11.09	4.945**
	2011	16.25~27.14	12.80	3.359**
	2012	13.55~20.45	11.81	22.375**
Mn	2010	36.23~49.91	10.25	85.109**
	2011	34.2~48.5	10.33	2.986**
	2012	35.26~51.45	10.54	84.612**
Cu	2010	5.43~6.79	6.84	23.889**
	2011	4.60~6.06	5.64	3.533**
	2012	5.39~6.76	6.72	37.053**
Zn	2010	21.28~41.28	2.49	390.217**
	2011	33.09~49.02	6.68	7.160**
	2012	22.61~41.09	17.58	83.424**
Ca	2010	151.8~416.9	2.78	155.495**
	2011	215.0~403.6	3.93	75.738**
	2012	241.5~388.4	13.71	43.531**
Mg	2010	131.1~173.5	7.58	4.945**
	2011	129.7~190.6	5.48	13.573**
	2012	124.4~176.4	10.45	52.556**

从田间试验结果可知，油菜籽矿质元素 Fe、Mn、Cu、Zn 含量在 90000~183500kg/hm² 施用范围内(处理 7~12)有较大值；而 Ca、Mg 含量在 90000~132500kg/hm² 施用范围内(处理 7~9)有较高水平。所以控制沼液施用量在 90000~132500kg/hm² 范围内，油菜籽矿质元素有较高含量。综合矿质元素各项指标来看，在总沼液量一致的 2011 年和 2012 年中，2011 年沼液分期施用量为基肥用量在 37% 左右，苗肥用量在 47% 左右，薹肥用量在 16% 左右能够使矿质元素处于较高水平。

5.4.4　对油菜籽重金属的影响

图 5-6 所示为三年连续施用沼液对油菜籽重金属含量的影响，随着沼液施用量的增加，除 As 和 Hg 未检出外，Pb、Cd、Cr、Ni 含量均呈逐渐升高的趋势。由方差分析结果表 5-12 可知，三年不同沼液量处理间油菜籽 Pb、Cd、Cr、Ni 含量均存在极显著差异。

由表 5-12 可知，三年油菜籽 Pb、Cd、Cr 含量沼液处理最大值均出现在处理 12，而常规施肥处理油菜籽 Pb 含量除 2010 年较当年最大值低 1.46% 外，其他两年均高于沼液处理，其三年含量分别为 0.0742mg/kg、0.0696mg/kg、0.0732mg/kg，同时各平均含量中，2011 年油菜籽 Pb 含量略低于其他两年。油菜籽常规施肥处理 Cd 含量除 2012 年较当年沼液处理组最大值高 8.42％外，同时三年油菜常规施肥处理 Cd 含量处于高水平；而油菜籽 Cd 含量平均含量随年际的增加，出现降低的趋势，说明沼液施用对油菜籽 Cd 含量影响较大。从油菜籽 Cr 含量变化中可知，沼液施用最大值比清水对照和常规施肥处理分别高 239.23％、139.81％、145.41％和 64.87％、81.03％、39.95％，因此选择适宜的沼液施用量成为降低油菜籽重金属含量的条件。三年中油菜籽 Ni 含量除 2011 年略低外，常规施肥处理均高于清水对照和沼液处理，同时年平均含量 2011 年均低于其他两年，这可能与沼液施用量和施用方式有关，不同油菜生长期施入沼液量的不同，会影响到油菜吸收重金属的能力，所以沼液施用量和施用方式对控制油菜籽中重金属含量很关键。

三年沼液施用后油菜籽中重金属 Pb、Cd、Cr、Ni 含量均随着沼液施用量的不断增加而呈现升高的趋势，因此控制沼液施用量在 22500～132500kg/hm² 范围内（处理 3～9）能有效降低油菜籽中重金属 Pb、Cd、Cr、Ni 的含量。基肥用量在 37％左右，苗肥用量在 47％左右，薹肥用量在 16％左右时，能有效减少油菜籽粒中的重金属含量。

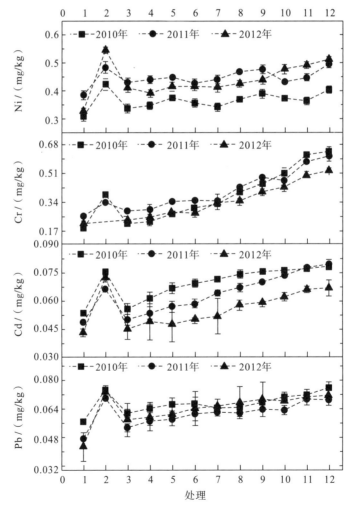

图 5-6　不同处理油菜籽重金属含量

表 5-12　三年不同沼液处理对油菜籽重金属含量的影响　　　　　单位：mg/kg

处理	Pb			Cd			Cr			Ni		
	2010 年	2011 年	2012 年	2010 年	2011 年	2012 年	2010 年	2011 年	2012 年	2010 年	2011 年	2012 年
1	0.0541	0.0469	0.0423	0.0530	0.0482	0.0425	0.1861	0.2547	0.2134	0.3053	0.3815	0.3245
2	0.0742	0.0696	0.0732	0.0751	0.0659	0.0721	0.3829	0.3374	0.3742	0.4194	0.4808	0.5423
3	0.0612	0.0531	0.0574	0.0551	0.0494	0.0446	0.2119	0.2876	0.2357	0.3332	0.4285	0.4082
4	0.0640	0.0569	0.0593	0.0611	0.0530	0.0486	0.2251	0.2982	0.2493	0.3445	0.4376	0.3893
5	0.0661	0.0578	0.0605	0.0664	0.0564	0.0472	0.2699	0.3423	0.2787	0.3719	0.4446	0.4125
6	0.0663	0.0608	0.0639	0.0691	0.0581	0.0498	0.3043	0.3467	0.2756	0.3532	0.4238	0.4127
7	0.0641	0.0618	0.0651	0.0712	0.0638	0.0513	0.3312	0.3513	0.3345	0.3385	0.4378	0.4108
8	0.0645	0.0614	0.0672	0.0739	0.0667	0.0572	0.3979	0.4235	0.3461	0.3662	0.4646	0.4231
9	0.0675	0.0633	0.0689	0.0753	0.0696	0.0586	0.4479	0.4836	0.3972	0.3864	0.4733	0.4349
10	0.0703	0.0629	0.0682	0.0758	0.0733	0.0618	0.5082	0.4682	0.4285	0.3701	0.4292	0.4746
11	0.0714	0.0689	0.0704	0.0769	0.0773	0.0657	0.6166	0.5785	0.4981	0.3599	0.4450	0.4892
12	0.0753	0.0689	0.0712	0.0782	0.0796	0.0665	0.6313	0.6108	0.5237	0.4009	0.4902	0.5082
均值	0.0668	0.0610	0.0640	0.0692	0.0634	0.0555	0.3761	0.3986	0.3463	0.3625	0.4447	0.4359
F	13.078 **	46.386 **	4.773 **	49.527 **	30.050 **	9.795 **	159.408 **	47.840 **	108.407 **	15.347 **	3.371 **	60.972 **
P	0.000	0.000	0.001	0.000	0.000	0.000	0.000	0.000	0.000	0.000	0.006	0.000

注：As、Hg 未检出。

5.5　水稻—油菜轮作模式下沼液连续三年施用对土壤理化性质的影响

5.5.1　沼液施用对土壤肥力的影响

1. 沼液施用对当季土壤肥力的影响

由表 5-13 可知，随着沼液施用量的增加，各处理间土壤肥力指标都显著高于清水对照和常规施肥处理。油菜收获后，土壤 pH 及全氮、速效磷、速效钾、有机质含量呈逐渐升高的趋势，在处理 12 处达到峰值，分别为 5.39、2.262g/kg、51.98mg/kg、40.54mg/kg、34.41g/kg；比清水对照和常规施肥处理高 2.86%、21.81%、128.08%、82.04%、95.73% 和 4.66%、6.45%、95.27%、58.36%、42.78%。常规施肥处理的土壤 pH 最低，仅为 5.15；清水对照的全氮、速效磷、速效钾、有机质含量是各处理中的最小值，分为别 1.857g/kg、22.79mg/kg、22.27mg/kg、17.58g/kg。土壤碱解氮含量随着沼液施用量的增加，呈先升高后降低的趋势，处理 10 的碱解氮含量达到最大值 270.15mg/kg，比清水对照和常规施肥处理高 107.17% 和 54.00%。在所有小区处理中，清水对照中碱解氮含量最低，为 130.40mg/kg。

表 5-13　三年不同沼液施用量对土壤肥力的影响

处理	pH			速效钾/(mg/kg)			速效磷/(mg/kg)			有机质/(g/kg)			全氮/(g/kg)			碱解氮/(mg/kg)		
	2010年	2011年	2012年	2010年	2011年	2012年	2010年	2011年	2012年	2010年	2011年	2012年	2010年	2011年	2012年	2010年	2011年	2012年
1	5.10	5.16	5.24	26.53	27.83	22.27	54.39	51.81	22.79	30.07	28.31	17.58	1.949	1.664	1.857	162.8	99.3	130.4
2	5.06	4.87	5.15	28.80	34.93	25.60	55.02	62.30	26.62	29.61	34.29	24.10	1.888	1.764	2.125	148.8	166.4	175.4
3	5.11	5.18	5.19	28.75	32.81	24.44	58.03	58.25	30.06	30.71	33.04	24.69	1.952	1.701	1.955	162.5	168.0	149.3
4	5.13	5.2	5.22	29.72	36.00	27.43	57.73	62.70	30.82	35.52	37.85	24.88	2.137	1.942	1.937	174.1	169.6	136.1
5	5.15	5.21	5.23	32.05	36.26	29.26	58.62	64.32	37.98	37.40	38.43	28.89	2.287	1.971	2.060	175.5	173.7	175.0
6	5.18	5.27	5.26	33.14	39.12	27.93	65.94	63.33	37.70	39.02	38.08	29.28	2.287	1.953	2.114	180.3	175.4	184.6
7	5.24	5.4	5.29	32.79	40.32	31.06	61.82	68.58	39.63	38.77	39.45	30.80	2.275	2.022	2.193	178.7	179.5	197.8
8	5.25	5.29	5.31	34.33	42.11	30.42	66.23	65.59	38.31	40.53	41.51	30.00	2.429	2.174	2.176	193.9	175.2	240.5
9	5.25	5.26	5.32	33.06	39.39	34.39	58.53	60.40	42.95	38.51	39.29	31.12	2.215	2.013	2.142	182.9	198.2	263.0
10	5.29	5.3	5.34	33.40	37.46	36.07	57.71	57.80	47.32	37.10	39.43	31.40	2.242	2.021	2.210	179.7	175.0	270.2
11	5.29	5.39	5.36	31.98	35.93	37.71	49.37	55.98	47.75	36.43	37.18	31.56	2.207	1.908	2.174	172.6	182.6	238.8
12	5.35	5.47	5.39	32.40	35.80	40.54	50.01	57.82	51.98	36.87	36.94	34.41	2.219	1.963	2.262	176.7	189.1	227.2
均值	5.220	5.249	5.28	31.41	36.50	30.59	57.78	60.74	37.83	35.88	36.98	28.23	2.174	1.925	2.101	174.0	171.0	199.0
F	8.22**	191**	2.51*	9.73**	11.86**	12.86**	15.97**	4.69**	5.97**	27.92**	13.23**	7.44**	19.16**	5.79**	8.21**	29.83**	19.99**	3.48**
P	0.000	0.000	0.029	0.000	0.000	0.000	0.000	0.001	0.000	0.000	0.000	0.000	0.000	0.000	0.000	0.000	0.000	0.005

2. 沼液施用三年土壤肥力的变化

经过三年定位施用沼液后，丰富的营养元素进入土壤中，一部分被作物吸收产出，一部分留存在土壤中，少量部分流失到环境里，可能对土壤肥力造成一定的影响。在油菜收获后采样测定土壤肥力指标。三年土壤数据如图 5-7 所示。

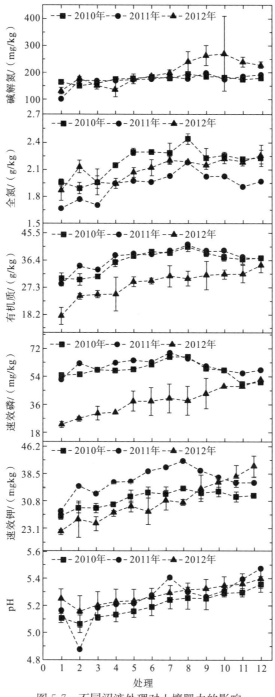

图 5-7 不同沼液处理对土壤肥力的影响

　　随着沼液施用量的增加，每年各小区土壤 pH 呈逐渐升高的趋势，均在处理 12 处出现峰值，分别为 5.35、5.52、5.39。常规施肥处理均为每年最低值，说明单施化肥会导致土壤 pH 降低，造成土壤酸化板结，施用沼液可在一定程度上提高土壤 pH。土壤速效钾、速效磷、有机质、全氮、碱解氮在定位施用沼液后有不同程度的变化，年际反应也不同，土壤速效钾含量在 2010 年和 2012 年间变化趋势一致，呈现出先升高后降低的趋势，2011 年则比较波动，规律不明显；土壤速效磷含量的变化则是随沼液施用量的增加，年际间各处理含量先升高后降低，高沼液处理条件下，土壤中速效磷含量有一定程度的降低；与清水对照和常规施肥处理相比，沼液施用组的土壤有机质含量均明显高于清水对照和常规施肥处理，2010 年和 2011 年都是随着沼液量增加有机质含量先升高后降低，2012 年为逐渐升高；土壤全氮和土壤碱解氮变化趋势相似，均为 2011 年随沼液施用量增加而升高，但趋势不明显，2010 年和 2012 年不仅含量接近，同时都是呈现先升高后降低的变化趋势。从图 5-7 中还可以发现，在高沼液处理条件下，年际间土壤中速效钾和速效磷含量与油菜干物质重有相似的变化趋势，一方面说明过量使用沼液对油菜生产有一定影响，另一方面还反映出过的沼液养分不能有效地涵养在土壤中保持肥力。常规施肥处理虽然每年施用氮肥、磷肥、钾肥，但土壤速效钾、速效磷含量都呈现逐年降低的状态，说明单施化肥不利于土壤保持一定的营养元素。

　　田间试验表明，沼液施用三年后，土壤 pH 在 90000～183500kg/hm² 施用范围内（处理 7～12）有较高值；而土壤速效钾、速效磷、有机质、全氮、碱解氮含量在 90000～132500kg/hm² 施用范围内（处理 7～9）有较高水平。因此沼液施用量控制在 90000～132500kg/hm² 范围内，能有效地提高和保持土壤肥力，以供作物正常的生长所需。

5.5.2　沼液施用对土壤盐基离子的影响

1. 沼液施用对当季土壤盐基离子的影响

　　由图 5-8 可知，随着沼液施用量的增加，各处理间土壤盐基离子含量呈先升高后降低的趋势，各指标最大值分别比清水对照和常规施肥处理高 41.97%、115.17%、89.92%、52.32%、70.15%、58.97% 和 24.01%、27.68%、69.87%、26.18%、56.90%、35.28%。其中，交换性钾在处理 8 有最大值，为 0.06937cmol/kg，CEC、交换性钠、交换性钙、交换性镁和盐基离子总量的含量均在处理 9 处达到峰值，分别为 16.27cmol/kg、0.4034cmol/kg、4.955cmol/kg、2.035cmol/kg 及 7.462cmol/kg。

2. 沼液施用三年土壤盐基离子的变化

　　由图 5-8 可知，三年土壤盐基离子含量随着沼液施用量的增加，除 2011 年的交换性钙、交换性镁、盐基交换总量逐渐升高外，其余均呈现先升高后降低的趋势。由三年各处理间方差分析可知，除 2011 年交换性钙差异不显著，2011 年 CEC 和交换性钾差异显著外，其余均为极显著差异。

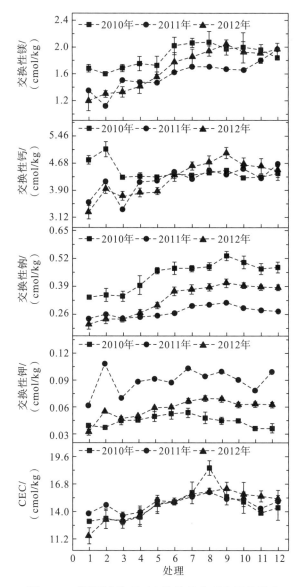

图 5-8　不同沼液处理对土壤盐基离子含量的影响

　　三年土壤 CEC 年平均差异较小，沼液处理中 CEC 最大值分别比清水对照和常规施肥处理高 42.01%、15.64%、41.97% 和 39.11%、8.76%、24.01%。随着沼液连续定位的施用，土壤交换性钾的年平均含量有明显差异，可以看出 2011 年＞2012 年＞2010 年，最大值分别出现在处理 7、7 和 8。而交换性钠的含量也存在相同的差异，不过年平均含量则为 2010 年＞2012 年＞2011 年，最大值均出现在处理 9，分别为 0.5308cmol/kg、0.3127cmol/kg、0.4034cmol/kg，而清水对照和常规施肥处理随着年际的变化逐渐降低。土壤中交换性钙含量的清水对照和常规施肥处理均随着年际的变化呈现降低趋势，而沼液施用中最大值分别为 4.455cmol/kg、4.650cmol/kg、4.955cmol/kg。三年施入沼液后土壤中交换性镁含量最大值分别为 2.068cmol/kg、1.959cmol/kg、2.035cmol/kg，而清水对照和常规施肥处理三年后有降低的趋势。盐基交换总量中清水对照和常规施肥处理均随年际的变化有降低的趋势，而最大值分别出现在处理 9、12、9，分别为 6.994cmol/kg、6.982cmol/kg、7.462cmol/kg。

试验结果表明，土壤盐基离子含量经过三年沼液施用后得到改善，但需要控制沼液施用量才能有效地提高其含量，因此要保持土壤盐基离子的最佳水平应控制沼液施用量在 90000～132500kg/hm² 范围内。

5.5.3　沼液施用对土壤微量元素的影响

1. 沼液施用对当季土壤微量元素的影响

通过表 5-14 可知，随着沼液施用量的增加，各处理间土壤 Fe、Cu、Zn 含量呈先升高后降低的趋势，各指标最大值分别比清水对照和常规施肥处理高 27.79%、106.59%、186.13% 和 21.12%、45.23%、109.56%。而 Mn 元素含量则随沼液施用量的增加而呈现逐渐升高的趋势，在处理 12 处有最大值，分别为 79.94mg/kg、63.22mg/kg、68.46mg/kg。

表 5-14　三年不同沼液处理对土壤微量元素含量的影响　　　　　单位：mg/kg

处理	Fe			Mn			Cu			Zn		
	2010 年	2011 年	2012 年	2010 年	2011 年	2012 年	2010 年	2011 年	2012 年	2010 年	2011 年	2012 年
1	688.9	520.3	574.23	45.66	34.49	35.37	15.29	11.38	10.32	20.14	15.67	14.56
2	741.9	613.0	605.88	51.38	42.30	45.84	16.47	14.95	14.68	27.98	16.78	19.88
3	685.1	527.9	592.48	47.39	39.93	42.89	15.49	12.79	15.25	20.44	21.20	22.86
4	706.1	548.3	643.45	51.99	43.19	44.58	16.24	14.59	16.89	22.25	21.30	24.72
5	721.2	561.0	666.24	52.32	44.20	47.85	16.89	15.73	17.53	23.39	23.68	28.85
6	731.8	602.8	678.89	62.42	44.95	54.49	16.73	16.74	18.87	27.51	28.50	30.77
7	735.2	612.1	697.12	61.10	43.95	56.78	17.04	16.22	19.55	31.23	28.87	34.87
8	752.8	754.9	703.54	67.96	51.61	57.62	19.48	18.04	21.32	33.17	38.36	39.45
9	801.6	795.7	733.82	67.86	49.27	59.45	17.34	15.65	19.12	34.40	36.03	41.66
10	766.0	773.7	723.34	69.46	53.68	63.81	17.38	15.28	18.44	34.93	36.46	38.23
11	758.5	676.0	712.34	77.82	54.34	66.47	14.47	12.13	17.89	38.04	35.52	37.42
12	705.1	657.6	706.48	79.94	63.22	68.46	12.93	13.38	16.44	35.35	33.58	36.01
均值	732.9	636.9	669.83	61.27	47.09	53.63	16.31	14.74	17.19	29.07	28.00	30.77
F	71.8 **	277.4 **	113.6 **	57.9 **	9.8 **	37.6 **	8.4 **	4.4 **	19.8 **	39.9 **	17.7 **	67.9 **
P	0.000	0.000	0.000	0.000	0.000	0.000	0.000	0.002	0.000	0.000	0.000	0.000

2. 沼液施用三年土壤微量元素的变化

如图 5-9 所示，随着沼液施用量的增加，土壤中微量元素 Fe、Cu、Zn 的含量呈现先升高后降低的趋势，而 Mn 含量则呈逐渐升高的趋势。通过表 5-14 的方差分析可知，三年各处理间均为极显著差异。三年土壤中 Fe 和 Zn 含量均在处理 9 处有最大值，分别为

801.6mg/kg、795.7mg/kg、733mg/kg.82mg/kg 和 34.40mg/kg、36.03mg/kg、41.66mg/kg，其中 Fe 含量年均差距较大，Zn 含量则较为接近，这可能是由于油菜生长对不同元素的吸收有不同的要求；而 Mn 含量的最大值出现在处理 12 处，年均含量则是 2010 年>2012 年>2011 年，Fe 元素也和其有相似的年际变化，原因有可能在于 2010 年和 2012 年后期薹肥施用百分比都比 2011 年要高，导致残留在土壤中的量高于 2011 年；土壤中 Cu 含量的最大值出现在处理 8 处，分别为 19.48mg/kg、18.04mg/kg、21.32mg/kg。

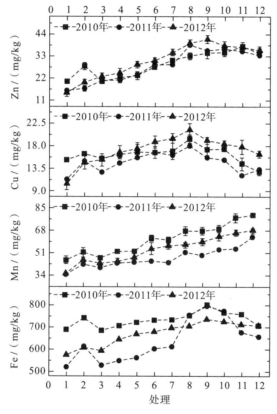

图 5-9　不同沼液处理对土壤微量元素含量的影响

　　土壤中微量元素经过三年不同量沼液施用后，Fe、Cu、Zn 含量在 101250～149500kg/hm² 施用范围内(处理 8～10)有较高值；Mn 含量在 101250～183500kg/hm² 施用范围内(处理 8～12)有较高水平。因此沼液施用量在 101250～149500kg/hm² 范围内时土壤微量元素能有最优水平。

5.5.4　沼液施用对土壤重金属元素的影响

1. 沼液施用对当季土壤重金属元素的影响

三年不同沼液处理对土壤重金属含量的影响见表 5-15。

单位：mg/kg

表 5-15　三年不同沼液处理对土壤重金属含量的影响

处理	Pb			Cd			Cr			As			Hg		
	2010年	2011年	2012年	2010年	2011年	2012年	2010年	2011年	2012年	2010年	2011年	2012年	2010年	2011年	2012年
1	40.41	27.92	45.19	0.4482	0.277	0.4348	30.49	33.68	39.44	11.20	9.21	11.00	0.1381	0.0518	0.1455
2	44.28	38.79	42.92	0.5142	0.377	0.5016	46.46	43.73	48.00	12.61	12.16	13.25	0.2289	0.0920	0.2376
3	42.32	31.72	37.32	0.458	0.320	0.4747	42.32	41.52	44.27	11.58	10.31	11.98	0.1674	0.0642	0.1826
4	43.46	34.72	37.10	0.4889	0.360	0.4856	33.47	42.95	45.62	11.85	11.33	12.63	0.1744	0.0740	0.1855
5	43.95	35.15	38.41	0.5014	0.370	0.4970	37.27	46.93	52.01	12.06	12.20	12.65	0.1726	0.0617	0.2056
6	43.59	35.88	40.07	0.5249	0.394	0.5310	43.59	49.56	51.76	11.87	12.64	12.89	0.2174	0.0764	0.2163
7	43.75	36.00	40.51	0.5131	0.440	0.5446	47.30	48.78	53.70	12.55	12.76	13.46	0.2305	0.1127	0.2308
8	44.09	37.68	40.97	0.5403	0.467	0.5556	48.54	52.78	56.59	13.44	13.28	13.42	0.2243	0.1080	0.2214
9	45.17	37.40	40.88	0.5487	0.477	0.5592	45.17	57.57	56.56	13.39	13.01	13.46	0.2170	0.0973	0.2161
10	45.78	35.47	40.61	0.5788	0.487	0.5632	48.86	55.02	57.21	12.85	13.24	13.92	0.2029	0.0949	0.2093
11	45.10	39.96	41.38	0.6033	0.509	0.5619	52.18	61.53	57.80	13.68	13.42	13.97	0.1994	0.0861	0.1999
12	45.91	39.75	41.10	0.6115	0.547	0.5798	45.91	63.46	58.29	14.61	14.04	14.41	0.1834	0.0800	0.2032
均值	43.99	35.87	40.54	0.5276	0.419	0.5241	43.46	49.79	51.77	12.64	12.30	13.09	0.1964	0.0833	0.2045
F	3.87**	6.45**	4.46**	24.50**	10.50**	47.60**	75.20**	61.66**	94.47**	6.91**	9.47**	9.16**	43.53**	4.24**	36.60**
P	0.001	0.000	0.001	0.000	0.000	0.000	0.000	0.000	0.000	0.000	0.000	0.000	0.000	0.000	0.000

从表 5-15 可以看出，随着沼液施用量的增加，土壤中除 Hg 以外的重金属元素含量均呈现逐渐升高的趋势，在累计施入沼液 3 年后（2012 年），Cd、Cr、As 含量在处理 12 处有最大值，分别为 0.5798mg/kg、58.29mg/kg、14.41mg/kg；Pb 含量在处理 11 处有最大值，为 41.38mg/kg；Hg 含量则是出现先升高后降低的趋势，在处理 7 处有最大值，为 0.2308mg/kg。常规施肥处理中 Pb 和 Hg 含量皆高于清水对照和沼液处理，而其他 Cd、Cr、As 含量均接近处理 12 的最大值，因此可以看出，常规施肥处理使土壤中重金属含量处于较高水平，同时也需要控制沼液的施用量，使其维持在一个既能高产高质，又能降低污染风险的水平。

2. 沼液施用三年土壤重金属元素的变化

不同沼液处理对土壤重金属含量的影响如图 5-10 所示。

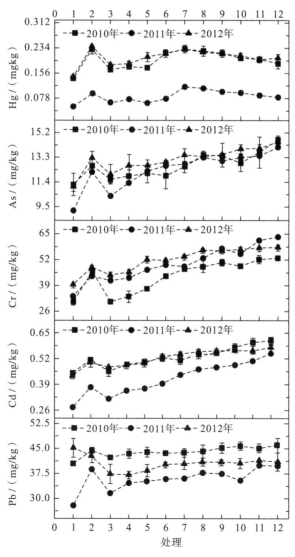

图 5-10　不同沼液处理对土壤重金属含量的影响

由图 5-10 可知，土壤中重金属元素含量除 Hg 以外，其余均随着沼液施用量的增加而呈现升高的趋势，最大值出现在处理 11 和 12 处；而 Hg 含量则呈先升高后降低的趋势。通过表 5-15 的方差分析可知，三年各处理间均为极显著差异。土壤中 Pb 含量除 2012 年外，均在处理 12 处有最大值，分别为 45.91mg/kg、39.75mg/kg，而 2012 年土壤中 Pb 含量最大值出现在清水对照，沼液施用最大值出现在处理 11 处。重金属 Cd 含量的最大值均出现在处理 12 处，分别为 0.6115mg/kg、0.547mg/kg、0.5798mg/kg，分别比清水对照和常规施肥处理高 36.43%、97.47%、33.35% 和 18.92%、45.09%、15.59%。土壤中 Cr 和 As 含量除 2010 年 Cr 含量最大值出现在处理 11 处外，其余均在处理 12 处达到最大值，并且从图中可以看出其年均含量差异较小。土壤中 2011 年的 Hg 平均含量相较于 2010 年和 2012 年有较大差异，可能是 2011 年沼液后期施用量低的原因，同时化肥施用对照明显高于沼液处理，说明化肥施用带入的重金属在土壤中的积累能力较大。

三年沼液施用后土壤中重金属元素含量数据表明，除 Hg 元素以外，其余元素均表现相同趋势，即随沼液施用量增加而逐渐升高，因此控制沼液施用量有利于降低土壤中重金属积累的风险，当控制沼液施用量在 22500~132500kg/hm² 范围内时，可使土壤中重金属含量处于较低水平。同时，在 2011 年内的各重金属含量都较其余两年要低，原因在于沼液分期施用量不同，油菜最后一次薹肥施用量为 16%，是另外两年的 50% 左右，说明油菜后期较少的沼液施用量有利于减少土壤中重金属的残留。

5.6　水稻－油菜轮作模式下沼液连续三年施用对土壤微生物的影响

土壤中微生物是土壤的重要组成部分，作为生物活性物质，其直接参与土壤中的物质转化、养分释放和固定过程。土壤微生物的种类、数量及其变化在一定程度上反映了土壤有机质的矿化速度及各种养分的存在状态，对土壤肥力有重要影响[6]。本试验通过长期施用沼液后，研究土壤微生物量的变化趋势，从而确定最适宜的沼液施用量。

三年油菜施用沼液后土壤中微生物菌落数方差分析结果见表 5-16。受施肥方式影响的细菌、真菌、放线菌各处理间均达到极显著差异，并且各年份菌落数均随着沼液施用量的增加而呈现逐渐升高的趋势，说明土壤中微生物受沼液施用量的影响较大。清水对照和常规施肥处理土壤中细菌数量呈现逐年下降的趋势，说明营养的缺失或化肥的连续施用会影响细菌的活性，同时沼液的不断施入，带来大量养分，使细菌繁殖旺盛，有利于其生长代谢。三年土壤中细菌数量最大值分别为 15096819CFU/g、6732858CFU/g、10933333CFU/g，分别是清水对照的 2.52 倍、2.27 倍、7.13 倍。土壤中真菌数量变化趋势与细菌一致，而 2011 年的真菌数量明显高于其余年份，但均在处理 12 处有最大值，而真菌能将土壤中难以被作物利用的有机物分解成易于作物吸收的无机物，对作物生长有积极作用。土壤中放线菌能产生各种胞外水解酶，降解土壤中各种不溶性有机物，对有机物的矿化有着重要作用，同时能改良土壤，施用沼液后的土壤中放线菌数量有明显升高的趋势，均在处理 12 处有最大值，且明显高于清水对照和常规施肥处理，说明施用适量的沼液能促进土壤真菌的繁殖。

表 5-16　三年不同沼液处理对土壤微生物菌落数的影响　　　单位：CFU/g

处理	细菌			真菌			放线菌		
	2010 年	2011 年	2012 年	2010 年	2011 年	2012 年	2010 年	2011 年	2012 年
1	5982089	2960761	1533333	19686	55014	14000	5072408	2839866	5400000
2	5895097	3939138	2933333	15863	66784	16200	4109153	2972104	8933333
3	5880175	3319793	3466667	16120	64168	17200	4509667	3130590	8466766
4	6611888	3676257	4333333	18826	66474	20200	4844108	3270343	6933333
5	8025925	3666084	4200000	19240	67869	21600	5112010	3730084	8000000
6	8048908	3808678	5600000	22022	76743	24600	5089445	4091489	7133333
7	8577516	3995893	6933333	23476	82603	26800	6174182	4144661	8600000
8	10146780	5065941	7600000	23671	85108	28000	6399463	4272819	8600000
9	11244093	5895403	9000000	32180	90066	32000	7310291	4553654	17600000
10	12501332	6072485	10400000	34880	91958	34600	10616385	5570192	14000000
11	13643758	6907379	10866667	35409	99327	36733	12076035	6201556	11066766
12	15096819	6732858	10933333	38659	113681	36333	13875844	7250213	24733333
均值	9304532	4670056	6483333	25003	79983	25689	7099083	4335631	9527794
F	63.718**	89.872**	23.156**	23.036**	37.981**	54.966**	77.453**	38.076**	43.426**
P	0.000	0.000	0.000	0.000	0.000	0.000	0.000	0.000	0.000

通过三年沼液施用后土壤根系微生物数量变化趋势可知，沼液施用量的增加，有利于根系微生物的繁殖生长，当沼液施用量在 101250～183500kg/hm² 范围时，根系细菌、真菌、放线菌数量处于较高水平，有利于微生物分解有机物供作物吸收，从而促进作物的各项生长发育。

5.7　水稻—油菜轮作模式下沼液连续三年施用油菜重金属安全性评价及土壤重金属评价

5.7.1　单因子污染指数法和内梅罗综合污染指数法

单因子污染指数法是以土壤元素背景值为评价标准来评价重金属元素的累计污染程度，其表达式为 $P_i = C_i / S_i$，其中 P_i 为土壤中污染物 i 的环境质量指数，C_i 为污染物 i 的实测浓度，S_i 为 i 种重金属在土壤环境质量标准中的临界值[7]。若 $P_i \leqslant 1.0$，则重金属含量在土壤背景值含量之内，土壤没有受到人为污染；若 $P_i > 1.0$，则重金属含量已超过土壤背景值，土壤已受到人为污染，指数越大表明土壤重金属积累污染程度越高。根据 P_i 值确定重金属元素污染程度分级，见表 5-17。

表 5-17　单因子污染指数评价模型重金属元素污染程度分级表

污染指数 P_i	<1	1~2	2~3	3~5	≥5
重金属元素污染程度	未受污染	轻度污染	中度污染	重度污染	严重污染

当评定区域内土壤质量作为一个整体与外区域土壤质量进行比较，或土壤同时被多种重金属元素污染时，需将单因子污染指数按一定方法综合起来应用综合污染指数法进行评价。综合污染评价采用兼顾单因子污染指数平均值和最大值的内梅罗综合污染指数法。计算公式为

$$P_{综}=[(P_{AVE}^2+P_{MAX}^2)/2]^{1/2}$$

其中，$P_{综}$ 为土壤综合污染指数；P_{AVE} 为土壤中各污染物的指数平均值；P_{MAX} 为土壤中单项污染物的最大污染指数。若 $P_{综}\leq1$，则为非污染；若 $P_{综}>1$，则为受到污染，将土壤环境质量综合评价分级标准划分等级，见表 5-18。

表 5-18　土壤环境质量综合评价分级标准

等级划分	$P_{综}$	污染等级	污染水平
Ⅰ	$P_{综}\leq0.7$	安全	清洁
Ⅱ	$0.7<P_{综}\leq1.0$	警戒线	尚清洁
Ⅲ	$1.0<P_{综}\leq2.0$	轻度污染	土壤轻度污染，作物已受污染
Ⅳ	$2.0<P_{综}\leq3.0$	中度污染	土壤和作物均受中度污染
Ⅴ	$P_{综}\geq3.0$	重度污染	土壤和作物受严重污染

5.7.2　评价标准的选择

油菜重金属利用单因子指数评价法和内梅罗综合污染指数法进行评价（As、Hg 未检测出，不做），选取标准见表 5-19。

表 5-19　食品中污染物限量　　　　　　　　　　单位：mg/kg

测定项目	Pb	Cr	Cd
评价标准	0.1	1.0	0.1

本试验地为长期定位的农田土壤，试验耕层土壤 pH 小于 5.5，土壤中各重金属元素执行《土壤环境质量　农用地土壤污染风险管控标准（试行）》（GB 15618—2018）中 pH<5.5 时的标准限值。此次试验只测定了土壤中的 5 种重金属元素（Pb、Cr、Cd、As、Hg）含量。

5.7.3　油菜重金属安全性评价

对三年油菜籽重金属污染状况进行评价，评价结果见表 5-20。其中，As、Hg 未检出。

表 5-20　三年油菜籽重金属污染指数

处理	P_{Pb}			P_{Cr}			P_{Cd}			$P_{综}$			污染水平		
	2010年	2011年	2012年	2010年	2011年	2012年	2010年	2011年	2012年	2010年	2011年	2012年	2010年	2011年	2012年
1	0.281	0.235	0.212	0.186	0.255	0.213	0.265	0.241	0.213	0.263	0.249	0.213	清洁	清洁	清洁
2	0.371	0.348	0.366	0.383	0.337	0.374	0.376	0.330	0.361	0.376	0.343	0.370	清洁	清洁	清洁
3	0.306	0.266	0.287	0.212	0.288	0.236	0.276	0.247	0.223	0.286	0.278	0.268	清洁	清洁	清洁
4	0.320	0.285	0.297	0.225	0.298	0.249	0.306	0.265	0.243	0.302	0.290	0.280	清洁	清洁	清洁
5	0.331	0.289	0.303	0.270	0.342	0.279	0.332	0.282	0.236	0.322	0.324	0.288	清洁	清洁	清洁
6	0.332	0.304	0.320	0.304	0.347	0.276	0.345	0.291	0.249	0.336	0.331	0.301	清洁	清洁	清洁
7	0.321	0.309	0.326	0.331	0.351	0.335	0.356	0.319	0.257	0.346	0.339	0.321	清洁	清洁	清洁
8	0.323	0.307	0.336	0.398	0.424	0.346	0.370	0.334	0.286	0.366	0.391	0.335	清洁	清洁	清洁
9	0.338	0.317	0.345	0.448	0.484	0.397	0.377	0.348	0.293	0.382	0.436	0.372	清洁	清洁	清洁
10	0.352	0.315	0.341	0.508	0.468	0.429	0.379	0.367	0.309	0.396	0.428	0.396	清洁	清洁	清洁
11	0.357	0.345	0.352	0.617	0.579	0.498	0.385	0.387	0.329	0.420	0.512	0.449	清洁	清洁	清洁
12	0.377	0.345	0.356	0.631	0.611	0.524	0.391	0.398	0.333	0.430	0.537	0.468	清洁	清洁	清洁

　　由表 5-20 可知，三年沼液施用后，油菜籽中的 Pb、Cr、Cd 的单因子污染指数都小于 1，说明油菜籽未受到 Pb、Cr、Cd 污染。同时，三年中油菜籽的 P_{Pb}、P_{Cr}、P_{Cd}、$P_{综}$ 均随着沼液施用量的增加，而呈现逐渐升高的趋势，说明高沼液施用量会增加油菜籽中重金属污染的风险。从表 5-20 中还可以看出，常规施肥处理三年油菜籽中的 P_{Pb}、P_{Cr}、P_{Cd}、$P_{综}$ 均高于各年低沼液处理，说明单施化肥比低沼液处理造成油菜籽重金属污染的风险要高；高沼液处理的各项污染指数也有不同程度的升高，因此选择适宜的沼液施用量对降低油菜籽重金属污染是非常必要的。

5.7.4　土壤重金属安全性评价

　　利用单因子污染指数法对土壤中 5 种重金属元素(Pb、Cr、Cd、As、Hg)进行计算，再进行内梅罗综合污染指数计算，标记为 $P_{综}$。结果见表 5-21。

　　由表 5-21 可知，三年施用沼液后，土壤中 Pb、Cr、As、Hg 4 种重金属元素的单因子污染指数均小于 1，均未受污染，说明三年施用沼液后土壤中重金属含量受其影响不大，不会造成这 4 种重金属元素在土壤中显著的积累。同时可以看出，三年沼液施用后土壤中 Cd 的单因子污染指数都大于 1，受到轻度污染，三年中 P_{Cd} 的值随着沼液施用量的增加而升高，最大值均出现在处理 12 处，污染指数分别为 2.038、1.822、1.933，比清水对照和常规施肥处理分别高 27.30%、13.80%、20.74% 和 36.41%、97.61%、33.40%。沼液施用后土壤中 Pb 的污染指数相比原始土壤要低，随着沼液施用量的增加，三年中土壤 P_{Pb} 呈现升高趋势，但都未受到污染，三年 P_{Pb} 最大值分别为 0.184、0.160、0.166；三年中处理 3~8 的 P_{Pb} 均比常规施肥处理低，说明沼液的施用比化肥对土壤环境的改良作用更明显。土壤中 P_{Cr} 均随着沼液的施入而呈现升高的趋势，三年 Cr 单因子污染指数最大值分别为 0.348、0.423、0.389，比清水对照和常规施肥处理分别高 12.99%、37.34%、26.30% 和 71.43%、88.00%、47.91%。三年土壤中 Hg 的单因子污染指数在处理 3~6 均低于常规施肥处理，说明沼液在一定程度上能够影响土壤中 Hg 的含量，降低 Hg 的污染指数。其中，2011 年的 P_{Hg} 都小于其余两年，原因很可能是沼液分期施用方式不同。三年各沼液处理后土壤 As 单因子污染指数变化范围为 0.307~0.487，原始土壤 As 污染指数为 0.254，沼液处理后土壤中 As 较原始土壤有所升高，升高幅度为 20.87%~91.73%，虽然所有 P_{As} 均小于 1，但长期施用沼液会增加土壤 As 污染的风险。

　　由表 5-21 可知，三年综合污染指数 $P_{综}$ 清水对照均比原始土壤要低，而常规施肥处理除 2011 年外，均比原始土壤要高，同时从各年 $P_{综}$ 比较中发现，2011 年的 $P_{综}$ 均低于其余两年，原因在于 2011 年 P_{Hg} 的贡献少，说明沼液分期施用方式对土壤重金属综合污染指数有较大影响。从表 5-21 中还可以看出，三年高沼液处理 10~12 的 $P_{综}$ 大于原始土壤 $P_{综}$，说明长期大量施用沼液会增加土壤中重金属污染的风险。三年中沼液施用土壤 $P_{综}$ 除 2011 年处理 3~6 外，其余的土壤 $P_{综}$ 均大于 1，土壤受到轻度污染，但从各重金属单因子污染指数来看，造成三年土壤 $P_{综}$ 大于 1 的原因在于土壤中 Cd 含量过高。因此，减少 Cd 的来源，沼液长期施用后土壤重金属污染风险会有所降低，有利于沼液的可持续施用。

表 5-21　三年土壤重金属污染指数

处理	P_{Pb}			P_{Cr}			P_{Cd}			P_{Hg}			P_{As}			$P_{综}$			污染等级		
	2010年	2011年	2012年	2010年	2011年	2012年	2010年	2011年	2012年	2010年	2011年	2012年	2010年	2011年	2012年	2010年	2011年	2012年	2010年	2011年	2012年
原始土壤	0.619	0.619	0.619	0.308	0.308	0.308	1.601	1.601	1.601	0.454	0.454	0.454	0.254	0.254	0.254	1.220	1.220	1.220	轻度污染	轻度污染	轻度污染
1	0.162	0.112	0.181	0.203	0.225	0.263	1.494	0.922	1.449	0.460	0.173	0.485	0.373	0.307	0.367	1.124	0.704	1.096	轻度污染	警戒线	轻度污染
2	0.177	0.155	0.172	0.310	0.292	0.320	1.714	1.256	1.672	0.763	0.307	0.792	0.420	0.405	0.442	1.300	0.958	1.276	轻度污染	警戒线	轻度污染
3	0.169	0.127	0.149	0.282	0.277	0.295	1.527	1.067	1.582	0.558	0.214	0.609	0.386	0.344	0.399	1.155	0.815	1.198	轻度污染	警戒线	轻度污染
4	0.174	0.139	0.148	0.223	0.286	0.304	1.630	1.200	1.619	0.581	0.247	0.618	0.395	0.378	0.421	1.227	0.913	1.226	轻度污染	警戒线	轻度污染
5	0.176	0.141	0.154	0.248	0.313	0.347	1.671	1.233	1.657	0.575	0.206	0.685	0.402	0.407	0.422	1.258	0.938	1.259	轻度污染	警戒线	轻度污染
6	0.174	0.144	0.160	0.291	0.330	0.345	1.750	1.313	1.770	0.725	0.255	0.721	0.396	0.421	0.430	1.322	0.999	1.342	轻度污染	警戒线	轻度污染
7	0.175	0.144	0.162	0.315	0.325	0.358	1.710	1.467	1.815	0.768	0.376	0.769	0.418	0.425	0.449	1.298	1.112	1.378	轻度污染	轻度污染	轻度污染
8	0.176	0.151	0.164	0.324	0.352	0.377	1.801	1.556	1.852	0.748	0.360	0.738	0.448	0.443	0.447	1.362	1.176	1.404	轻度污染	轻度污染	轻度污染
9	0.181	0.150	0.164	0.301	0.384	0.377	1.829	1.589	1.864	0.723	0.324	0.720	0.446	0.434	0.449	1.380	1.199	1.412	轻度污染	轻度污染	轻度污染
10	0.183	0.142	0.162	0.326	0.367	0.381	1.929	1.623	1.877	0.676	0.316	0.698	0.428	0.441	0.464	1.450	1.221	1.421	轻度污染	轻度污染	轻度污染
11	0.180	0.160	0.166	0.348	0.410	0.385	2.011	1.695	1.873	0.665	0.287	0.666	0.456	0.447	0.466	1.509	1.275	1.417	轻度污染	轻度污染	轻度污染
12	0.184	0.159	0.164	0.306	0.423	0.389	2.038	1.822	1.933	0.611	0.267	0.677	0.487	0.468	0.480	1.526	1.366	1.461	轻度污染	轻度污染	轻度污染

5.8　本　章　总　结

5.8.1　油菜高产、优质的沼液最佳施用量范围

研究三年田间试验表明，沼液的不断施入可以有效地提高油菜产量和改善油菜籽品质，并在一定程度上提高油菜籽矿质元素含量，降低油菜籽的重金属污染风险。但沼液量的不同对油菜各项指标的影响也不尽相同，当沼液施用量在 $101250\sim183500kg/hm^2$ 范围内时，油菜生理指标处于最佳水平；当沼液施用量在 $101250\sim132500kg/hm^2$ 范围内时，同时控制基肥用量在 37% 左右可以良好促进油菜生长发育，苗肥用量在 47% 左右能增加油菜产量；当沼液施用量在 $101250\sim149500kg/hm^2$ 范围内时，油菜籽氮、磷、钾含量有较高水平；当沼液施用量在 $101250\sim132500kg/hm^2$ 范围内时，油菜籽营养指标有最佳水平；当沼液施用量在 $90000\sim132500kg/hm^2$ 范围内时，油菜籽矿质元素含量有较高水平；当沼液施用量在 $22500\sim132500kg/hm^2$ 范围内时，能使油菜籽重金属含量维持在较低水平。

在控制沼液施用量的同时，试验结果还表明，在不同生长期施用沼液量的不同，会形成油菜籽中各项指标的差异，因此选择合适的各生长期沼液施用量对油菜籽品质有很重要的作用；由油菜籽重金属安全评价结果可知，随着沼液量的不断增加，会增加油菜籽中重金属污染的风险，因此控制在较低水平的沼液施用量能降低污染风险。三年连续沼液的定位施用，能很好地促进油菜增产、增质，而清水对照则不能满足油菜的生产，常规施肥处理导致油菜逐年减产，不利于油菜的可持续生产。综上，通过沼液施用量与油菜各项指标的关系分析，当沼液施用量控制在 $101250\sim132500kg/hm^2$ 范围内，基肥用量在 37% 左右，苗肥用量在 47% 左右，薹肥用量在 16% 左右时，油菜能获得高产，同时油菜籽品质能达到最佳水平。

5.8.2　综合土壤质量与土壤安全的沼液最佳施用量范围

沼液中含有丰富的营养元素，施入土壤中不仅能供给作物生长的必需元素，同时能改善土壤质量，保持土壤肥力，但过量的沼液施入会带来负面的影响，因此控制沼液的施用量对改善土壤质量有着至关重要的作用。通过三年定位施用沼液与清水对照和常规施肥处理来种植油菜相比得出，单施化肥会导致土壤 pH 下降，造成土壤酸化板结、土壤肥力下降及重金属污染风险等不良影响。当控制沼液施用量在 $90000\sim132500kg/hm^2$ 范围内时，能有效地提高和保持土壤肥力，供作物正常的生长所需；当沼液施用量在 $90000\sim132500kg/hm^2$ 范围内时，土壤盐基离子有最佳水平；当沼液施用量在 $101250\sim149500kg/hm^2$ 范围内时，土壤微量元素有最优状态；当沼液施用量在 $22500\sim132500kg/hm^2$ 范围内时，可使土壤中重金属含量处于较低水平。而通过土壤重金属安全评价可知，各重金属元素单因子污染指数随着沼液施用量的增加而升高，内梅罗综合污染指数也呈现

相同趋势，其中重金属 Cd 贡献最大，因此控制外源 Cd 的含量，能很好地降低 $P_综$，可降低土壤遭受重金属污染的风险，达到可持续生产的目的。

三年连续定位施用沼液对土壤质量的影响是积极的，能有效地培肥土壤，不会导致土壤质量下降，连续施用沼液不仅有利于作物的生产，同时还能使土壤各项指标处于最佳水平。而常规施肥处理则不能很好地提高油菜产量，土壤还会出现酸化板结等不利现象，通过比较证明沼液的长期施用是有效可行的，为沼液资源化利用提供有利的处理处置措施。综上所述，既要保持油菜高产、优质，又要提高土壤质量和降低土壤重金属污染风险，在水稻－油菜轮作模式下沼液连续三年施用的最适宜施用量应控制在 101250～132500kg/hm² 范围内。

参 考 文 献

[1]刘后利. 实用油菜栽培学[M]. 上海：上海科学技术出版社，1987.

[2]张锦芳，蒲晓斌，李浩杰，等. 近红外光谱仪测试四川生态区甘蓝型油菜籽粒品质的研究[J]. 西南农业学报，2008，21(1)：238-240.

[3]中国土壤学会. 土壤农业化学分析方法[M]. 北京：中国农业科技出版社，2000.

[4]姚槐应，黄昌勇. 土壤微生物生态学及其实验室技术[M]. 北京：科学出版社，2006.

[5]国家环境保护总局. 水和废水分析监测方法[M]. 北京：中国环境科学出版社，2002.

[6]李轶，张玉龙，谷士艳，等. 施用沼肥对保护地土壤微生物群落影响的研究[J]. 可再生能源，2007，25(2)：44-46.

[7]范拴喜，甘卓亭，李美娟，等. 土壤重金属污染评价方法进展[J]. 中国农学通报，2010，26(17)：310-315.

第6章 水稻－油菜轮作模式下三年连续施用沼液对土壤物质纵向迁移的影响

目前关于沼液农用的研究主要针对作物产量提高、品质提升等，多针对单季或一年施用沼液的影响，研究对土壤环境的影响较多集中在根层土壤，对于沼液长期施用对土壤纵向盐基离子、重金属及团粒结构分布的影响有待进一步研究。探究连续施用沼液对土壤纵向理化性质、盐基离子纵向分布及重金属的纵向迁移，有利于弄清一定土壤类型对应面积对沼液的承载能力，进一步了解沼液在土壤中的消解机理，为沼液的安全施用提供科学依据。

6.1 材料与方法

6.1.1 试验材料

（1）水稻品种：三季水稻品种均采用当地主推品种籼型水稻宜香481。

（2）油菜品种：三季油菜品种均采用四川省宜宾市农业科学院油料所选育的双低优质杂交油菜品种宜油15。

（3）沼液：生猪养殖场正常产气3个月以上的已发酵完全的沼液，具体成分见表6-1。

表6-1 各季施用沼液性质及成分　　　　　　　　　　　　　　单位：mg/L

指标	一季水稻	一季油菜	二季水稻	二季油菜	三季水稻	三季油菜
pH	7.101	7.026	7.132	7.064	7.112	7.127
TN	323.2	903.4	1200	1063	1015	876.2
NH_4^+-N	290.0	652.4	602.3	717.2	563.3	634.7
NO_3^--N	未测	7.00	4.89	6.46	4.24	7.15
TP	87.63	87.23	356.6	146.9	89.7	108.4
TK	330.4	394.3	456.1	429.1	442.7	378.5
Na	未测	245.9	221.92	275.78	216.8	237.34
Ca	81.27	1685.1	1254.74	2063.52	1135.85	1467.39
Mg	11.58	369.9	328.3	447.3	307.5	387.9
Fe	29.25	704.1	608.6	763.7	667.5	721.3
Mn	21.71	28.44	21.08	27.45	23.86	27.34

续表

指标	一季水稻	一季油菜	二季水稻	二季油菜	三季水稻	三季油菜
Cu	13.59	55.33	44.25	49.77	9.988	48.73
Zn	20.78	5.26	10.27	7.51	9.38	5.53
Cd	0.1001	0.0456	0.0356	0.0248	0.0965	0.0376
Cr	1.256	1.272	1.060	1.245	0.994	1.138
Pb	0.8718	0.4754	0.5057	0.8968	0.5568	0.5549
As	10.33	4.99	5.96	9.29	10.06	7.84
Hg	0.0386	—	—	—	0.012	—
总残渣/(g/L)	未测	12.84	22.68	18.78	24.18	21.14

（4）供试化肥：尿素（TN≥46.4%），过磷酸钙（含 P_2O_5 10%），氯化钾（含 K_2O 60%），硼砂（含 B15%）。尿素中重金属平均含量，Pb 为 8.38mg/kg，Cd 为 0.049mg/kg，Cr 为 1.68mg/kg，As 为 1.48mg/kg，Hg 为 0.542mg/kg；过磷酸钙中重金属平均含量，Pb 为 1.89mg/kg，Cd 为 0.201mg/kg，Cr 为 22.77mg/kg，As 为 4.61mg/kg，Hg 为 1.33mg/kg；氯化钾中重金属平均含量，Pb 为 1.08mg/kg，Cd 为 0.327mg/kg，Cr 为 5.60mg/kg，As 为 2.14mg/kg，Hg 为 0.566mg/kg。

6.1.2　试验地点及条件

试验地点位于四川省邛崃市固驿镇黑石村三组某农户责任田，土壤类型为黄壤性水稻土，土壤肥力中等，地势平坦向阳，排灌方便。原始土壤基本理化性质见表 6-2。

表 6-2　土壤（pH=4.801）基本理化性质及重金属含量表

项目	含量	项目	含量	项目	含量
全氮/%	0.2113	有效 Fe/(mg/kg)	688.5	Pb/(mg/kg)	42.17
碱解氮/(mg/kg)	184.83	有效 Mn/(mg/kg)	55.62	Cd/(mg/kg)	0.4802
速效磷/(mg/kg)	80.44	有效 Cu/(mg/kg)	17.19	Cr/(mg/kg)	46.18
速效钾/(mg/kg)	33.13	有效 Zn/(mg/kg)	20.71	As/(mg/kg)	7.629
有机质/%	4.213	Ca/(mg/kg)	134.1	Hg/(mg/kg)	0.1362
CEC/(cmol/kg)	12.21	Mg/(mg/kg)	109.1	Ni/(mg/kg)	24.69

6.1.3　试验设计

试验田连续三年施用沼液进行水稻-油菜轮作，第一季作物为水稻。田间试验设 12 个处理，包括 1 个清水对照（处理 1）、1 个常规施肥处理（处理 2）和 10 个纯沼液处理（处理 3～12），3 次重复，随机区组排列。第一季水稻试验于 2009 年 5 月至 2009 年 9 月进行，第一季油菜试验于 2009 年 9 月至 2010 年 5 月进行；第二季水稻于 2010 年 5 月至

2010 年 9 月进行，第二季油菜于 2010 年 9 月 7 日至 2011 年 5 月进行；第三季水稻试验于 2011 年 5 月至 2012 年 9 月进行，第三季油菜于 2012 年 9 月至 2012 年 5 月进行。三年的沼液施用情况见表 6-3。其中，水稻季施肥处理的化肥施用量按 8kg 尿素、35kg 磷肥（含有机质磷肥，速效磷大于等于 12%，有机质大于等于 3.0%）、10kg 氯化钾，作为分蘖肥一次性全部施用；油菜季各处理一次性施入硼肥 8.4kg/hm² 作为基肥，其他肥料根据油菜不同生长季节所需养分分次施入，折合化肥用量为尿素 510kg/hm²、过磷酸钙 2250kg/hm²、氯化钾 255kg/hm²，以处理 12 沼液施用量为标准，其他处理以清水替代肥料达到统一施用量。

表 6-3　三年试验实际施用沼液情况　　　　　　　　单位：kg/hm²

处理	一季水稻	一季油菜	二季水稻	二季油菜	三季水稻	三季油菜	三年总量
3	3750	22500	9000	64000	16500	64000	179750
4	7500	45000	18000	81000	27000	81000	259500
5	11250	67500	27000	98000	37500	98000	339250
6	15000	78750	36000	110250	48000	110250	398250
7	18750	90000	45000	115500	58500	115500	443250
8	22500	101250	54000	124500	69000	124250	495250
9	26250	112500	63000	132500	79500	132500	546250
10	30000	135000	72000	149500	90000	149500	626000
11	37500	157500	81000	166500	100500	166500	709500
12	45000	180000	90000	183500	111000	183500	793000

6.1.4　田间主要栽管措施

试验小区面积为 20m²（5m×4m），小区间垒土埂，宽 30cm，高 20cm，并用塑料膜包埂，防止水肥串流。处理间间隔 40cm，重复间间隔 50cm，四周设保护行。单排单灌，周围设 1m 宽的保护行。水稻行株距为 25cm×18cm，每小区栽 15 行，每行 22 穴，合 16.5 万穴/hm²。油菜每小区定植 168 株，折合密度为 8.4 万株/hm²。田间施肥按照试验设计的用量和时间进行。

6.1.5　样品采集与制备

1. 沼液采集

每次施用沼液前，采集充分混合后的沼液约 2kg 装入密封袋，标好标签带回实验室进行测定。

2. 土壤样品采集与制备

2012 年 5 月油菜收获后采集各试验小区的土样，每个试验小区中间位置挖掘长约 1m，宽约 80cm，深约 1.2m 的土坑，在同一土壤剖面采集 0～100cm 土壤样品。采集样品前用酒精擦拭铁铲刮去剖面表层土壤，每 20cm 为一个采样层，用灭菌环刀按梅花形取样，将样品装于无菌封口袋中及时带回实验室。风干储存用于土壤基本理化性质的测定。基础土样采于试验处理前，共采集 15 个点，取样深度为 0～20cm，充分混合后用四分法去掉多余部分，留 0.5～1kg，标好标签带回实验室。处理后土样采于第三季油菜收获后，分小区分别取样。所有土壤样品分成两个部分：一部分用手将土块掰成 1cm 左右粒径的土块，备水稳性团聚体测定；另一部分按照样品处理规程，风干、磨细、过筛后以备基本理化性质、中微量元素和重金属测定。

6.1.6　测定方法

1. 沼液成分的测定

沼液样品分析方法参照《水和废水分析监测方法》(第四版)[1]，具体方法见表 6-4。

表 6-4　沼液各项目的测定方法

项目	测定方法	项目	测定方法
pH	电位法	TOC	TOC 分析仪法
全氮	碱性过硫酸钾消解紫外分光光度法	TK	火焰光度计
		总 Pb、Cu、Zn、Cr、Ca、Mg	火焰原子分光光度法
NH_4^+-N	纳氏试剂比色法	总 As、Hg	原子荧光分光光度法
全磷	钼酸铵分光光度法	Cd	石墨炉原子分光光度计
总残渣	差量法	K、Na	火焰光度法

2. 土样的分析测定

土样分析参照中国土壤学会编写的《土壤农业化学分析方法》[2]，具体分析指标及测定方法见表 6-5。

表 6-5　土壤各测定项目的分析方法

项目	测定方法	项目	测定方法
pH	电位法(土水比 1：2.5)	电导率	电导仪
有机质	重铬酸钾容量法——外加热法	水溶性 K、Na	火焰光度法
全氮	半微量开氏定氮法	水溶性 Ca、Mg	原子吸收分光光度法
碱解氮	碱解扩散法	总残渣	差量法
硝态氮	酚二磺酸比色法	有机质	重铬酸钾容量法——外加热法
全磷	$H_2SO_4-HClO_4$ 消化钼锑抗比色法	TOC	TOC 分析仪法

项目	测定方法	项目	测定方法
有效磷	NaHCO₃浸提——钼锑抗比色法	团聚体和土壤机械组成	湿筛法、比重计法
全钾	火焰光度法	全量重金属 Pb、Cu、Zn	火焰原子分光光度法
速效钾	醋酸铵——火焰光度法	重金属 As、Hg	原子荧光分光光度法
		全量重金属 Cd、Cr	质谱仪

6.1.7　评价方法

1. 分形维数

土壤团聚体分形维数(D)是描述土壤结构特征的新方法，可作为土壤评价指标之一。杨培岭等[3]采用粒径的质量分布取代粒径的数量分布，可直接计算粒径分布的分形维数，用以表征土壤粒径的大小组成及质地组成的均匀程度。土壤团粒结构粒径分布的分形维数反映了土壤团粒体含量对土壤结构与稳定性的影响趋势，团粒结构粒径分布的分形维数越小，土壤越具有良好的结构与稳定性。分形维数 D 通常介于 2～3。当 $D=0$ 时，土壤由单一直径颗粒组成；当 $0<D<3$ 时，大粒径团粒占优势；当 $D\geqslant3$ 时，小粒径团粒占优势；当 D 接近于 2 时，土壤团粒主要由少量大团聚体组成，但随 D 值增大，土壤中小粒径团聚体数量则随之增加。

土壤团聚体分形维数(D)计算为

$$\left(\frac{\overline{d}_i}{\overline{d}_{\max}}\right)^{3-D} = \frac{W(\delta<\overline{d}_i)}{W_0} \tag{6-1}$$

对式(6-1)两边取对数，可得

$$(3-D)\lg\left(\frac{\overline{d}_i}{\overline{d}_{\max}}\right) = \lg\left[\frac{W(\delta<\overline{d}_i)}{W_0}\right] \tag{6-2}$$

式中：$\overline{d}_i$——第 i 级别团聚体直径的平均值；

　　　$\overline{d}_{\max}$——最大粒级团聚体的平均直径；

　　　$W(\delta<\overline{d}_i)$——粒级小于$\overline{d}_i$的团聚体累积质量；

　　　W_0——所有粒级团聚体质量的总和。

对式(6-2)进行回归方程数据拟合，可得 D 值。

2. 单因子污染指数法

单因子污染指数法体现每一个评价指标的污染状况，污染指数越高，对综合污染指数的贡献率和影响越大。计算公式为 $P_i=C_i/S_i$，式中 P_i 为污染物 i 的单项污染指数，C_i 为污染物 i 的实测浓度，S_i 为污染物 i 的评价标准。污染指数对应污染程度见表6-6。

3. 内梅罗综合污染指数法

综合污染指数全面反映了各污染物对土壤污染的不同程度，并且充分考虑了高浓度物质对土壤环境质量的影响。计算公式为 $P_i = C_i / S$，$P = [(P_{i\max}^2 + P_{i\text{ave}}^2)/2]^{1/2}$，式中 P_i 为 i 污染物的污染指数，C_i 为 i 污染物的实测值，S 为 i 污染物的参比值，P 为综合污染指数，$P_{i\max}$ 为最大单项污染指数，$P_{i\text{ave}}$ 为平均污染指数，根据 P_i 和 P 值变幅，划分 5 个污染等级。污染指数对应污染程度见表 6-6。

表 6-6　污染指数及对应污染程度

单因子污染指数	污染程度	内梅罗污染指数	综合污染程度
$P_i \leqslant 0.7$	清洁级	$P(\text{或} P_i) \leqslant 0.7$	Ⅰ优良级
$0.7 < P_i \leqslant 1$	尚为清洁级	$0.7 < P(\text{或} P_i) \leqslant 1.0$	Ⅱ安全(警戒)级
$P_i > 1$	污染级	$1.0 < P(\text{或} P_i) \leqslant 2.0$	Ⅲ轻度污染级
		$2.0 < P(\text{或} P_i) \leqslant 3.0$	Ⅳ中度污染级
		$P(\text{或} P_i) > 3.0$	Ⅴ重度污染级

6.1.8　数据处理

试验数据采用 Excel 2007、SPSS 19.0 等软件进行分析、统计和绘图。

6.2　沼液不同施用量对土壤机械组成及团粒结构的影响

6.2.1　土壤机械组成

土壤机械组成是土壤固相结构的主要组分，决定着土壤的渗透性、可蚀性等物理行为，其受成土母质的特点和土地利用等因素的影响。

由表 6-7 可知，A 层各处理土壤中黏粒含量占比范围为 24.8%~26.7%，粉粒含量占比范围为 32.0%~40.7%，砂粒含量占比范围为 33.0%~43.0%，均属于壤质黏土。其中，常规施肥处理与清水对照土壤黏粒占比值相同，沼液各处理土壤黏粒含量占比相对于清水对照和常规施肥处理均有所增加，增比为 0.8%~7.7%。随沼液施用量增加，沼液各处理土壤中黏粒占比呈先增大后减小的趋势，但均高于清水对照，其最大值出现在处理 9 处；粉粒呈增大的趋势，砂粒呈减小的趋势；相关性分析显示砂粒含量所占比例与黏粒、粉粒均呈极显著的负相关关系（$F = -0.716^{**}$，$P = 0.009$；$F = -0.977^{**}$，$P = 0$）。

B 层各处理土壤中黏粒含量占比范围为 29.9%~33.9%，粉粒含量占比范围为 33.6%~41.9%，砂粒含量占比范围为 27.0%~33.0%，常规施肥处理和处理 3~7 属于粉砂质黏土，清水对照及处理 8~12 属于壤质黏土。各沼液处理土壤中的黏粒占比相比于清水对照增大 1.3%~10.4%，相对于常规施肥处理增大 4.0%~13.4%，随沼液施用量增加呈先增大后减小的趋势，最大值出现在处理 11 处；各沼液处理土壤中粉粒占比呈先减小后增大的趋势，而砂粒占比呈先增大后减小的趋势；相关性分析显示粉粒含量占比与黏粒呈显著的负相关关系（$F=-0.610^*$，$P=0$），与砂粒呈极显著的负相关关系（$F=-0.912^{**}$，$P=0$）。

C层各处理土壤中黏粒含量占比范围为 33.8%～36.2%，粉粒含量占比范围为 35.2%～41.3%，砂粒含量占比范围为 24.9%～29.0%，均属于粉砂质黏土。处理 2～8 土壤黏粒含量占比均低于清水对照 0.3%～3.4%，处理 9～12 则均高于清水对照 2.3%～3.4%，随沼液施用量增加沼液各处理土壤黏粒占比总体呈增大的趋势，粉粒占比呈减小的趋势，砂粒占比呈增大的趋势，而随着砂粒占比的增大，C 层高沼液处理有从粉砂质黏土向壤质黏土转变的趋势。相关性分析显示粉粒含量占比与黏粒、砂粒呈极显著的负相关关系（$F=-0.874^{**}$，$P=0$；$F=-0.942^{**}$，$P=0$），黏粒含量占比与砂粒呈显著的正相关关系（$F=0.660^*$，$P=0.019$）。

D层各处理土壤中黏粒含量占比范围为 38.1%～39.9%，粉粒含量占比范围为 34.7%～39.1%，砂粒含量占比范围为 21.3%～26.9%，均属于粉砂质黏土。随沼液施用量增加，沼液各处理黏粒占比呈微量增大的趋势；粉粒占比则呈增大的趋势，砂粒占比呈减小的趋势；相关性分析显示黏粒含量占比与粉粒、砂粒呈极显著的负相关关系（$F=-0.814^{**}$，$P=0.001$；$F=-0.954^{**}$，$P=0$），粉粒含量占比与砂粒呈显著的正相关关系（$F=0.642^*$，$P=0.024$）。

E层各处理土壤中黏粒含量占比范围为 42.1%～45.9%，粉粒含量占比范围为 34.0%～36.5%，砂粒含量占比范围为 17.7%～23.9%，均属于粉砂质黏土。各处理黏粒、粉粒、砂粒含量占比相对固定，其随沼液施用量增加变化规律不明显；相关性分析显示黏粒含量占比与粉粒、砂粒呈极显著的负相关关系（$F=-0.808^{**}$，$P=0.001$；$F=-0.740^{**}$，$P=0.006$）。

纵向比较各处理各层土壤可知，黏粒含量占比纵向呈 A 层＜B 层＜C 层＜D 层＜E 层，与清水对照相比，A、B、C、D 层土壤中黏粒含量占比变幅最小，其中 A、B 层均高于清水对照及常规施肥处理，C 层处理 9～12、D 层处理 7～12 高于清水对照，各层随沼液施用量增加而表现出增大的趋势，表明沼液施用可一定程度增大土壤 0～80cm 黏粒含量。常规施肥处理土壤中粉粒占比除 B 层中有所增大外，A、C、D 层中均相对减小。处理 3～8 A 层土壤中粉粒占比相比于清水对照有一定幅度的减小，而 B、C、D 层均有一定幅度的增大。处理 8～12 A 层土壤中粉粒占比有一定幅度的增大，B、C 层有一定幅度的减小，D 层则有一定幅度的增大。表明沼液对土壤深层土粉粒含量的影响随沼液施用量的增加而增强，而化肥对土壤粉粒含量的影响主要停留在 A、B 层土壤。清水对照土壤及处理 3、4 中砂粒的占比纵向呈 A＞B＞D＞C＞E，表层砂粒的占比增大明显；处理 5 中砂粒的占比纵向呈 A＞C＞B＞D＞E，A、B 层砂粒占比有所减小，而 C 层砂粒占比增大；常规施肥处理和处理 6～10 均呈 A＞B＞C＞D＞E，A 层砂粒占比进一步减小，B、C 层砂粒占比进一步增大；而处理 11、12 则呈 A＞B＞C＞E＞D，D 层砂粒占比减小明显而 E 层砂粒占比增大。表明 0～60cm 层土壤砂粒的占比随沼液施用量的增加而增大。

表 6-7　土壤机械组成(国际制)

单位：%

处理	A(0~20cm)			B(20~40cm)			C(40~60cm)			D(60~80cm)			E(80~100cm)		
	黏粒	粉粒	砂粒	黏粒	粉粒	砂粒	黏粒	粉粒	砂粒	黏粒	粉粒	砂粒	黏粒	粉粒	砂粒
1	24.8	37.2	38.0	30.7	37.8	31.5	35.0	39.2	25.8	38.4	35.3	26.3	44.5	36.1	19.3
2	24.8	36.7	38.5	29.9	40.2	29.9	34.2	38.2	27.6	38.9	34.7	26.4	44.3	35.5	20.1
3	25.0	32.0	43.0	31.1	41.9	27.0	33.8	41.3	24.9	38.1	35.1	26.9	43.5	36.4	20.1
4	25.3	33.4	41.3	31.8	40.2	28.0	34.1	40.5	25.4	38.3	36.0	25.7	44.5	36.5	19.1
5	25.8	36.0	38.2	32.3	41.2	26.5	34.3	39.0	26.7	38.1	37.2	24.0	45.9	34.1	20.0
6	26.0	37.4	36.6	32.5	39.9	27.6	34.8	38.8	26.4	38.1	37.9	24.7	45.8	36.5	17.7
7	26.2	38.0	35.8	33.2	39.3	27.5	34.6	38.2	27.2	38.9	38.3	22.9	44.5	36.7	18.8
8	26.6	36.5	36.9	32.6	38.2	29.2	34.9	37.1	28.0	39.4	38.1	22.5	43.2	37.0	19.8
9	26.7	37.2	36.1	33.0	36.5	30.5	35.8	36.7	27.5	39.1	37.8	23.1	43.2	35.1	21.7
10	26.4	37.9	35.7	33.2	33.8	33.0	36.2	35.9	27.9	39.6	38.9	21.5	42.6	36.0	21.4
11	26.4	38.9	34.7	33.9	33.6	32.5	36.0	36.7	27.3	39.9	38.5	21.6	42.9	34.3	22.7
12	26.3	40.7	33.0	32.6	36.0	31.4	35.8	35.2	29.0	39.7	39.1	21.3	42.1	34.0	23.9

注：黏粒粒径小于 0.002mm，粉粒粒径为 0.002~0.02mm，砂粒粒径为 0.02~2mm。

6.2.2　土壤团聚体

由表 6-8 可知，0～20cm（A 层）土层各处理 2～5mm 水稳性团聚体含量的范围为 31.0%～53.2%；1～2mm 水稳性团聚体含量的范围为 2.9%～10.7%；0.5～1mm 水稳性团聚体含量的范围为 4.3%～12.4%；0.25～0.5mm 水稳性团聚体含量的范围为 2.9%～11.7%；小于 0.25mm 水稳性团聚体含量的范围为 32.8%～44.1%。与清水对照相比，常规施肥处理土壤中 2～5mm 团聚体含量有所减小，而沼液各处理土壤中 2～5mm 团聚体含量显著增大，增比达 10.0%～61.7%；常规施肥处理和沼液处理土壤中 1～2mm 团聚体含量相比于清水对照均显著增大，其增比分别达 144.8%、37.9%～269.0%。与常规施肥处理土壤中 0.5～1mm 团聚体的含量相比，清水对照显著增大，达 49.4%；各沼液处理相对于清水对照则有增有减，处理 4、5、11、12 相对减小 3.6%～48.2%，其他沼液处理相对增大 0%～24.1%，但其含量均小于常规施肥处理。常规施肥处理和沼液各处理 0.25～0.5mm、小于 0.25mm 团聚体含量相比于清水对照均有较大幅度减小，常规施肥处理减小幅度最小，分别为 20.5%、9.1%；沼液各处理大体呈现随沼液施用量增加土壤 0.25～0.5mm、小于 0.25mm 团聚体含量减小幅度增大的趋势，分别达 35.9%～75.2%、14.5%～24.9%。综上分析表明，施用化肥对 A 层土壤水稳性团聚体的影响主要是增加了 1～2mm、0.5～1mm 团聚体含量，减少了 2～5mm、0.25～0.5mm、小于 0.25mm 团聚体含量；施用沼液对 A 层土壤水稳性团聚体的影响主要是增加了 2～5mm、1～2mm 团聚体含量，以及处理 6～10 土壤中 0.5～1mm 团聚体含量，而减少了 0.25～0.5mm、小于 0.25mm 团聚体含量；施用沼液比施用化肥更能促进 A 层土较大粒径团聚体的形成。

20～40cm（B 层）土层各处理 2～5mm 水稳性团聚体含量的范围为 18.0%～23.5%，1～2mm 水稳性团聚体含量的范围为 2.0%～5.1%，0.5～1mm 水稳性团聚体含量的范围为 8.5%～15.4%，0.25～0.5mm 水稳性团聚体含量的范围为 17.0%～20.5%，小于 0.25mm 水稳性团聚体的含量范围为 49.3%～50.5%。与清水对照相比，常规施肥处理土壤中 2～5mm 团聚体含量有所增大，增比达 17.8%；沼液各处理则增大 5.0%～30.6%，其中除处理 10 外，其增比均低于常规施肥处理 0.6%～1.2%。常规施肥处理和处理 3 土壤中 1～2mm 团聚体含量相比于清水对照均有所减小，分别减小 3.9%、23.1%，而处理 4～12 明显增大，增比达 19.2%～96.2%。常规施肥处理土壤中 0.5～1mm 团聚体的含量相比于清水对照显著减少，达 22.7%，相对于清水对照，处理 3、5～8 含量减小，处理 4、9～12 增大，减、增比例分别达 0.8%～28.6%、5.0%～29.4%，但其含量（除处理 3 外）均大于常规施肥处理；沼液各处理土壤中 0.5～1mm 团聚体的含量随沼液施用量增加大致表现出先减小后增大的趋势。常规施肥处理土壤中 0.25～0.5mm 团聚体含量相比于清水对照有所减小，而沼液各处理则表现为有增大有减小，其增大幅度在 12.6% 以内。常规施肥处理和处理 3 土壤中小于 0.25mm 团聚体含量相对于清水对照均有少量增大，其他沼液处理均有所减小；沼液各处理大体呈现随沼液施用量增加土壤小于 0.25mm 团聚体含量减小幅度增大的趋势，减小幅度达 4.7%～13.2%。

综上分析表明，施用化肥对 B 层土壤水稳性团聚体的影响主要是增加了 2~5mm、小于 0.25mm 团聚体含量，减少了 1~2mm、0.5~1mm 、0.25~0.5mm 团聚体含量；施用沼液对 B 层土壤水稳性团聚体的影响主要是增加了 2~5 mm、1~2mm 团聚体含量，处理 4、9~12 土壤中 0.5~1mm 团聚体含量，而减少了小于 0.25mm 团聚体含量；适量施用沼液比化肥更能促进 B 层土壤中小于 0.25mm 团聚体的形成。

40~60cm（C 层）土层各处理 2~5mm 水稳性团聚体含量的范围为 7.6%~16.2%，1~2mm 水稳性团聚体含量的范围为 2.5%~6.4%，0.5~1mm 水稳性团聚体含量的范围为 8.9%~18.3%，0.25~0.5mm 水稳性团聚体含量的范围为 15.5%~29.9%，小于 0.25mm 水稳性团聚体含量的范围为 47.9%~54.5%。与清水对照相比，常规施肥处理土壤中 2~5mm 团聚体含量有所减小，处理 3~5、7、9 土壤中 2~5mm 团聚体含量相比于清水对照增大 3.8%~24.6%，其他沼液处理均低于清水对照 2.3%~41.5%，其减幅均高于常规施肥处理，沼液各处理 2~5mm 团聚体含量随沼液施用量增加大体呈先增大后减小的趋势。常规施肥处理和沼液处理（除处理 3、5 有所减小外）土壤中 1~2mm 团聚体含量相比于清水对照均有所增大，增比分别达 5.6%、30.6%~77.8%。常规施肥处理土壤中 0.5~1mm 团聚体的含量相比于清水对照显著增大，增幅达 20.9%；处理 3~5、10 相对于清水对照则减小 8.9%~33.6%；其他沼液处理相对增比为 1.5%~36.6%。常规施肥处理和沼液各处理（除处理 4 外）土壤 0.25~0.5mm 团聚体含量相比于清水对照均增大，增比分别为 24.5%、0.6%~92.9%。常规施肥处理小于 0.25mm 团聚体含量有所减小，减幅达 12.1%，沼液各处理（除处理 5 增大 6.2%外）大致呈现随沼液施用量增加土壤小于 0.25mm 团聚体含量减小幅度增大的趋势，减幅达 2.9%~22.9%。综上分析表明，施用化肥对 C 层土壤水稳性团聚体的影响主要是增加了 0.5~1mm、0.25~0.5mm 团聚体含量，减少了小于 0.25mm 团聚体含量；施用沼液对 C 层土壤水稳性团聚体的影响主要是增加了 0.25~0.5mm 团聚体含量，而减少了小于 0.25mm 团聚体含量，随沼液施用量增加 2~5mm 团聚体含量呈减小趋势，而 0.5~1mm、0.25~0.5mm 团聚体含量呈增大趋势；施用沼液比施用化肥更能促进 C 层 1~2mm 团聚体形成，而施用化肥及一定量沼液对于其他粒径（0.5~1mm、0.25~0.5mm）团聚体的影响效果相当，超过一定量，沼液施用对其形成的促进作用优于化肥。

60~80cm（D 层）土层各处理 2~5mm 水稳性团聚体含量的范围为 5.6%~13.8%，1~2mm 水稳性团聚体含量的范围为 0.8%~2.4%，0.5~1mm 水稳性团聚体含量的范围为 4.2%~9.2%，0.25~0.5mm 水稳性团聚体含量的范围为 13.2%~24.3%，小于 0.25mm 水稳性团聚体的含量范围为 57.2%~71.3%。与清水对照相比，常规施肥处理土壤中 2~5mm 团聚体含量减小 5.7%，沼液处理（除处理 4、8、9 外），土壤中 2~5mm 团聚体含量相比于清水对照增大 35.7%~97.1%。常规施肥处理和沼液处理（除处理 7 有所减小外）土壤中 1~2mm 团聚体含量相比于清水对照均有所增大，增比分别达 0%、9.1%~118.2%。常规施肥处理土壤中 0.5~1mm 团聚体的含量相比于清水对照有所减小但差异不大；沼液处理（除处理 7 外）相对于清水对照均增大，增幅为 14.3%~49.2%。常规施肥处理和沼液各处理（除处理 6 外）土壤 0.25~0.5mm 团聚体含量相比于清水对照均增大，增比分别为 11.2%、2.8%~69.9%。常规施肥处理和沼液处理小于

表6-8 土壤团聚体含量

单位:%

土层	粒径组成	处理											
		1	2	3	4	5	6	7	8	9	10	11	12
A层 (0~20cm)	2~5mm	32.9	31.0	37.8	43.9	53.2	40.5	43.2	36.2	44.1	40.9	46.6	47.6
	1~2mm	2.9	7.1	8.6	6.5	4.0	7.3	5.3	10.7	7.2	7.7	5.6	9.5
	0.5~1mm	8.3	12.4	8.3	8.0	5.2	8.5	8.9	10.3	9.4	9.2	7.0	4.3
	0.25~0.5mm	11.7	9.3	7.5	7.4	4.5	6.8	6.6	7.0	6.5	7.4	6.2	2.9
	<0.25mm	44.1	40.1	37.7	34.2	33.1	36.9	36.0	35.9	32.8	34.9	34.7	35.8
B层 (20~40cm)	2~5mm	18.0	21.2	19.2	19.0	20.3	23.0	23.5	20.9	18.9	17.9	18.9	19.3
	1~2mm	2.6	2.5	2.0	4.8	3.4	3.1	3.2	4.0	5.0	4.5	4.8	5.1
	0.5~1mm	11.9	9.2	8.5	12.5	11.8	10.8	10.1	10.3	12.8	15.4	15.3	15.1
	0.25~0.5mm	18.2	17.0	19.8	16.6	19.0	18.2	16.5	20.5	20.1	19.3	18.1	17.7
	<0.25mm	49.3	50.2	50.5	47.1	45.4	45.0	46.8	44.2	43.2	42.8	42.9	42.8
C层 (40~60cm)	2~5mm	13.0	12.8	16.2	16.0	15.1	12.7	15.6	7.6	13.5	10.4	10.2	11.3
	1~2mm	3.6	3.8	3.5	5.4	2.5	4.8	4.7	5.4	6.4	5.5	4.9	5.1
	0.5~1mm	13.4	16.2	10.7	11.3	8.9	13.6	15.8	18.3	15.2	12.2	15.3	17.1
	0.25~0.5mm	15.5	19.3	16.7	15.4	15.6	17.7	17.3	19.5	18.2	29.9	25.3	23.4
	<0.25mm	54.5	47.9	52.9	51.9	57.9	51.1	46.7	49.1	46.6	42.0	44.3	43.1
D层 (60~80cm)	2~5mm	7.0	6.6	12.1	5.6	13.5	13.8	13.5	7.0	6.9	13.4	12.2	9.5
	1~2mm	1.1	1.1	2.4	1.4	2.0	2.1	0.8	1.4	1.5	1.2	1.7	1.9
	0.5~1mm	6.3	6.2	7.3	8.9	7.9	9.4	4.2	9.2	7.9	7.2	8.1	7.2
	0.25~0.5mm	14.3	15.9	14.7	18.4	19.3	13.2	17.3	18.5	24.3	20.6	17.0	17.7
	<0.25mm	71.3	70.2	63.6	65.8	57.2	61.5	64.2	63.9	59.4	57.6	61.0	63.7
E层 (80~100cm)	2~5mm	6.0	4.8	6.0	1.9	5.5	2.3	1.6	3.6	2.9	1.8	1.4	1.8
	1~2mm	0.3	1.2	0.5	0.4	0.6	0.5	0.5	0.3	0.5	0.3	0.4	0.4
	0.5~1mm	4.0	5.8	5.4	4.9	8.9	5.6	5.7	9.5	5.4	4.4	5.9	4.3
	0.25~0.5mm	14.0	26.0	16.4	16.9	19.7	18.0	16.5	8.8	18.1	14.8	15.6	10.1
	<0.25mm	75.6	62.2	71.7	75.8	65.2	73.6	75.7	77.8	73.2	78.7	76.7	83.4

0.25mm 团聚体含量均减小，其减幅分别为 1.5%、7.7%～19.8%，沼液各处理总体呈现随沼液施用量增加先减小后增大但均小于清水对照的趋势。综上分析表明，施用化肥对 D 层土壤水稳性团聚体的影响主要是增大 0.25～0.5mm 团聚体含量，减小小于 0.25mm 团聚体含量；施用沼液对 D 层土壤水稳性团聚体的影响主要是增大 2～5mm、0.25～0.5mm 团聚体含量，减小小于 0.25mm 团聚体含量。施用沼液比施用化肥更能促进 D 层大于 0.25mm 团聚体的形成。

80～100cm（E 层）土层各处理 2～5mm 水稳性团聚体含量的范围为 1.4%～6.0%，1～2mm 水稳性团聚体含量的范围为 0.3%～1.2%，0.5～1mm 水稳性团聚体含量的范围为 4.0%～9.5%，0.25～0.5mm 水稳性团聚体含量的范围为 8.8%～26.0%，小于 0.25mm 水稳性团聚体的含量范围为 65.2%～83.4%。与清水对照相比，常规施肥处理和沼液各处理 2～5mm 团聚体含量均减小，减比分别达 20.0%、0%～76.7%。常规施肥处理和沼液处理（除处理 7 有所减小外）土壤中 1～2mm 团聚体含量相比于清水对照均有所增大，增比分别为 300.0%、0%～100.0%。常规施肥处理土壤中 0.5～1mm 团聚体的含量相比于清水对照有所增大，增比为 45.0%；沼液处理相对于清水对照均增大，增比为 7.5%～137.5%。常规施肥处理和沼液各处理（除处理 8、12 外）土壤 0.25～0.5mm 团聚体含量相比于清水对照均增大，增比分别为 85.7%、5.7%～40.7%。常规施肥处理小于 0.25mm 团聚体含量相比清水对照减小 17.7%，沼液处理则有增大有减小，总体呈增大趋势，处理 3～6、9 减小 2.6%～13.8%，其他沼液处理增大 0.1%～10.3%。综上分析表明，施用化肥对 E 层土壤水稳性团聚体的影响主要是增大 1～2mm、0.5～1mm、0.25～0.5mm 团聚体含量，减小 2～5mm、小于 0.25mm 团聚体含量；施用沼液对 E 层土壤水稳性团聚体的影响主要是增大 0.25～0.5mm 团聚体含量，减小 2～5mm、小于 0.25mm 团聚体含量。施用沼液比施用化肥更不利于 E 层较大团聚体的形成。

6.3　沼液不同施用量对土壤盐分累积及盐基离子纵向运移的影响

造成土壤次生盐渍化的原因有气候条件、土壤质地、地下水位、灌溉方式、不合理施肥等，长期超量施肥造成土壤养分累积也可导致土壤次生盐渍化[4]。盐分对作物的影响主要取决于土壤可溶性盐的含量及其组成，以及不同作物的耐盐性。

6.3.1　电导率

电导率是表征水中含盐量的方法之一，由于水中溶解的大部分盐类都是电解质，其在水中形成离子，故可利用离子的导电能力（电导率）来评价水中含盐量。通常情况下，电导率越高，水中的含盐量越高，电导率越低，水中的含盐量亦越低。电导率受温度影响较大，温度升高，电导率随之增大，故通常需将所测得的电导率值换算成 25℃时的数值，本试验所用仪器自带温度系数校正功能，故可直接读取数据。

各土层土壤 pH、电导率及水溶性阳离子含量如表 6-9 所示。

表6-9　各土层土壤pH、电导率及水溶性阴离子含量

指标		处理 1	2	3	4	5	6	7	8	9	10	11	12	均值	F	P
pH	A层	5.24	5.15	5.19	5.22	5.23	5.26	5.29	5.31	5.32	5.34	5.36	5.39	5.25	7.47**	0.000
	B层	5.26	5.23	5.28	5.30	5.31	5.35	5.32	5.35	5.38	5.39	5.40	5.45	5.33	0.08	1.000
	C层	5.36	5.27	5.31	5.35	5.37	5.40	5.45	5.45	5.44	5.47	5.50	5.51	5.39	0.15	0.999
	D层	5.44	5.32	5.40	5.43	5.46	5.46	5.48	5.51	5.52	5.51	5.53	5.54	5.41	0.38	0.954
	E层	5.69	5.62	5.67	5.63	5.66	5.66	5.67	5.65	5.68	5.64	5.66	5.68	5.66	0.01	1.000
电导率/(μS/cm)	A层	89.7	105.1	96.5	99.2	107.7	109.8	115.9	114.9	124.2	138.1	140.3	153.4	116.2	21.40**	0.000
	B层	66.1	77.4	73.3	74.6	77.1	82.0	90.4	87.8	86.8	88.8	82.1	89.8	80.2	5.95**	0.000
	C层	64.2	72.0	65.4	72.6	74.6	76.6	76.3	77.5	80.2	75.7	74.4	71.3	73.4	0.67	0.750
	D层	43.9	52.7	49.5	48.9	51.1	51.2	53.6	52.4	54.8	50.7	51.4	50.4	50.9	0.15	0.999
	E层	17.7	36.0	26.4	18.9	21.9	24.9	22.0	26.8	26.5	30.2	28.5	30.0	25.8	2.25*	0.047
水溶性钙(mg/kg)	A层	27.81	54.69	29.89	29.75	34.13	38.65	41.10	37.78	39.21	40.52	49.34	54.85	39.81	11.69**	0.000
	B层	25.58	31.97	39.29	39.54	47.95	49.77	44.56	47.29	47.27	52.98	57.16	53.11	44.71	9.34**	0.000
	C层	25.31	37.26	30.78	32.18	31.80	30.60	33.04	33.45	34.68	35.95	32.65	36.87	32.63	0.81	0.628
	D层	13.39	11.11	12.33	13.14	15.24	16.64	14.06	15.90	18.09	19.30	22.72	22.15	16.17	10.99**	0.000
	E层	3.16	3.20	2.18	2.13	2.14	2.05	2.53	2.07	2.58	3.35	2.75	3.60	2.65	3.38**	0.006
水溶性镁(mg/kg)	A层	8.84	15.96	13.93	14.31	14.28	15.33	15.96	16.56	16.00	19.33	16.36	20.29	15.59	9.87**	0.000
	B层	9.13	11.80	10.57	11.22	11.24	11.65	12.31	11.97	12.79	13.67	14.08	14.13	12.05	2.05	0.069
	C层	10.41	15.03	12.81	12.22	12.44	12.59	11.93	13.05	12.18	13.50	12.76	12.66	12.63	1.26	0.303
	D层	6.45	6.81	6.60	6.27	6.82	6.89	6.98	6.47	6.30	6.97	6.56	6.91	6.67	0.34	0.968
	E层	1.86	1.12	1.66	1.13	1.19	1.93	1.30	1.25	1.05	1.41	1.26	1.40	1.38	12.57**	0.000
水溶性钾(mg/kg)	A层	7.21	4.02	7.88	9.24	8.75	10.07	10.28	11.94	12.00	12.50	15.05	14.64	9.33	1.24	0.313
	B层	5.17	4.50	4.75	4.25	5.30	5.22	5.86	5.55	5.42	6.79	6.98	6.48	5.52	7.04**	0.000
	C层	4.74	4.18	4.42	5.30	5.79	6.67	7.35	7.72	8.28	8.84	8.50	7.91	6.61	32.26**	0.000
	D层	4.24	6.06	4.25	4.52	4.35	4.93	5.25	6.00	6.63	6.88	7.06	7.00	5.60	24.63**	0.000
	E层	3.26	5.58	4.19	3.43	3.31	3.55	4.00	4.67	4.84	5.42	6.07	5.82	4.51	13.39**	0.000
水溶性钠(mg/kg)	A层	11.35	11.80	12.65	12.85	13.57	13.00	13.72	14.10	13.50	14.50	16.00	15.15	13.52	3.88**	0.003
	B层	8.50	9.33	7.00	7.06	7.15	7.44	7.57	6.81	7.99	8.57	9.07	10.93	8.12	12.40**	0.000
	C层	5.07	7.15	6.44	7.44	7.82	7.32	7.32	7.57	9.07	8.70	8.70	8.47	7.59	22.26**	0.000
	D层	3.24	3.69	3.45	3.26	3.32	4.29	4.37	3.74	4.10	5.04	5.38	5.46	4.11	14.36**	0.000
	E层	4.58	4.35	2.57	2.36	2.74	3.91	1.75	3.49	3.07	4.54	3.74	3.57	3.36	18.89**	0.000

由表 6-9 可知，0~20cm（A 层）土层各处理土壤电导率的范围为 89.7~153.4μS/cm。常规施肥处理比清水对照高 17.2%，而处理 3~12 比清水对照高 7.6%~71.0%，表明沼液、化肥施用均会导致土壤表层盐分的累积，其中处理 5~12 土壤电导率均高于常规施肥处理，表明较大沼液施用量比化肥施用更易引起土壤表层盐分累积。不同沼液施用量对土壤溶液电导率的影响如图 6-1 所示。随沼液施用量增加，沼液各处理 A 层土壤溶液电导率显著增大。

20~40cm（B 层）土层各处理土壤电导率的范围为 66.1~90.4μS/cm。常规施肥处理比清水对照高 17.1%，而处理 3~12 比清水对照高 10.9%~36.8%，表明施用化肥和沼液均会导致盐分向下迁移，其中处理 6~12 的含盐量高于常规施肥处理，表明中高量沼液施用比化肥更多地导致土壤表层盐分向 B 层迁移。不同沼液施用量对土壤溶液电导率的影响如图 6-1 所示。随沼液施用量增加，沼液各处理 B 层土壤溶液电导率呈增大趋势。

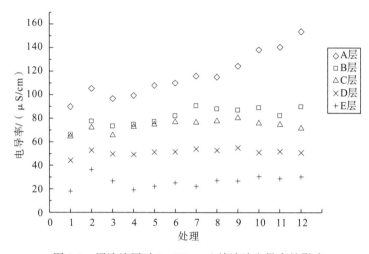

图 6-1　沼液施用对 0~100cm 土壤溶液电导率的影响

40~60cm（C 层）土层各处理土壤电导率的范围为 64.2~80.2μS/cm。沼液处理和常规施肥处理对 C 层土壤各处理电导率有一定影响但不显著，其中常规施肥处理比清水对照高 12.1%，处理 3~12 比清水对照高 1.9%~24.9%，表明化肥和沼液施用会导致土壤盐分迁移至 C 层，而除处理 3 外，其他沼液处理土壤溶液电导率均大于常规施肥处理，表明沼液处理比常规施肥处理土壤盐分下移更明显。不同沼液施用量对土壤溶液电导率的影响如图 6-1 所示。随沼液施用量增加，沼液各处理 C 层土壤溶液电导率呈先增大后减小的趋势，但均高于清水对照。

60~80cm（D 层）土层各处理土壤溶液电导率的范围为 43.9~54.8μS/cm。沼液处理和常规施肥处理对 D 层土壤各处理电导率有一定影响但不显著，其中常规施肥处理比清水对照高 20.0%，处理 3~12 比清水对照高 11.4%~24.8%。不同沼液施用量对土壤溶液电导率的影响如图 6-1 所示。沼液各处理土 D 层壤溶液电导率均有增大，但线性规律不明显。

80~100cm（E 层）土层各处理土壤电导率的范围为 17.7~36.0μS/cm。常规施肥处理比清水对照增大近 1 倍，处理 3~12 比清水对照高 6.8%~70.6%。不同沼液施用量对土壤溶液电导率的影响如图 6-1 所示。随沼液施用量增加，沼液各处理 E 层土壤溶液电导率呈增大趋势。

　　纵向比较各处理各层土壤可知，各处理土壤电导率纵向呈 A>B>C>D>E，A 层土壤各处理电导率均大于其他土层，表明施用化肥和沼液对土壤盐分的累积影响为表聚型。

6.3.2　pH

　　由表 6-9 可知，0~20cm（A 层）、20~40cm（B 层）、40~60cm（C 层）、60~80cm（D 层）、80~100cm（E 层）土层各处理土壤 pH 的范围分别为 5.15~5.39、5.23~5.45、5.27~5.51、5.32~5.54、5.62~5.69。与清水对照相比，A、B、C、D 层常规施肥处理土壤 pH 降低 1.7%、0.6%、1.7%、2.2%，均为相应土层施肥处理的最低值；A 层处理 3~5 土壤 pH 降低 0.2%~1.0%，而处理 6~12 升高 0.4%~2.9%；B 层处理 3~12 土壤 pH 升高 0.4%~3.6%；C 层处理 3、4 土壤 pH 降低 0.2%~0.9%，而处理 5~12 升高 0.2%~2.8%；D 层处理 3、4 土壤 pH 降低 0.2%~0.07%，而处理 5~12 升高 0.4%~1.8%。沼液施用量对土壤 pH 的影响如图 6-2 所示。随沼液施用量增加，沼液各处理 A、B、C、D 层土壤中 pH 均有升高的趋势，对 E 层土壤 pH 无明显影响。

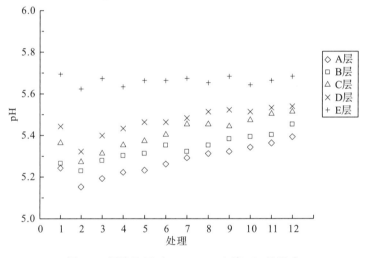

图 6-2　沼液施用对 0~100cm 土壤 pH 的影响

6.3.3　水溶性钙

　　由表 6-9 可知，0~20cm（A 层）土层各处理土壤水溶性钙的含量为 27.81~54.85mg/kg。常规施肥处理高于清水对照 96.7%；处理 3~12 水溶性钙含量比清水对照高 7.0%~97.2%，其中处理 3~11 均低于常规施肥处理土壤中水溶性钙含量。不同沼液施用量对土壤水溶性钙累积量的影响如图 6-3 所示。随沼液施用量增加，沼液各处理 A 层土壤中水溶性钙累积量有逐渐升高的趋势。

　　20~40cm（B 层）土层各处理土壤水溶性钙的含量为 25.58~57.16mg/kg。常规施肥处理高于清水对照 25.0%，处理 3~12 高于清水对照 53.6%~123.5%。不同沼液施用量对土壤水溶性钙累积量的影响如图 6-3 所示。随沼液施用量增加，沼液各处理 B 层土壤中水溶性钙累积量总体呈逐渐升高的趋势。

40~60cm(C 层)土层各处理土壤水溶性钙的含量为 25.31~37.26mg/kg。常规施肥处理高于清水对照 47.2%，处理 3~12 则升高 20.9%~45.7%。不同沼液施用量对土壤水溶性钙累积量的影响如图 6-3 所示。随沼液施用量增加，沼液各处理 C 层土壤中水溶性钙累积量总体呈逐渐升高的趋势。

60~80cm(D 层)土层各处理土壤水溶性钙的含量为 11.11~27.12mg/kg。常规施肥处理低于清水对照 17.0%，处理 3、4 分别低于清水对照 7.9%、1.9%，处理 5~12 高于清水对照 5.0%~69.7%。不同沼液施用量对土壤水溶性钙累积量的影响如图 6-3 所示。随沼液施用量增加，沼液各处理 D 层土壤中水溶性钙累积量呈升高的趋势。

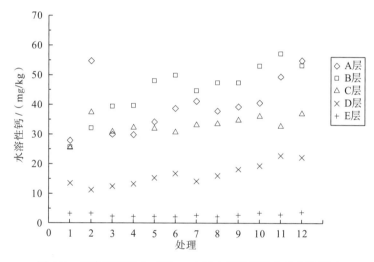

图 6-3　沼液施用对 0~100cm 土壤水溶性钙纵向分布的影响

80~100cm(E 层)土层各处理土壤水溶性钙的范围为 2.05~3.60mg/kg。各处理与清水对照土壤中水溶性钙含量相比存在较大的变异性，除常规施肥处理、处理 10、处理 12 高于清水对照外，其他沼液处理低于清水对照 13.0%~35.1%。

纵向比较各处理各层土壤可知，清水对照土壤水溶性钙含量纵向呈 A>B>C>D>E，常规施肥处理土壤水溶性钙含量纵向呈 A>C>B>D>E，其中 A、B、C 层土壤水溶性钙含量均升高明显，D 层有所降低，E 层变化不大，表明施用化肥可提高 0~60cm 土壤水溶性钙含量，但主要提高量集中在 A 层土壤。处理 3、4 土壤水溶性钙含量纵向呈 B>C>A>D>E，而处理 5~12 纵向呈 B>A>C>D>E，其变化的原因可能是随沼液施用量增加 C 层土壤水溶性钙含量升高的幅度小于 A 层土壤；与常规施肥处理 A 层土壤中水溶性钙含量较高不同，各沼液处理 B 层土壤中水溶性钙含量最高，其相对于清水对照的增量最大，为主要的水溶性钙累积层；随沼液施用量增加，0~80cm 各层土壤中水溶性钙含量呈升高趋势，表明沼液比化肥更易促进土壤水溶性钙的向下迁移。

6.3.4　水溶性镁

由表 6-9 可知，0～20cm(A 层)土层各处理土壤水溶性镁的含量为 8.84～20.29mg/kg。常规施肥处理土壤中水溶性镁含量高于清水对照 80.5%，与处理 7～9 土壤中含量相近。处理 3～12 土壤中水溶性镁累积量均高于清水对照，达 57.6%～129.5%。不同沼液施用量对土壤水溶性镁累积量的影响如图 6-4 所示。随沼液施用量增加，沼液各处理 A 层土壤中水溶性镁累积量有逐渐升高的趋势。

20～40cm(B 层)土层各处理土壤水溶性镁的含量为 9.13～14.13mg/kg。常规施肥处理高于清水对照 29.2%，处理 3～12 高于清水对照 15.8%～54.8%。不同沼液施用量对土壤水溶性镁累积量的影响如图 6-4 所示。随沼液施用量增加，沼液各处理 B 层土壤中水溶性镁累积量呈逐渐升高的趋势。

40～60cm(C 层)土层各处理土壤水溶性镁的含量为 10.41～12.66mg/kg。常规施肥处理相比于清水对照升高 44.4%，处理 3～12 升高 14.6%～29.7%。不同沼液施用量对土壤水溶性镁累积量的影响如图 6-4 所示。随沼液施用量增加，沼液各处理 C 层土壤中水溶性镁累积量呈微幅升高。

60～80cm(D 层)土层各处理土壤水溶性镁的含量为 6.45～6.98mg/kg。80～100cm(E 层)土层各处理土壤水溶性镁的含量为 1.1～1.9mg/kg，与清水对照水溶性镁含量相比升降趋势不明显。表明三年施用沼液及化肥对 D、E 层土壤水溶性镁含量有小量影响。

纵向比较各处理各层土壤可知，清水对照土壤水溶性镁含量纵向呈 C>B>A>D>E，常规施肥处理土壤水溶性镁含量纵向呈 A>C>B>D>E，其 A、B、C 层土壤中水溶性镁含量均有所升高，表明施用化肥可导致 0～60cm 层土壤水溶性镁含量显著升高，并主要集中在 A、C 层土壤，其 B 层增量相对较少可能与作物吸收有关。处理 3～6 土壤水溶性镁含量纵向呈 A>C>B>D>E，而处理 7～12 纵向呈 A>B>C>D>E，B 层水溶性镁含量明显升高。结果表明施用沼液会导致 0～100cm 土壤水溶性镁含量的累积和迁移，对 60～100cm 层土壤影响较小。

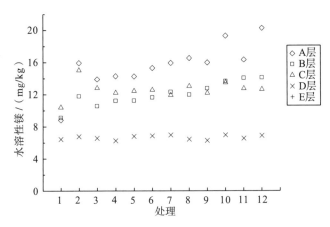

图 6-4　沼液施用对 0～100cm 土壤水溶性镁纵向分布的影响

6.3.5　水溶性钾

由表 6-9 可知，0～20cm（A 层）土层各处理土壤水溶性钾的含量为 4.02～15.05mg/kg。常规施肥处理土壤中水溶性钾含量低于清水对照 44.2%，低于 B、C、D、E 层常规施肥处理水溶性钾含量，且低于 A 层所有沼液处理，一方面可能是作物生长过程中需钾量较高，水溶性钾为速效养分容易在施用后被大量吸收，另一方面则是其易随水向下迁移。与清水对照相比，处理 3～12 土壤水溶性钾含量明显升高，达 9.3%～108.7%，最大值出现在处理 11。由图 6-5 可知，随沼液施用量增加，沼液各处理 A 层土壤中水溶性钾累积量呈先升高后降低的趋势。

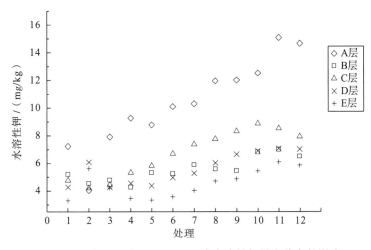

图 6-5　沼液施用对 0～100cm 土壤水溶性钾纵向分布的影响

20～40cm（B 层）土层各处理土壤水溶性钾的含量为 4.25～6.98mg/kg。常规施肥处理及处理 3、4 土壤水溶性钾含量均低于清水对照 8.1%～17.8%，常规施肥处理为各处理最低值；处理 5～12 比清水对照高 1.0%～35.0%，处理 11 为最大值，增加比例低于 C、D、E 层土壤，表明 B 层水溶性钾对作物生长吸收有较大贡献。不同沼液施用量对土壤水溶性钾累积量的影响如图 6-5 所示。随沼液施用量增加，沼液各处理 B 层土壤中水溶性钾累积量总体呈先升高后降低的趋势。

40～60cm（C 层）土层各处理土壤水溶性钾的含量为 4.18～8.84mg/kg。相比于清水对照中土壤水溶性钾含量，常规施肥处理和处理 3 均有所降低，分别达 11.8%、6.7%，表明 C 层水溶性钾对作物生长吸收有所贡献；处理 4～12 则升高 11.8%～86.5%（最大值出现在处理 11），其升高比例大于 B、D、E 层相应处理，表明 C 层土壤是水溶性钾随沼液施用向下迁移后的主要累积层。不同沼液施用量对土壤水溶性钾累积量的影响如图 6-5 所示。随沼液施用量增加，沼液各处理 C 层土壤中水溶性钾累积量呈先升高后降低的趋势。

60～80cm（D 层）土层各处理土壤水溶性钾的含量为 4.24～7.06mg/kg。各处理土壤水溶性钾均高于清水对照，达 0.2%～66.5%，最大值出现在处理 11。不同沼液施用量对土壤水溶性钾累积量的影响如图 6-5 所示。随沼液施用量增加，沼液各处理 D 层土壤中水溶性钾累积量呈升高的趋势。

80～100cm（E 层）土层各处理土壤水溶性钾的含量为 3.26～6.07mg/kg。各处理水溶性钾含量相比于清水对照存在较大的变异性，高于清水对照 1.5%～86.2%。由图 6-5 可知，随沼液施用量增大，E 层土壤水溶性钾累积量有逐渐升高的趋势。

纵向比较各处理各层土壤可知，除处理 8～10 存在差异土壤水溶性钾呈 D＞B 外，处理 4～12 土壤水溶性钾纵向均呈 A＞C＞B＞D＞E，其中 A 层土壤各处理水溶性钾含量均高于其他土层，表明施用沼液对土壤水溶性钾的累积影响为表聚型。常规施肥处理土壤水溶性钾纵向呈 D＞E＞B＞C＞A，一方面与作物对表层土壤水溶性钾的吸收有关，另一方面表明施用化肥对深层土壤水溶性钾含量升高影响明显。

6.3.6　水溶性钠

由表 6-9 可知，0～20cm（A 层）土层各处理土壤水溶性钠的含量为 11.35～16.00mg/kg。各处理土壤中水溶性钠含量均高于清水对照 4.0%～41.0%，沼液各处理均高于常规施肥处理，表明沼液对表层土壤水溶性钠的累积效应高于化肥。不同沼液施用量对土壤水溶性钠累积量的影响如图 6-6 所示。随沼液施用量增加，沼液各处理 A 层土壤中水溶性钠累积量有逐渐升高的趋势。

20～40cm（B 层）土层各处理土壤水溶性钠的含量为 8.50～10.93mg/kg。常规施肥处理高于清水对照 9.8%，处理 3～9 低于清水对照 6.0%～19.9%，处理 10～12 则高于清水对照 0.8%～28.6%，表明 B 层对作物吸收钠离子贡献较大。不同沼液施用量对土壤水溶性钠累积量的影响如图 6-6 所示。随沼液施用量增加，沼液各处理 B 层土壤中水溶性钠累积量总体呈逐渐升高的趋势。

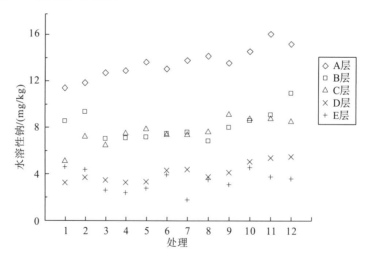

图 6-6　沼液施用对 0～100cm 土壤水溶性钠纵向分布的影响

40～60cm（C 层）土层各处理土壤水溶性钠的含量为 5.07～9.07mg/kg。各处理土壤水溶性钠含量相对于清水对照升高明显，达 27.0%～78.9%，表明 C 层土壤受上层水溶性钠迁移影响明显。不同沼液施用量对土壤水溶性钠累积量的影响如图 6-6 所示。随沼液施用量增加，沼液各处理 C 层土壤中水溶性钠累积量总体呈逐渐升高的趋势。

60~80cm(D 层)土壤各处理土壤水溶性钠的含量为 3.24~5.46mg/kg。相对于清水对照，各处理土壤水溶性钠含量增比达 0.6%~68.5%，表明水溶性钠向深层土壤迁移现象明显。不同沼液施用量对土壤水溶性钠累积量的影响如图 6-6 所示。随沼液施用量增加，沼液各处理 D 层土壤中水溶性钠累积量总体呈升高的趋势。

80~100cm(E 层)土层各处理土壤水溶性钠的含量为 1.75~5.08mg/kg。与清水对照土壤中水溶性钠含量相比均降低，降比为 0.9%~61.8%，但其升降趋势不明显，其中常规施肥处理土壤降低比例相对较小。一方面与土壤本身钠离子含量存在较大变异性有关，另一方面表明 E 层土壤中的水溶性钠有进一步向下迁移的趋势。

纵向比较各处理各层土壤可知，常规施肥处理土壤水溶性钠含量纵向呈 A>B>C>E>D，处理 3、11、12 土壤水溶性钠含量纵向呈 A>B>C>D>E，处理 4~10 则呈 A>C>B>D>E；不同处理间纵向分布的改变反映水溶性钠向下迁移的动态变化，亦是作物对钠的吸收、土壤的吸附固定、随水肥向下渗透及地下水毛细作用等综合作用的结果。

6.4　沼液不同施用量对土壤重金属累积及纵向运移的影响

6.4.1　Pb

由表 6-10 可知，0~20cm(A 层)土层各处理土壤 Pb 的含量为 37.10~42.96mg/kg。除常规施肥处理和高沼液处理 12 土壤中 Pb 累积量分别高于清水对照 2.1%、1.5%外，其他沼液处理土壤中 Pb 累积量均低于清水对照 1.5%~11.7%。不同沼液施用量对土壤 Pb 累积量的影响如图 6-7 所示。随沼液施用量增加，沼液各处理 A 层土壤中 Pb 累积量有升高的趋势，但均低于清水对照(除处理 12 外)。

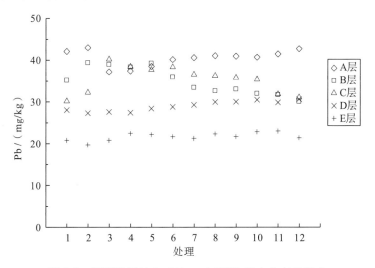

图 6-7　沼液施用对 0~100cm 土壤 Pb 纵向分布的影响

表6-10 各处理各层土壤中重金属累积量

单位：mg/kg

重金属	层	处理 1	2	3	4	5	6	7	8	9	10	11	12	均值	F	P
Pb	A层	42.03	42.92	37.10	37.32	38.41	40.07	40.51	40.97	40.88	40.61	41.38	42.64	40.31	2.51*	0.029
	B层	35.12	39.28	38.86	38.23	39.17	35.84	33.39	32.53	32.93	31.93	31.64	30.01	34.91	8.11**	0.000
	C层	30.05	32.16	40.13	38.36	37.62	38.24	36.46	36.17	35.70	35.27	31.72	30.97	35.24	3.66**	0.004
	D层	27.93	27.18	27.48	27.34	28.33	28.72	29.19	29.89	29.91	30.42	29.77	30.52	29.35	0.86	0.584
	E层	20.69	19.58	20.68	22.36	22.06	21.57	21.14	22.22	21.58	22.73	22.91	21.29	21.56	1.04	0.448
Zn	A层	55.02	47.07	53.08	56.25	61.93	63.85	64.02	66.97	69.78	73.09	70.42	66.06	62.29	16.76**	0.000
	B层	49.16	46.22	48.09	51.39	54.94	53.10	55.87	56.12	57.45	59.52	61.20	54.64	53.97	10.12**	0.000
	C层	39.65	36.00	39.22	41.03	42.17	43.10	47.87	49.92	49.86	53.07	57.03	64.12	46.92	33.93**	0.000
	D层	39.25	41.21	39.73	39.88	41.84	42.05	41.60	43.52	44.64	45.09	46.09	47.06	42.66	2.34*	0.040
	E层	42.05	43.97	42.16	44.34	43.87	42.93	45.95	44.35	45.41	43.93	44.92	44.06	43.99	0.41	0.935
Cu	A层	30.96	29.63	33.11	36.13	39.30	41.14	44.06	46.93	45.53	48.38	48.86	46.04	40.84	14.53**	0.000
	B层	27.13	26.49	26.58	27.60	29.93	30.86	31.80	33.37	32.39	35.95	36.23	38.27	31.13	3.60**	0.004
	C层	23.90	24.24	24.91	25.58	27.11	27.37	26.87	28.34	29.50	28.74	30.77	29.76	27.23	2.96*	0.013
	D层	24.24	24.03	25.73	26.44	26.85	26.10	26.78	26.85	26.66	26.88	26.86	27.52	26.24	0.41	0.936
	E层	25.68	25.13	25.89	26.33	26.06	26.16	26.42	25.54	25.19	25.08	26.23	25.90	25.80	0.07	1.000
Cd	A层	0.435	0.502	0.475	0.486	0.497	0.531	0.545	0.556	0.559	0.563	0.562	0.580	0.524	47.22**	0.000
	B层	0.320	0.394	0.269	0.288	0.271	0.288	0.319	0.316	0.320	0.326	0.357	0.360	0.318	3.63**	0.004
	C层	0.145	0.155	0.152	0.158	0.161	0.160	0.162	0.161	0.161	0.163	0.159	0.163	0.158	0.35	0.963
	D层	0.040	0.038	0.034	0.039	0.040	0.037	0.043	0.044	0.043	0.047	0.043	0.050	0.041	1.27	0.299
	E层	0.041	0.049	0.045	0.049	0.051	0.057	0.049	0.051	0.059	0.051	0.058	0.053	0.051	0.45	0.916

续表

重金属		1	2	3	4	5	6	处理 7	8	9	10	11	12	均值	F	P
Cr	A层	39.44	48.00	44.27	45.62	52.01	51.76	53.70	56.59	56.56	57.21	57.80	58.29	51.77	94.68**	0.000
	B层	43.71	50.93	52.80	51.97	51.48	49.95	50.73	48.38	47.98	48.59	46.14	45.24	48.99	1.62	0.156
	C层	43.52	42.50	43.12	43.81	44.59	43.79	45.76	45.61	46.25	45.26	45.50	46.96	44.72	0.37	0.954
	D层	40.56	42.78	39.36	40.75	40.86	40.62	41.85	41.99	42.85	43.37	43.30	44.55	41.94	0.73	0.703
	E层	31.90	31.80	31.71	31.16	31.60	32.44	33.17	32.08	32.41	32.76	33.21	32.98	32.27	0.12	1.000
As	A层	7.59	13.53	11.98	12.63	12.65	12.89	13.46	13.42	13.46	13.92	13.97	14.41	12.83	29.61**	0.000
	B层	8.21	11.70	11.88	10.84	10.25	10.06	9.84	9.78	9.29	9.73	9.15	9.21	10.00	8.46**	0.000
	C层	7.66	7.22	7.40	7.55	7.86	7.92	8.15	8.21	8.26	8.21	8.34	8.37	7.93	4.93**	0.001
	D层	5.88	5.82	6.30	6.28	6.33	6.16	6.22	6.56	6.53	6.34	6.69	6.81	6.33	1.93	0.086
	E层	5.30	5.47	5.03	5.56	4.78	5.24	5.29	4.71	4.83	5.40	4.99	5.43	5.14	3.48**	0.005
Hg	A层	0.136	0.238	0.183	0.186	0.206	0.216	0.231	0.221	0.216	0.209	0.200	0.203	0.204	38.28**	0.000
	B层	0.127	0.131	0.145	0.143	0.147	0.160	0.169	0.176	0.177	0.181	0.179	0.186	0.160	28.91**	0.000
	C层	0.129	0.129	0.127	0.131	0.131	0.135	0.136	0.137	0.141	0.144	0.143	0.147	0.136	3.21**	0.008
	D层	0.096	0.099	0.101	0.106	0.102	0.101	0.108	0.113	0.116	0.110	0.112	0.118	0.107	2.12	0.060
	E层	0.078	0.082	0.086	0.086	0.089	0.094	0.086	0.082	0.086	0.088	0.082	0.089	0.086	0.95	0.516

20～40cm(B层)土层各处理土壤 Pb 的含量为 30.01～39.28mg/kg。常规施肥处理高于清水对照 11.8%，处理 3～6 高于清水对照 2.1%～11.5%，处理 7～12 则低于清水对照 4.9%～14.6%。不同沼液施用量对土壤 Pb 累积量的影响如图 6-7 所示。随沼液施用量增加，沼液各处理 B 层土壤中 Pb 累积量总体呈逐渐降低的趋势。

40～60cm(C层)土层各处理土壤 Pb 的含量为 30.05～40.13mg/kg。相比于清水对照，常规施肥处理升高 7.0%，处理 3～12 则升高 3.1%～33.5%。不同沼液施用量对土壤 Pb 累积量的影响如图 6-7 所示。随沼液施用量增加，沼液各处理 C 层土壤中 Pb 累积量有降低的趋势，但均高于清水对照。

60～80cm(D层)土层各处理土壤 Pb 的含量为 27.18～30.52mg/kg。常规施肥处理、处理 3、处理 4 均低于清水对照 1.6%～2.7%，处理 5～12 土壤中 Pb 累积量均高于清水对照 1.4%～9.3%。不同沼液施用量对土壤 Pb 累积量的影响如图 6-7 所示。随沼液施用量增加，沼液各处理 D 层土壤中 Pb 累积量呈升高的趋势。

80～100cm(E层)土层各处理土壤 Pb 的含量为 19.58～22.91mg/kg。除处理 3 外，其余沼液处理比清水对照升高 2.2%～10.7%。不同沼液施用量对土壤 Pb 累积量的影响如图 6-7 所示。随沼液施用量增加，沼液各处理 E 层土壤中 Pb 累积量总体呈升高的趋势。

纵向比较各处理各层土壤可知，清水对照、常规施肥处理土壤 Pb 含量纵向均呈 A＞B＞C＞D＞E，常规施肥处理土壤 A、B、C 层土壤 Pb 含量相比于清水对照分别升高 2.1%、11.9%、7.0%，D、E 层土壤比清水对照中 Pb 含量有所降低，降比分别为 2.7%、5.4%，表明施用化肥导致 0～60cm 层土壤 Pb 含量升高。处理 3、4 土壤 Pb 含量纵向呈 C＞B＞A＞D＞E，而处理 5 纵向呈 B＞A＞C＞D＞E，处理 6～12 则呈 A＞C＞B＞D＞E；沼液施用导致土壤表层土壤中 Pb 含量降低，但降低幅度随沼液施用量增加而减小；而 B、C 层土壤中 Pb 含量升高，但升高幅度随沼液施用量增加而减小；D、E 层土壤中 Pb 含量总体呈升高的趋势。综上可知，沼液施用比化肥施用更能促进土壤表层 Pb 向下迁移，同时沼液施用对土壤表层 Pb 有一定增加作用，可促进 40～60cm 层土壤中 Pb 的迁移，促进 60～100cm 层土壤 Pb 的累积。

6.4.2　Zn

由表 6-10 可知，0～20cm(A层)土层各处理土壤 Zn 的含量为 47.07～73.09mg/kg。常规施肥处理土壤中 Zn 含量低于清水对照 14.4%，处理 3 低于清水对照 3.5%，处理 4～12 则均高于清水对照 2.2%～32.8%。不同沼液施用量对土壤 Zn 累积量的影响如图 6-8 所示。随沼液施用量增加，沼液各处理 A 层土壤中 Zn 累积量呈先升高后降低的趋势，在处理 10 处达最大值。

20～40cm(B层)土层各处理土壤 Zn 的含量为 46.22～61.20mg/kg。常规施肥处理和处理 3 分别低于清水对照 6.0%、2.2%，处理 4～12 高于清水对照 4.5%～24.5%。不同沼液施用量对土壤 Zn 累积量的影响如图 6-8 所示。随沼液施用量增加，沼液各处理 B 层土壤中 Zn 累积量呈先升高后降低的趋势，在处理 11 处达最大值。

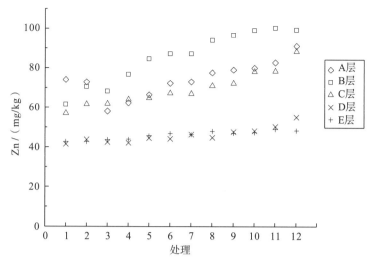

图 6-8　沼液施用对 0～100cm 土壤 Zn 纵向分布的影响

40～60cm(C 层)土层各处理土壤 Zn 的含量为 36.00～64.12mg/kg。相比于清水对照，常规施肥处理和处理 3 分别降低 9.2%、1.1%，处理 4～12 升高 3.5%～61.7%。不同沼液施用量对土壤 Zn 累积量的影响如图 6-8 所示。随沼液施用量增加，沼液各处理 C 层土壤中 Zn 累积量呈逐渐升高的趋势。

60～80cm(D 层)土层各处理土壤 Zn 的含量为 39.25～47.06mg/kg。常规施肥处理、处理 3～12 分别高于清水对照 5.0%、1.2%～19.9%。不同沼液施用量对土壤 Zn 累积量的影响如图 6-8 所示。随沼液施用量增加，沼液各处理 D 层土壤中 Zn 累积量呈升高趋势。

80～100cm(E 层)土层各处理土壤 Zn 的含量为 42.05～45.95mg/kg。常规施肥处理、处理 3～12 比清水对照分别升高 4.6%、0.3%～9.3%。不同沼液施用量对土壤 Zn 累积量的影响如图 6-8 所示。随沼液施用量增加，沼液各处理 E 层土壤中 Zn 累积量总体呈增加趋势。

纵向比较各处理各层土壤可知，清水对照和常规施肥处理土壤 Zn 含量纵向均呈 A>B>E>C>D，常规施肥处理 A、B、C 层土壤 Zn 含量均有所降低，而 D、E 层土壤相比于清水对照有少量升高但不显著，表明施用化肥会降低 0～60mm 土层的 Zn 含量。对于沼液处理，随沼液施用量增加，B、C、D、E 层土壤中 Zn 含量均有不同程度的升高，C 层土壤中 Zn 含量升高幅度较大。结果表明施用沼液对 0～100mm 土壤中 Zn 含量均有一定影响，随沼液施用量增加其向下迁移的 Zn 增加。

6.4.3　Cu

由表 6-10 可知，0～20cm(A 层)土层各处理土壤 Cu 的含量为 29.63～48.86mg/kg。常规施肥处理低于清水对照 4.3%，处理 3～12 高于清水对照 6.9%～57.8%。不同沼液施用量对土壤 Cu 累积量的影响如图 6-9 所示。随沼液施用量增加，沼液各处理 A 层土壤中 Cu 累积量呈升高的趋势。

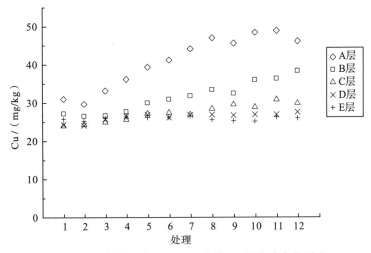

图 6-9　沼液施用对 0～100cm 土壤 Cu 纵向分布的影响

20～40cm(B 层)土层各处理土壤 Cu 的含量为 26.49～38.27mg/kg。常规施肥处理与处理 3 相似，分别略低于清水对照 2.4%、2.0%，处理 4～12 高于清水对照 1.7%～41.1%。不同沼液施用量对土壤 Cu 累积量的影响如图 6-9 所示。随沼液施用量增加，沼液各处理 B 层土壤中 Cu 累积量总体呈逐渐升高的趋势。

40～60cm(C 层)土层各处理土壤 Cu 的含量为 23.90～30.77mg/kg。相比于清水对照，常规施肥处理略有升高但差异不显著，处理 3～12 升高 4.2%～28.7%。不同沼液施用量对土壤 Cu 累积量的影响如图 6-9 所示。随沼液施用量增加，沼液各处理 C 层土壤中 Cu 累积量呈逐渐升高的趋势。

60～80cm(D 层)土层各处理土壤 Cu 的含量为 24.03～27.52mg/kg。常规施肥处理比清水对照略低，但差异不显著，处理 3～12 高于清水对照 6.1%～13.5%。不同沼液施用量对土壤 Cu 累积量的影响如图 6-9 所示。随沼液施用量增加，沼液各处理 D 层土壤中 Cu 累积量均有所升高，但趋势不明显。

80～100cm(E 层)土层各处理土壤 Cu 的含量为 25.13～26.42mg/kg。各处理与清水对照间差异均在 1%～3% 范围内。不同沼液施用量对土壤 Cu 累积量的影响如图 6-9 所示。随沼液施用量增加，沼液各处理 E 层土壤中 Cu 累积量无显著变化。

纵向比较各处理各层土壤可知，各处理土壤 Cu 含量纵向均呈 A>B>C>E>D，其中常规施肥处理各土层 Cu 含量变化不大，与清水对照差异均在 5% 以内。沼液各处理 A 层土壤中 Cu 含量随沼液施用量增加增幅最大，B、C、D 层均有不同程度的升高，处理 3、4 纵向呈 A>B>D>C，处理 5～12 纵向呈 A>B>C>D，表明 C 层比 D 层土壤中 Cu 含量增幅大；E 层土壤与清水对照差异不大。故连续三年施用沼液对土壤 Cu 含量纵向分布的影响主要是 0～80cm，随土壤深度增加，土壤中 Cu 含量的增幅减小。

6.4.4　Cd

由表 6-10 可知，0～20cm(A 层)土层各处理土壤 Cd 的含量为 0.435～ 0.580mg/kg。

常规施肥处理高于清水对照 15.4%，处理 3~12 高于清水对照 9.2%~33.3%。不同沼液施用量对土壤 Cd 累积量的影响如图 6-10 所示。随沼液施用量增加，沼液各处理 A 层土壤中 Cd 累积量呈升高的趋势。

20~40cm(B 层)土层各处理土壤 Cd 的含量为 0.269~0.394mg/kg。常规施肥处理高于清水对照 23.1%，处理 3~9 低于清水对照 0%~15.9%，处理 10~12 高于清水对照 1.9%~12.5%。不同沼液施用量对土壤 Cd 累积量的影响如图 6-10 所示。随沼液施用量增加，沼液各处理 B 层土壤中 Cd 累积量总体呈逐渐升高的趋势。

40~60cm(C 层)土层各处理土壤 Cd 的含量为 0.145~0.163mg/kg。相比于清水对照，常规施肥处理略高 6.9%，处理 3~12 升高 4.8%~12.4%。不同沼液施用量对土壤 Cd 累积量的影响如图 6-10 所示。随沼液施用量增加，沼液各处理 C 层土壤中 Cd 累积量总体呈升高的趋势。

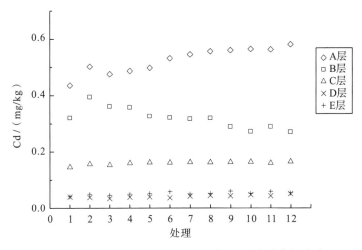

图 6-10　沼液施用对 0~100cm 土壤 Cd 纵向分布的影响

60~80cm(D 层)土层各处理土壤 Cd 的含量为 0.034~0.050mg/kg。常规施肥处理比清水对照略低 5.0%，处理 3~6 低于清水对照 0%~15.0%，处理 7~12 高于清水对照 7.5%~25.0%。不同沼液施用量对土壤 Cd 累积量的影响如图 6-10 所示。随沼液施用量增加，沼液各处理 D 层土壤中 Cd 累积量有微量升高。

80~100cm(E 层)土层各处理土壤 Cd 的含量为 0.041~0.059mg/kg。与清水对照相比，常规施肥处理升高 19.5%，处理 3~12 升高 9.8%~43.9%，不同沼液施用量对土壤 Cd 累积量的影响如图 6-10 所示。随沼液施用量增加，沼液各处理 E 层土壤中 Cd 累积量有微量升高。

纵向比较各处理各层土壤可知，各处理土壤 Cd 含量纵向均呈 A>B>C>E>D。其中，常规施肥处理除 D 层土壤比清水对照值略有降低，但差异不显著外，A、B、D、E 层土壤均有所升高且 B 层土壤升高最多，达 23.0%。沼液处理 A 层是主要的 Cd 累积层，处理 3~8 B 层土壤相对原始土壤降低 0.4%~16.0%，处理 7~12 升高 0.1%~12.5%，处理 3~12 C 层土壤升高 0.6%~7.9%，D、E 层数据表明沼液施用对土壤 Cd 的累积及其在 0~60cm 各层土壤中的纵向迁移影响明显。

6.4.5 Cr

由表6-10可知，0~20cm（A层）土层各处理土壤Cr的含量为39.44~58.29mg/kg。常规施肥处理高于清水对照21.7%，处理3~12高于清水对照12.2%~47.8%。不同沼液施用量对土壤Cr累积量的影响如图6-11所示。随沼液施用量增加，沼液各处理A层土壤中Cr累积量呈升高的趋势。

20~40cm（B层）土层各处理土壤Cr的含量为43.71~52.80mg/kg。常规施肥处理高于清水对照16.5%，处理3~12高于清水对照3.5%~20.8%。不同沼液施用量对土壤Cr累积量的影响如图6-11所示。随沼液施用量增加，沼液各处理B层土壤中Cr累积量呈逐渐降低的趋势，但均高于清水对照。

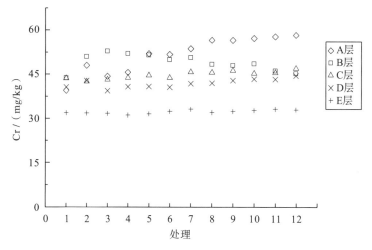

图6-11 沼液施用对0~100cm土壤Cr纵向分布的影响

40~60cm（C层）土层各处理土壤Cr的含量为42.50~46.96mg/kg。相比于清水对照，常规施肥处理和处理3降低0.9%~2.3%，处理4~12升高0.7%~7.9%。不同沼液施用量对土壤Cr累积量的影响如图6-11所示。随沼液施用量增加，沼液各处理C层土壤中Cr累积量呈逐渐升高的趋势。

60~80cm（D层）土层各处理土壤Cr的含量为39.36~44.55mg/kg。除处理3相比于清水对照略有降低外，其他处理均高于清水对照0.1%~9.8%。不同沼液施用量对土壤Cr累积量的影响如图6-11所示。随沼液施用量增加，沼液各处理D层土壤中Cr累积量均有所升高。

80~100cm（E层）土层各处理土壤Cr的含量为31.16~33.21mg/kg。各处理与清水对照间的差异均在5%以内。不同沼液施用量对土壤Cr累积量的影响如图6-11所示。随沼液施用量增加，沼液各处理E层土壤中Cr累积量变化较小。

纵向比较各处理各层土壤可知，清水对照土壤Cr含量纵向呈B>A>C>E>D，常规施肥处理土壤Cr含量纵向呈B>A>C>E>D，其中A、B层土壤Cr含量相比于清水对照分别升高21.7%、16.5%，C层土壤与原始土壤值差异不显著，D、E层土壤相比于原始土壤 Cr 含量有所升高，表明施用化肥导致 0～40cm 各层土壤 Cr 含量升高明显，对 60～100cm 各层土壤有一定影响。处理 3、4 纵向呈 B>A>D>C>E，处理 5～12 纵向呈 A>B>C>D>E；随沼液施用量增加，A 层土壤 Cr 含量呈升高的趋势，B 层土壤 Cr 含量呈降低的趋势是分布改变的主要原因。结果表明施用沼液会导致土壤 A、B、C、D 层土壤中 Cr 的累积和迁移。

6.4.6　As

由表 6-10 可知，0～20cm（A 层）土层各处理土壤 As 的含量为 7.59～14.41mg/kg。常规施肥处理高于清水对照 78.3%，处理 3～12 高于清水对照 57.8%～89.9%。不同沼液施用量对土壤 As 累积量的影响如图 6-12 所示。随沼液施用量增加，沼液各处理 A 层土壤中 As 累积量显著升高。

20～40cm（B 层）土层各处理土壤 As 的含量为 8.21～11.88mg/kg。常规施肥处理高于清水对照 42.5%，处理 3～12 高于清水对照 11.4%～44.7%。不同沼液施用量对土壤 As 累积量的影响如图 6-12 所示。随沼液施用量增加，沼液各处理 B 层土壤中 As 累积量呈逐渐降低的趋势，但均高于清水对照。

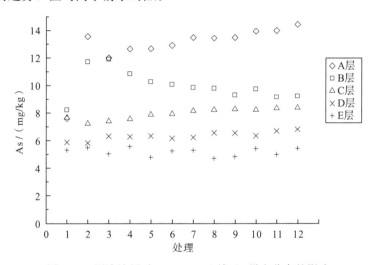

图 6-12　沼液施用对 0～100cm 土壤 As 纵向分布的影响

40～60cm（C 层）土层各处理土壤 As 的含量为 7.22～8.37mg/kg。相比于清水对照，常规施肥处理和处理 3、4 降低 1.4%～5.7%，处理 5～12 升高 2.6%～9.3%。不同沼液施用量对土壤 As 累积量的影响如图 6-12 所示。随沼液施用量增加，沼液各处理 C 层土壤中 As 累积量呈逐渐升高的趋势。

60～80cm（D 层）土层各处理土壤 As 的含量为 5.82～6.81mg/kg。常规施肥处理相比于清水对照略有降低，处理 3～12 土壤中 As 含量均高于清水对照 4.7%～15.8%。不同沼液施用量对土壤 As 累积量的影响如图 6-12 所示。随沼液施用量增加，沼液各处理 D 层土壤中 As 累积量均有所升高。

80～100cm（E 层）土层各处理土壤 As 的含量为 4.71～5.56mg/kg。各处理与清水对照相比存在较大变异性。不同沼液施用量对土壤 As 累积量的影响如图 6-12 所示。随沼液随沼液施用量增加，沼液各处理 E 层土壤中 As 累积量变化规律不明显。

纵向比较各处理各层土壤可知，各处理土壤 As 含量纵向均呈 A>B>C>D>E。常规施肥处理 A、B 层土壤 As 含量相比于清水对照土壤分别升高 78.3%、42.5%，C 层土壤与原始土壤值差异不显著，D、E 层土壤相比于原始土壤 As 含量有所升高，表明施用化肥导致 0~40cm 各层土壤 As 含量升高明显，对 60~100cm 各层土壤有一定影响。沼液各处理随沼液施用量增加，对土壤深层 As 含量的影响增强，主要集中在 A、B 层，对 C、D 层有一定影响，A 层是主要的 As 累积层，B 层 As 的累积和向下迁移明显；C、D 层则有一定增加。沼液施用比化肥施用更能促进 As 在土壤中的累积和向下迁移。

6.4.7   Hg

由表 6-10 可知，0~20cm(A 层)土层各处理土壤 Hg 的含量为 0.136~0.238mg/kg。常规施肥处理土壤中 Hg 含量最高，高于清水对照 75.0%，处理 3~12 高于清水对照 34.6%~69.9%。不同沼液施用量对土壤 Hg 累积量的影响如图 6-13 所示。随沼液施用量增加，沼液各处理 A 层土壤中 Hg 累积量显著升高。

20~40cm(B 层)土层各处理土壤 Hg 的含量为 0.127~0.186mg/kg。常规施肥处理高于清水对照 3.1%，处理 3~12 高于清水对照 12.6%~46.5%。不同沼液施用量对土壤 Hg 累积量的影响如图 6-13 所示。随沼液施用量增加，沼液各处理 B 层土壤中 Hg 累积量呈逐渐降低的趋势，但均高于清水对照。

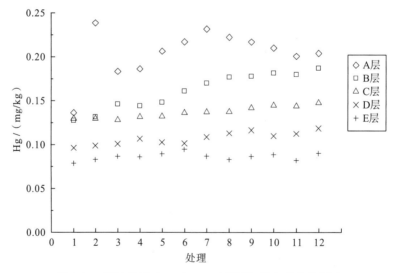

图 6-13   沼液施用对 0~100cm 土壤 Hg 纵向分布的影响

40~60cm(C 层)土层各处理土壤 Hg 的含量为 0.127~0.147mg/kg。相比于清水对照，常规施肥处理和处理 3 略有降低，但差异不显著，处理 4~12 升高 1.6%~14.0%。不同沼液施用量对土壤 Hg 累积量的影响如图 6-13 所示。随沼液施用量增加，沼液各处理 C 层土壤中 Hg 累积量呈逐渐升高的趋势。

60～80cm(D层)土层各处理土壤 Hg 的含量为 0.096～0.118mg/kg。各处理土壤均高于清水对照 3.1%～22.9%。不同沼液施用量对土壤 Hg 累积量的影响如图 6-13 所示。随沼液施用量增加，沼液各处理 D 层土壤中 Hg 累积量均有所升高。

80～100cm(E层)土层各处理土壤 Hg 的含量为 0.078～0.094mg/kg。各处理与清水对照相比存在较大变异性，均高于清水对照 5.1%～20.5%。不同沼液施用量对土壤 Hg 累积量的影响如图 6-13 所示。随沼液施用量增加，沼液各处理 E 层土壤中 Hg 累积量变化规律不明显。

纵向比较各处理各层土壤可知，清水对照土壤 Hg 含量纵向呈 A>C>B>D>E。常规施肥处理和沼液各处理土壤 Hg 含量纵向呈 A>B>C>D>E，其分布的改变主要是 B 层土壤中 Hg 含量升高，但 A 层是土壤 Hg 的主要累积层。沼液各处理 A 层土壤 Hg 含量增幅最大，大于 B、C、D、E 层土壤中 Hg 含量，升高 34.6%～69.9%，均小于常规施肥处理 A 层土壤 Hg 含量升高比例，但 B、C、D、E 层沼液各处理 Hg 含量升高比例均大于常规施肥处理相应土层 Hg 含量升高比例，表明沼液施用比化肥施用更能促进 Hg 向土壤深处迁移。

6.5　沼液施用后对土壤物质纵向运移的综合评价

6.5.1　土壤团粒结构评价

由表 6-11 可知，0～20cm(A层)层土壤团聚体分形维数为 2.683～2.774，常规施肥处理分形维数低于清水对照，各沼液处理分形维数均低于清水对照和常规施肥处理，随沼液施用量增加呈先减少后增加的趋势，但处理5～8有小幅增加，这可能与此沼液施用量对应作物大量吸收沼液养分、有机质导致其对土壤的改良效果减小有关；处理9分形维数最小，表明其大粒径团聚体相对最多，土壤的稳定性与结构性最好；相关分析表明，A 层土壤水稳性团聚体粒径分形维数与 2～5mm 粒径含量呈显著的负相关关系(相关系数 $F=-0.604^{*}$，$P=0.038$)，而与 0.25～0.5mm、小于 0.25mm 粒径水稳性团聚体含量呈正相关关系($F=0.682^{*}$，$P=0.015$；$F=0.965^{**}$，$P=0.000$)，反映出 2～5mm 粒径团聚体含量越多，分形维数越小，0.25～0.5mm、小于 0.25mm 粒径团聚体含量越多，分形维数越大。

20～40mm(B层)土壤团聚体分形维数为 2.751～2.810，常规施肥处理的分形维数高于清水对照，沼液各处理除处理3高于清水对照和常规施肥处理外，处理4～12 均低于清水对照和常规施肥处理，且有随沼液施用量增加而减小的趋势，随沼液施用量增加，B 层各处理土壤的大团粒结构增加。相关分析表明 B 层土壤水稳性团聚体粒径分形维数与 1～2mm、0.5～1mm 粒径含量呈极显著的负相关关系($F=-0.882^{**}$，$P=0.000$；$F=-0.851^{**}$，$P=0.000$)，而与小于 0.25mm 粒径水稳性团聚体含量呈极显著的正相关关系($F=0.989^{**}$，$P=0.000$)，反映出 1～2mm、0.5～1mm 粒径团聚体含量越多，分形维数越小，小于 0.25mm 粒径团聚体含量越多，分形维数越大。

表 6-11　不同沼液施用量不同深度土壤团聚体分形维数及与各粒径的相关系数

各参数		A 层 (0~20cm)	B 层 (20~40cm)	C 层 (40~60cm)	D 层 (60~80cm)	E 层 (80~100cm)
分形维数	处理 1	2.774	2.798	2.821	2.904	2.923
	处理 2	2.734	2.807	2.782	2.900	2.867
	处理 3	2.721	2.810	2.817	2.871	2.907
	处理 4	2.699	2.781	2.809	2.879	2.921
	处理 5	2.702	2.775	2.844	2.843	2.877
	处理 6	2.717	2.774	2.802	2.860	2.913
	处理 7	2.714	2.786	2.775	2.880	2.920
	处理 8	2.700	2.769	2.784	2.871	2.924
	处理 9	2.683	2.758	2.772	2.853	2.912
	处理 10	2.700	2.752	2.751	2.847	2.932
	处理 11	2.707	2.752	2.761	2.860	2.924
	处理 12	2.713	2.751	2.751	2.872	2.948
相关系数	2~5mm	−0.604*	0.233	0.570	−0.568	−0.590*
	P	0.038	0.466	0.053	0.054	0.044
	1~2mm	−0.441	−0.882**	−0.712**	−0.471	−0.827**
	P	0.151	0.000	0.009	0.122	0.001
	0.5~1mm	0.123	−0.851**	−0.677*	−0.449	−0.422
	P	0.702	0.000	0.016	0.143	0.172
	0.25~0.5mm	0.682*	−0.237	−0.805**	−0.538	−0.849**
	P	0.015	0.459	0.002	0.071	0.000
	<0.25mm	0.965**	0.989**	0.995**	0.993**	0.995**
	P	0.000	0.000	0.000	0.000	0.000

40~60mm（C 层）土壤团聚体分形维数为 2.751~2.844，常规施肥处理的分形维数低于清水对照；沼液各处理除处理 5 外，均低于清水对照，随沼液施用量增加，C 层各处理的分形维数呈减小趋势，但仅处理 7~12 与常规施肥处理相当或低于常规施肥处理，表明对 C 层土壤团粒结构的改善需施用较高沼液量。相关分析表明 C 层土壤水稳性团聚体粒径分形维数与 1~2mm、0.5~1mm 粒径含量呈显著的负相关关系（$F = −0.712**$，$P = 0.009$；$F = −0.805**$，$P = 0.002$；$F = −0.805**$，$P = 0.000$），而与小于 0.25mm 粒径水稳性团聚体含量呈正相关关系（$F = 0.995**$，$P = 0.000$），反映出 1~2mm、0.5~1mm 粒径团聚体含量越多，分形维数越小，小于 0.25mm 粒径团聚体含量越多，分形维数越大。

60~80mm（D 层）土壤团聚体分形维数为 2.847~2.904，常规施肥处理的分形维数低于清水对照；沼液各处理分形维数均低于清水对照和常规施肥处理，其中处理 5、9、10 土壤结构较好。相关分析表明 D 层土壤水稳性团聚体粒径分形维数与 2~5mm、1~2mm、0.5~1mm、0.25~0.5mm 粒径含量呈负相关关系，但不显著（$P > 0.05$），而与小于 0.25mm 粒径水稳性团聚体含量呈极显著的正相关关系（$F = 0.993**$，$P = 0.000$），反映出小于 0.25mm 粒径团聚体含量越多，分形维数越大。

80~100mm(E 层)土壤团聚体分形维数为 2.867~2.948，小团粒结构占优势。各处理中常规施肥处理的分形维数最低，低于清水对照；处理 8、10~12 分形维数均高于清水对照，可能是大量的沼液施用导致上土层细粒径物质迁移进入 E 层，其他沼液处理均低于清水对照。相关分析表明 E 层土壤水稳性团聚体粒径分形维数与 2~5mm 粒径含量呈显著的负相关关系($F=-0.590$，$P=0.044$)，与 1~2mm、0.25~0.5mm 粒径含量呈极显著的负相关关系($F=-0.827^{**}$，$P=0.001$；$F=-0.849^{**}$，$P=0.000$)，而与小于 0.25mm 粒径水稳性团聚体含量呈极显著的正相关关系($F=0.995^{**}$，$P=0.000$)，反映出 2~5mm、1~2mm、0.25~0.5mm 粒径团聚体含量越多，分形维数越小，小于 0.25mm 粒径团聚体含量越多，分形维数大。

综上分析可知，施用沼液和化肥对土壤团聚体结构均有改善作用。随土壤深度增大，土壤各粒径水稳性团聚体分形维数增大，其小于 0.25mm 粒径团聚体含量越多；随沼液施用量增加，A、B、C、D 层土壤各沼液处理分形维数均有减小趋势，表明沼液施用有利于其土壤小于 0.25mm 粒径团聚体向大于 0.25mm 粒径团聚体转化；与施用化肥相比，施用沼液更有利于改善 0~40、60~80mm 层土壤团聚体组成比例，处理 9~12 比化肥更有利于改善 40~60mm 层土壤团聚体组成比例。

6.5.2　土壤盐渍化风险的评价

电导率反映土壤中的盐分累积情况和盐渍化程度，一般土壤中累积盐分达 3000~6000mg/kg 时，大多植物会因受盐害影响而生长困难，盐渍化土壤电导率的临界指标为 0.9mS/cm(900μS/cm)[5]。Ca^{2+}、Mg^{2+}、K^+、Na^+ 的增加与土壤溶液中 OH^- 反应便会导致土壤溶液的碱化，本试验各处理土壤溶液 pH 为 E>D>C>B>A，各处理各层土壤 pH 范围为 5.15~5.69，属酸性土壤。A、B、C、D 层土壤随沼液施用量增加而有一定升高趋势，但各层土壤 pH 均小于 7，故施用沼液对土壤 pH 有一定的改良作用。

本试验各处理土壤溶液电导率 A>B>C>D>E，各处理各层土壤电导率范围为 17.7~153.4μS/cm，随沼液施用量增加各层土壤电导率均表现出一定程度的升高，但均低于盐渍化土壤电导率的临界指标值，表明本试验三年沼液施用不会导致 0~100cm 层土壤出现盐渍化现象，相反对土壤盐分(速效养分)有改良作用。若按照电导率最大值三年相对于清水对照的升高量，土壤溶液电导率以其三年等量增值 63μS/cm 估算推导，以本试验沼液施用量至少施用 37 年土壤表层会出现盐渍化；若以中等沼液施用量处理(处理 5~9)，土壤电导率相对清水对照的平均增值 25μS/cm 估算，其土壤表层出现盐渍化的时间为 94 年。

6.5.3　土壤重金属污染安全评价

根据《食用农产品产地环境质量评价标准》(HJ/T 332—2006)[6]中的食用农产品产地土壤环境质量标准，土壤重金属含量应符合表 6-12 的规定。以《食用农产品产地环境质量评价标准》(HJ/T 332—2006)为标准计算各处理土壤单因子污染指数及内梅罗综合污染指数，以评价沼液农用对土壤重金属的污染情况。

表 6-12　土壤环境质量评价指标限值（HJ 322—2006）　　　　　　单位：mg/kg

重金属	耕作方式	pH<6.5	pH=6.5~7.5	pH>7.5
Cd	水作、旱作	≤0.30	≤0.30	≤0.60
Hg	水作、旱作	≤0.30	≤0.50	≤1.0
As	旱作	≤40	≤30	≤25
	水作	≤30	≤25	≤20
Pb	水作、旱作	≤80	≤80	≤80
Cr	旱作	≤150	≤200	≤250
	水作	≤250	≤300	≤350
Cu	水作、旱作	≤50	≤100	≤100
Zn	水作、旱作	≤200	≤250	≤300

注：本试验水稻－油菜轮作属水旱轮作，按标准规定水旱轮作地的土壤，As 采用水田值，Cr 采用旱地值。

1. 单因子污染指数法

由表 6-13 可知，各处理 A 层土壤重金属的单因子污染指数范围：Pb 为 0.46~0.54，Zn 为 0.24~0.37，Cu 为 0.59~0.98，Cd 为 1.45~1.93，Cr 为 0.26~0.39，As 为 0.25~0.48，Hg 为 0.45~0.77，沼液处理土壤各重金属单因子污染指数由高到低排序为 Cd＞Cu＞Hg＞Pb＞As＞Cr＞Zn，其中 Cd 单因子污染指数大于 1，且随沼液施用量增加而增大，表明土壤存在 Cd 污染，随沼液施用量增加其污染程度增大；处理 4~12 土壤 Cu、处理 6~10 土壤 Hg 单因子污染指数介于 0.7~1 之间，表明其处于尚清洁级；处理 3~12 土壤 Pb、Zn、Cr、As 单因子污染指数均小于 0.7，随沼液施用量增加，Zn、Cr、As 单因子污染指数值增大，表明土壤为清洁级，但受沼液施用影响其污染程度有所增大；Cd、Cu 为沼液施用对土壤重金属污染的主要贡献因子。常规施肥处理土壤除 Cu、Zn 单因子污染指数相比于清水对照有所减小外，其他重金属单因子污染指数均高于清水对照，其中 Cd 大于 1，Hg 介于 0.7~1 之间，其余均小于 0.7，表明施用化肥后土壤不存在 Pb、Zn、Cu、Cr、As 污染，但污染指数有所增大；存在 Cd、Hg 污染问题；常规施肥处理土壤各重金属单因子污染指数由高到低排序为 Cd＞Hg＞Cu＞Pb＞As＞Cr＞Zn，其中 Cd、Hg 为主要污染贡献因子，故应重视施用化肥对 A 层土壤 Cd、Hg 的污染。

除处理 10~12 土壤中 Cu 单因子污染指数介于 0.7~1 之间外，各处理 B 层土壤 Pb、Zn、Cu、Cr、As、Hg 单因子污染指数均小于 0.7；各处理土壤 Cd 单因子污染指数除处理 3~6 略小于 1 外，其他处理均大于 1，表明 B 层土壤不存在 Pb、Zn、Cu、Cr、As、Hg 污染问题，而存在 Cd 污染问题。各处理 C、D、E 层 Pb、Zn、Cu、Cd、Cr、As、Hg 单因子污染指数范围分别为 0.26~0.50、0.18~0.32、0.48~0.60、0.13~0.54、0.21~0.31、0.16~0.28、0.26~0.62，均小于 0.7，表明各处理 C、D、E 土壤均为清洁级，不存在重金属污染问题。

2. 内梅罗综合污染指数法

以 Cd 为各项污染指数的最大值计算各处理土壤的内梅罗综合污染指数。由表 6-13 可知，各处理 A 层土壤重金属内梅罗综合污染指数范围为 1.10~1.47，其中清水对照土壤内梅罗综合污染指数为最低值，但均在 1.0~2.0 范围内，且随沼液施用量增加土壤内梅罗综合污染指数有增大趋势，表明沼液处理和常规施肥处理土壤均受到重金属轻度污染，且土壤污染程度随沼液施用量增加而有增大趋势。各处理 B 层土壤重金属内梅罗综合污染指数范围为 0.82~0.93，其中处理 3 土壤内梅罗综合污染指数为最低值，但均介于 0.7~1 之间，且随沼液施用量增加，土壤内梅罗综合污染指数有增大趋势，其中处理 3~6 低于清水对照。表明施用沼液和化肥使得土壤处于重金属综合污染安全警戒级别；少量沼液施用对土壤重金属综合污染程度有缓解作用，而土壤污染程度随沼液施用量增加而有增大趋势；化肥施用对 B 层土壤的污染程度高于沼液。C、D、E 层土壤内梅罗综合污染指数均小于 0.7，表明其均处于优良级，受到重金属污染程度低。

表 6-13　各处理重金属单因子污染指数及内梅罗综合污染指数

参数			处理											
			1	2	3	4	5	6	7	8	9	10	11	12
单因子污染指数	Pb	A层	0.53	0.54	0.46	0.47	0.48	0.50	0.51	0.51	0.51	0.51	0.52	0.53
		B层	0.44	0.49	0.49	0.48	0.49	0.45	0.42	0.41	0.41	0.40	0.40	0.38
		C层	0.38	0.40	0.50	0.48	0.47	0.48	0.46	0.45	0.45	0.44	0.40	0.39
		D层	0.35	0.34	0.34	0.34	0.35	0.36	0.36	0.37	0.37	0.38	0.37	0.38
		E层	0.26	0.24	0.26	0.28	0.26	0.27	0.26	0.28	0.27	0.28	0.29	0.27
	Zn	A层	0.28	0.24	0.27	0.28	0.31	0.32	0.32	0.33	0.35	0.37	0.35	0.33
		B层	0.25	0.23	0.24	0.26	0.27	0.27	0.28	0.28	0.29	0.30	0.31	0.27
		C层	0.20	0.18	0.20	0.21	0.21	0.22	0.24	0.25	0.25	0.27	0.29	0.32
		D层	0.20	0.21	0.20	0.20	0.21	0.21	0.21	0.22	0.22	0.23	0.23	0.24
		E层	0.21	0.22	0.21	0.22	0.22	0.21	0.23	0.22	0.23	0.22	0.22	0.22
	Cu	A层	0.62	0.59	0.66	0.72	0.79	0.82	0.88	0.94	0.91	0.97	0.98	0.92
		B层	0.54	0.53	0.53	0.55	0.60	0.63	0.64	0.67	0.67	0.72	0.72	0.77
		C层	0.48	0.48	0.50	0.51	0.54	0.55	0.54	0.57	0.59	0.57	0.62	0.60
		D层	0.48	0.48	0.51	0.53	0.54	0.52	0.54	0.54	0.53	0.54	0.54	0.55
		E层	0.51	0.50	0.52	0.53	0.52	0.52	0.53	0.51	0.50	0.50	0.52	0.52
	Cd	A层	1.45	1.67	1.58	1.62	1.66	1.77	1.82	1.85	1.86	1.88	1.87	1.93
		B层	1.07	1.31	0.90	0.96	0.90	0.96	1.06	1.05	1.07	1.09	1.19	1.20
		C层	0.48	0.52	0.51	0.53	0.54	0.53	0.54	0.54	0.54	0.54	0.53	0.54
		D层	0.13	0.13	0.11	0.13	0.13	0.14	0.16	0.14	0.14	0.16	0.14	0.17
		E层	0.14	0.16	0.15	0.16	0.17	0.19	0.16	0.17	0.20	0.17	0.19	0.18
	Cr	A层	0.26	0.32	0.30	0.30	0.35	0.35	0.36	0.38	0.38	0.38	0.39	0.39
		B层	0.29	0.34	0.35	0.35	0.34	0.33	0.32	0.32	0.32	0.31	0.31	0.30
		C层	0.29	0.28	0.29	0.29	0.30	0.29	0.31	0.30	0.31	0.30	0.30	0.31
		D层	0.27	0.29	0.26	0.27	0.27	0.27	0.28	0.28	0.29	0.29	0.29	0.30
		E层	0.21	0.21	0.21	0.21	0.21	0.22	0.22	0.21	0.22	0.22	0.22	0.22

参数			处理											
			1	2	3	4	5	6	7	8	9	10	11	12
单因子污染指数	As	A层	0.25	0.45	0.40	0.42	0.42	0.43	0.45	0.45	0.45	0.46	0.47	0.48
		B层	0.27	0.39	0.40	0.36	0.34	0.34	0.33	0.33	0.31	0.32	0.30	0.31
		C层	0.26	0.24	0.25	0.25	0.26	0.26	0.27	0.27	0.28	0.27	0.28	0.28
		D层	0.20	0.19	0.21	0.21	0.21	0.21	0.21	0.22	0.22	0.21	0.22	0.23
		E层	0.18	0.18	0.17	0.19	0.16	0.17	0.18	0.16	0.16	0.18	0.17	0.18
	Hg	A层	0.45	0.79	0.61	0.62	0.69	0.72	0.77	0.74	0.72	0.70	0.67	0.68
		B层	0.42	0.44	0.48	0.48	0.49	0.53	0.56	0.59	0.59	0.60	0.60	0.62
		C层	0.43	0.43	0.42	0.44	0.44	0.45	0.45	0.46	0.47	0.48	0.48	0.49
		D层	0.32	0.33	0.34	0.35	0.34	0.34	0.36	0.38	0.39	0.37	0.37	0.39
		E层	0.26	0.27	0.29	0.29	0.30	0.31	0.29	0.27	0.29	0.29	0.27	0.30
内梅罗综合污染指数		A层	1.10	1.27	1.20	1.23	1.26	1.35	1.38	1.41	1.42	1.43	1.43	1.47
		B层	0.82	1.00	0.72	0.76	0.73	0.77	0.84	0.83	0.84	0.86	0.93	0.93
		C层	0.42	0.45	0.45	0.46	0.47	0.48	0.47	0.49	0.51	0.50	0.52	0.51
		D层	0.40	0.39	0.42	0.43	0.43	0.42	0.43	0.44	0.44	0.44	0.44	0.45
		E层	0.40	0.40	0.41	0.42	0.41	0.42	0.42	0.41	0.40	0.40	0.42	0.41

6.6　本章总结

(1)沼液施用可一定程度增加土壤0～80cm黏粒含量；沼液施用量增加对深层土壤机械组成的影响增大，化肥对土壤机械组成的影响主要在A、B层土壤。

(2)施用沼液和化肥均能促进土壤小于0.25mm水稳性团聚体形成，对0～80cm层土壤团聚体结构有改善作用。沼液施用有利于土壤小于0.25mm团聚体向大于0.25mm团聚体转化，A、B、C、D层土壤各沼液处理表现出随沼液施用量增加分形维数减小的趋势；随土壤深度增大，土壤增加的小粒径水稳性团聚越多，与施用化肥相比，一定量沼液施用更能促进A、B层2～5mm、1～2mm粒径团聚体，C层1～2mm粒径团聚体，D层2～5mm、0.25～0.5mm粒径团聚体，E层0.25～0.5mm粒径团聚体形成；施用沼液更有利于改善0～40mm、60～80mm层土壤团聚体组成比例，处理9～12比化肥更有利于改善40～60mm层土壤团聚体组成比例。

(3)较高沼液处理6～12施用有利于改善酸性土壤的pH，0～80cm层土壤pH表现出随沼液施用量增加而升高的趋势；低沼液施用及化肥施用则会导致土壤pH降低。

(4)沼液施用有利于土壤水溶性钾、钙、钠、镁的向下迁移，随沼液施用量增加，0～80cm各层土壤沼液处理土壤中水溶性钙、钠含量，0～60cm各层土壤沼液处理土壤中水溶性镁含量总体表现出升高趋势，其他土壤受影响趋势不明显；0～60cm各层土壤沼液处理土壤中水溶性钾含量表现出先升高后降低的趋势，60～100cm各层土沼液处理土壤中水溶性钾含量表现出增加趋势。施用化肥和沼液对土壤盐分的累积影响均为表聚型，两者均会导致土壤0～80cm各层土壤盐分的累积及其向下迁移；沼液施用比化肥更能促进土壤盐分的向下迁移，较大沼液施用量比化肥施用更易引起土壤表层盐分累积。三年沼液施用不会导致土壤 0～100cm 各层土壤盐渍化现象出现，相反对土壤盐分(即速效养分)有改良作用。

(5)沼液施用会导致 Zn、Cu、Cd、Cr、As、Hg 在土壤表层的累积，随沼液施用量增加，Zn、Cu、Cd、Cr、As 累积量逐渐升高，Hg 则先升后降，但不会导致 Pb 在土壤表层的累积。0～20cm 层土壤是重金属的主要累积层。沼液对深层土壤重金属含量的影响随施用量增加而增强：20～40cm 层土壤中 Pb、Cr、As 累积量表现出随沼液施用量增加逐渐降低的趋势，但均高于清水对照，Zn、Cu、Cd、Hg 则表现出逐渐升高的趋势；40～60cm 层沼液处理土壤 Zn、Cr、As、Hg 呈逐渐升高的趋势，Cu、Cd 总体呈升高的趋势，Hg 则呈降低的趋势；60～80cm 层沼液处理土壤 Pb、Zn、Cr 呈升高的趋势，Cu、Cd、As、Hg 有所升高；80～100cm 层土壤 Pb 累积量总体呈升高的趋势，但存在较大的变异性，Zn 总体呈升高的趋势，Cu、Cr 无显著变化，Cd 有微量升高，As、Hg 则变化规律不明显。相比于化肥施用主要导致 0～20、20～40cm 层土壤中 Pb、Cd、Cr、As、Hg 升高，Cu、Zn 降低，沼液施用更能促进土壤中 Pb、Zn、Cu、Cd、Cr、As、Hg 的迁移及其在深层土壤中的累积。

(6)沼液各处理 0～100cm 各层土壤中 Pb、Zn、Cu、Cr、As、Hg 单因子污染指数均小于 1，但 0～20cm 层土壤内梅罗综合污染指数大于 1 表明其土壤处于轻度污染状态，Cd 是主要的污染贡献因子；20～40cm 层土壤处于安全警戒级，Cd、Cu 是主要的贡献因子；40～100mm 各层土壤处于优良状态，受重金属污染程度低。

综上所述，施用一定量沼液对土壤质地结构及 pH 有一定的改良作用；会造成土壤盐分、重金属在土壤中的累积及向下迁移，但不会造成 0～100cm 各层土壤盐渍化问题，亦不会造成 0～100cm 各层土壤 Pb、Zn、Cu、Cr、As、Hg 重金属污染问题，可能会加重土壤表层 Cd 污染问题。

参 考 文 献

[1]国家环境保护总局. 水和废水分析监测方法[M]. 北京：中国环境科学出版社，2002.

[2]中国土壤学会. 土壤农业化学分析方法[M]. 北京：中国农业科技出版社，2000.

[3]杨培岭，罗远培，石元春. 用粒径的重量分布表征的土壤分形特征[J]. 科学通报，1993，38(2)：1896-1899.

[4]柳勇，徐润生，孔国添，等. 高强度连作下露天菜地土壤次生盐渍化及其影响因素研究[J]. 生态环境，2006，15(3)：620-624.

[5]Daniels M B, Chapman S L, Teague W. Utilizing spatial technology as a decision-assist tool for precision grading of salt-affected soils[J]. Journal of Soil and Water Conservation，2002，57(3)：134-143.

[6]HJ/T 336—2006　食用农产品产地环境质量评价标准[S]. 北京：中国环境科学出版，2007.

第7章 水稻−油菜轮作模式下三年连续施用沼液对土壤微生物学特性的影响

土壤微生物是土壤分解系统的重要组成成分，它影响土壤团粒结构和腐殖质形成等，改善土壤 pH 等物理化学特性，参与有机质分解、养分循环转化等生化过程，在推动物质转换、能量流动和生物地化循环中起关键作用，被视为农田生态系统稳定性和可持续性的保障[1,2]。随着专家学者深入研究和探讨农田土壤微生物的重要功能，通过监测土壤微生物群落结构及多样性和土壤酶活性等的变化来评价农田土壤质量日益受到关注[3-5]。

本研究在四川南方山丘区水稻−油菜轮作土壤中进行连续三年施用沼液试验，通过监测不同处理水稻−油菜轮作土壤微生物数量与土壤酶活性变化及其空间分布情况，以及 0~20cm 层土壤细菌群落多样性，评价长期施用沼液对水稻−油菜轮作土壤微域生态环境的影响，以期为沼液的农田消解方式提供更全面的参考和理论依据，对实现生态化农业生产和农业可持续发展具有重要的理论和实践意义。

7.1 材料与方法

7.1.1 试验地概况

试验地点设在四川省邛崃市固驿镇黑石村三组，土壤类型为酸性黄壤性水稻土，前茬作物为水稻，后茬作物为油菜，土壤肥力中等，地势平坦向阳，排灌方便。原始耕层土壤基本理化性质：pH 为 4.8，全氮为 2.11g/kg，碱解氮为 173.4mg/kg，有机质为 35.65g/kg，速效磷为 57.32g/kg，速效钾为 31.48mg/kg。

7.1.2 供试材料

供试品种：水稻品种为籼稻 T 优 8086，油菜品种为宜油 15。

供试沼液：猪场粪尿经厌氧发酵完全的沼液，沼液 pH 为 7.13，沼液营养成分平均含量为全氮 876.23mg/L，NH_4^+-N 634.7mg/L，NO_3^--N 7.27mg/L，全磷83.19mg/L，全钾 378.5mg/L。

供试化肥：尿素（TN≥46%），磷肥（含有机质磷肥，速效磷小于等于 12%，有机质小于等于 3.0%），钾肥（K_2O≥60%），硼肥（硼酸钠盐含量为 99%，纯硼含量为 15%），有机复合肥。

7.1.3　田间设计

自 2009 年 5 月播种水稻，至 2012 年 5 月收割油菜，连续三年种植六季作物（水稻－油菜轮作）。试验设置 12 个处理，包括 1 个清水对照处理（处理 1）、1 个常规施肥处理（处理 2）和 10 个不同施用量的纯沼液处理（处理 3~12）。每个处理 3 次重复，随机区组排列。小区面积为 $20m^2$（$5m \times 4m$），处理间间隔 40cm，重复间间隔 50cm，四周设保护行。水稻、油菜种植均按当地常规方法育苗，水稻 4 月播种，5 月移栽，按宽窄行移栽，每小区定植 288 穴；油菜 9 月播种，10 月移栽，株距为 35cm，每小区种植 168 株。三年六季沼液连续施用情况见表 7-1。

表 7-1　三年六季沼液连续施用情况　　　　单位：t/hm^2

处理	沼液施用总量	水稻季沼液或化肥施用总量	油菜季沼液或化肥施用总量
1	0	0	0
2	0	尿素 0.15，磷肥 0.99，钾肥 0.10，有机复合肥 1.994	尿素 0.51，磷肥 2.25，钾肥 0.26，硼肥 0.0084
3	179.79	29.25	150.54
4	259.53	52.50	207.03
5	339.31	75.75	263.56
6	396.81	99.00	297.81
7	443.28	122.25	321.03
8	495.31	145.50	349.81
9	546.32	168.75	377.57
10	626.10	192.00	434.10
11	709.59	219.00	490.59
12	793.09	246.00	547.09

注：水稻季肥料作为分蘖肥一次性施入，油菜季硼肥作为基肥一次性施入，其他肥料根据油菜不同生长季节所需养分分次施入；以处理 12 沼液施用量为标准，其他处理以清水替代肥料达到统一施用量。

7.1.4　样品采集与处理

2012 年 5 月油菜收获后采集各试验小区的土样，每个试验小区中间位置挖掘长约 1m，宽约 80cm，深约 1.2m 的土坑，在同一土壤剖面采集 0~60cm 土壤样品。采集样品前用酒精擦拭铁铲刮去剖面表层土壤（防止空气中的微生物影响），每 20cm 为一个采样层，用灭菌环刀多点采集土壤样品，混匀，四分至 1kg 左右，用灭菌的镊子去除植物根系、石砾等杂物，将土样收集于无菌封口袋中，密封带回实验室，分装一部分保存于 −20℃。不同深度土壤的基本理化性质见表 7-2。

表 7-2 不同深度土壤的基本理化性质

处理	土层/cm	pH	有机质/(g/kg)	全氮/(g/kg)	碱解氮/(mg/kg)	速效钾/(mg/kg)	有效磷/(mg/kg)
1	0~20	5.35	20.44	1.09	131.28	20.64	30.85
	20~40	5.76	13.91	0.81	101.24	3.13	2.94
	40~60	6.01	9.13	0.52	76.24	6.80	1.04
2	0~20	5.26	21.54	1.06	126.00	21.42	31.46
	20~40	5.55	17.36	0.90	98.22	1.54	3.52
	40~60	5.66	6.01	0.34	63.73	8.66	1.48
3	0~20	5.36	23.39	1.19	132.39	22.24	33.34
	20~40	5.34	12.81	0.66	104.27	2.73	3.41
	40~60	5.67	7.14	0.41	88.37	6.40	0.97
4	0~20	5.34	22.82	1.16	130.44	22.23	32.85
	20~40	5.77	13.02	0.67	77.46	2.13	3.70
	40~60	6.32	9.92	0.47	45.57	5.29	1.36
5	0~20	5.36	22.05	1.16	129.8	21.61	32.72
	20~40	5.87	12.22	0.65	78.43	3.44	3.64
	40~60	6.33	11.50	0.61	55.79	6.22	1.58
6	0~20	5.42	23.80	1.22	135.75	23.69	36.15
	20~40	5.78	17.04	0.81	89.74	3.68	4.20
	40~60	6.23	9.95	0.52	84.35	4.36	1.85
7	0~20	5.43	25.05	1.35	143.48	24.79	37.85
	20~40	5.34	15.72	0.91	110.63	4.47	3.69
	40~60	6.01	11.69	0.62	67.24	8.36	1.22
8	0~20	5.44	26.96	1.49	155.75	25.95	39.45
	20~40	5.23	21.17	1.20	121.25	4.18	4.56
	40~60	5.66	9.29	0.58	99.36	7.14	1.63
9	0~20	5.46	25.27	1.37	144.55	24.72	37.08
	20~40	5.77	16.97	0.97	132.77	5.10	4.87
	40~60	6.22	9.84	0.63	100.34	8.37	1.40
10	0~20	5.49	22.92	1.36	130.31	24.37	34.29
	20~40	5.64	13.02	0.70	102.35	5.51	3.34
	40~60	6.12	11.92	0.59	54.63	5.81	1.35
11	0~20	5.48	21.58	1.33	127.7	22.00	31.44
	20~40	5.74	16.29	0.96	99.47	8.29	4.5
	40~60	5.86	11.20	0.60	44.73	4.73	1.79
12	0~20	5.52	22.89	1.35	137.92	23.8	34.78
	20~40	5.79	19.37	1.13	110.23	5.88	3.16
	40~60	5.99	10.25	0.60	74.46	4.62	1.93

7.1.5　测定项目及方法

1. 微生物数量的测定

微生物数量采用传统的微生物平板计数法测定[6]，称取新鲜土样 5.00g，分别溶于装有 45mL 无菌水及玻璃珠的三角瓶中，摇床震荡 30min，用移液枪分别无菌吸取各样品土壤悬液 1mL 移入盛有 9mL 无菌水的试管中，此土壤悬液浓度为 10^{-2}，重复操作直至获得所需土壤悬液浓度。不同种类微生物的培养方法如下。

(1)细菌培养——牛肉膏蛋白胨培养基：分别称取牛肉膏 3g(预先用少量蒸馏水溶解)，蛋白胨 10g，NaCl 5g，琼脂 15~20g，溶于 800mL 蒸馏水，加热并搅拌，调节 pH 至 7.0~7.2，蒸馏水定容至 1000mL，待培养基微沸停止加热并继续搅拌，转移至 1L 三角瓶，盖好棉塞于 121℃灭菌 20min。倒适量培养基于培养皿中，完全冷却凝固后，取 100μL 土壤悬液于平板上，用玻璃涂布棒涂匀，正向放置于 37℃恒温培养箱培养 24h，而后倒置培养 48h(其中，0~20cm 土壤悬液选择浓度 10^{-4}、10^{-5}、10^{-6}，20~40cm 土壤悬液选择浓度 10^{-3}、10^{-4}、10^{-5}，40~60cm 土壤悬液选择浓度 10^{-2}、10^{-3}、10^{-4})。

(2)真菌培养——马丁氏培养基：分别取葡萄糖 10g，蛋白胨 5g，磷酸二氢钾 1g，$MgSO_4 \cdot 7H_2O$ 0.5g，1/3000 孟加拉红(rosebengal，玫瑰红水溶液)100mL，琼脂 15~20g，加蒸馏水至 1000mL，加热并搅拌，自然 pH 无须调节，待培养基微沸停止加热继续搅拌，转移至 1L 三角瓶，盖好棉塞于 121℃灭菌 20min。培养基稍冷却加入 0.03%链霉稀释液(取 0.03g 链霉素溶于 100mL 蒸馏水)10mL，使每毫升培养基中含链霉素 30μg，摇匀后将适量培养基倒入培养皿，完全冷却凝固后，取 100μL 土壤悬液于平板上，用玻璃涂布棒涂匀，正向放置于 37℃恒温培养箱培养 24h，而后倒置培养 72h(其中，0~20cm 土壤悬液选择浓度 10^{-2}、10^{-3}、10^{-4}，20~40cm 土壤悬液选择浓度 10^{-1}、10^{-2}、10^{-3}，40~60cm 土壤悬液选择浓度 10^{-1}、10^{-2}、10^{-3})。

(3)放线菌——高氏 1 号培养基：可溶性淀粉 20g(预先加蒸馏水将淀粉调成糊状)，KNO_3 1g，NaCl 0.5g，K_2HPO_4 0.5g，$MgSO_4$ 0.5g，$FeSO_4$ 0.01g，琼脂 20g。先将调成糊状的淀粉倒入煮沸的蒸馏水中，边加热搅拌边倒入其他试剂，调节 pH 至 7.2~7.4，蒸馏水定容至 1000mL，待成分全部溶解停止加热继续搅拌，转移至 1L 三角瓶，盖好棉塞于 121℃灭菌 20min。同时配置 1%重铬酸钾溶液并灭菌，培养基倒入培养皿以前取 5mL 1%重铬酸钾溶液于 1L 培养基中，摇匀，制平板，培养基完全凝固后取 100μL 土壤悬液于平板上，用玻璃涂布棒涂匀。正向放置于 28℃恒温培养箱培养 24h，而后倒置培养 6 天(其中，0~20cm 土壤悬液选择浓度 10^{-3}、10^{-4}、10^{-5}，20~40cm 土壤悬液选择浓度 10^{-1}、10^{-2}、10^{-3}，40~60cm 土壤悬液选择浓度 10^{-1}、10^{-2}、10^{-3})。

2. 土壤总 DNA 提取

土壤总 DNA 采用美国 MOBIO 公司的 PowerSoil™ DNA Isolation Kit(DNA 强力提取试剂盒)提取，依照试剂盒设计，试验中土壤加样量设定为 0.25g，经检测提取的土壤

DNA 浓度在 2.5～11.2ng/μL 范围。

3. PCR-DGGE 分析

1）PCR 扩增

试验选用细菌 16S rDNA V6－V8 区通用引物（上海生工生物工程技术服务有限公司合成），具体引物名称与序列[7,8]见表 7-3。PCR 扩增采用 Nested-PCR（巢式 PCR）程序。

表 7-3　PCR 引物设计

引物名称	序列
BSF8/20	5′－AGAGT TTGAT CCTGG CTCAG－3′
BSR1541/20	5′－AAGGA GGTGA TCCAG CCGCA－3′
GC－968F	5′－CGCCC GGGGC GCGCC CCGGG CGGGG CGGGG GCACG GGGGG AACGC GAAGA ACC TTA－3′
1401R	5′－GCG TGT GTA CAA GAC CC－3′

为减少扩增过程中非特异性产物的产生，试验采用 Touch-down 反应程序。第一次 PCR 反应体系：PCR Master Mix（TIANGEN BIOTECH，BEIJING）25μL，引物 BSF8/20 和 BSR1541/20 各 0.5μL，DNA 模板 8ng，加 ddH$_2$O 至 50μL。反应程序：94℃变性 10min，随后 94℃变性 1min、65～55℃退火 50s（每次循环降低 0.5℃）、72℃延伸 90s，循环 20 次，而后 94℃变性 1min、55℃退火 50s、72℃延伸 90s，循环 15 次，最后在 72℃条件下再延伸 10min，产物保存于 4℃环境下。

第二次 PCR 扩增：将第一轮 PCR 扩增产物 1∶10 稀释液作为 DNA 模板。体系为 25μL PCR Master Mix，引物 GC－968F 和 1401R 各 0.5μL，DNA 模板 1μL，ddH$_2$O 23μL（总体系为 50μL）。反应体系在第一次 PCR 程序的基础上，退火温度 20 次循环改为 63～53℃、15 次循环改为 53℃，其他条件不变。

2）变性凝胶梯度电泳（DGGE）

（1）凝胶制备。按 DGGE 浓度 8%，变性剂浓度 40%～55%，并分别加入 25μL TEMED、50μL 10%过硫酸铵溶液，摇匀，迅速手动灌胶，插入梳子，置于 50℃烘箱 30min，而后放置于水平桌面过夜。

（2）电泳。轻轻拔出梳子并用缓冲液清洗点样孔，安装胶板并置于装有预热（60℃）的 1×TAE 缓冲液的电泳槽中，按电压 50V 电泳 30min，再按电压 180V 电泳 7h。

（3）染色与成像。电泳结束之后，采用银染法对 DGGE 凝胶进行染色。染色的主要流程如下：①固定，将凝胶置于 1L 固定液中（10%无水乙醇，0.5%冰醋酸），水平振荡 15min；②染色，取出胶片用去离子水冲洗凝胶 2～3 次，然后加入 1L 银染液（0.2% AgNO$_3$，200μL 甲醛），避光水平振荡 20min；③显色，倒弃银染液用去离子水冲洗凝胶 2～3 次，加入 1mL 显色液（1.5% NaOH，2mL 甲醛），振荡至出现较清楚条带；④再固定，倒弃显色液放入 1L 固定液（可重复使用）固定 10s；⑤清洗胶片。成像：将胶片平整放在胶片观察灯上，用相机清晰拍下胶片。

3)DGGE 图谱分析

DGGE 凝胶上的每个条带都代表一个单独的序列类型或系统发育类型。采用所得图像，用 Bio-Rad Quantuty One 4.62 对 DGGE 图谱进行定量分析，如条带位置、相对亮度等，采用 Excel 2007 计算 Simpson 指数、Shannon-Wiener 指数和均匀度指数（E_H），计算公式如下。

Shannon-Wiener 指数：

$$H = -\sum\nolimits_{1}^{s} = 1\left(\frac{N_i}{N}\ln\frac{N_i}{N}\right)$$

Simpson 指数：

$$D = \sum\nolimits_{1}^{s} = 1\left(\frac{N_i}{N}\right)$$

均匀度指数：

$$E_H = \frac{H}{\ln S}$$

式中，N_i——第 i 种物种的光密度值；

　　　N——所有条带的总光密度值；

　　　S——丰富度指数，体现最大物种多样性。

根据条带的出现或消失来建立二元矩阵，经 NTSYS 软件计算得出 Jaccard 系数，并用 UPGMA(unweighted pair group method using arithmetic averages)进行聚类分析。

4. 土壤酶活性测定

土壤酶活性采用化学法测定，具体方法如下[6]。

（1）土壤脲酶活性测定。称取 2.00g 新鲜土样于 50mL 三角瓶中，加 1mL 甲苯，振荡均匀，15min 后加 10mL 10%尿素溶液和 20mL pH 为 6.7 的柠檬酸盐缓冲溶液，摇匀后在 37℃恒温箱培养 24h。培养结束后过滤，取 1mL 滤液加入 50mL 容量瓶中，再加 4mL 1.35mol/L 苯酚钠溶液和 3mL 0.9%次氯酸钠溶液，随加随摇匀。20min 后显色，定容。1h 内在分光光度计于 578nm 波长处比色（靛酚的蓝色在 1h 内保持稳定）。标准曲线制作：在测定样品吸光值之前，分别取 0mL、1mL、3mL、5mL、7mL、9mL、11mL、13mL 氮工作液，移于 50mL 容量瓶中，然后补加蒸馏水至 20mL。再加入 4mL 苯酚钠溶液和 3mL 次氯酸钠溶液，随加随摇匀。20min 后显色，定容。1h 内在分光光度计上于 578nm 波长处比色。然后以氮工作液浓度为横坐标、吸光值为纵坐标绘制标准曲线。土壤脲酶活性一个酶活单位（EU）以 1g 新鲜土壤在 37℃条件下培养 24h 后产生 NH_4^+-N 的毫克数表示。

（2）土壤蔗糖酶活性测定。称取 2.00g 新鲜土壤，置于 50mL 三角瓶中，注入 15mL 8%蔗糖溶液，5mL pH 为 5.5 的磷酸缓冲液和 5 滴甲苯。摇匀混合物后，放入恒温箱 37℃下培养 24h。取出后迅速过滤，吸取滤液 1mL，注入 50mL 容量瓶中，加 3mL DNS 试剂（0.5g 二硝基水杨酸，溶于 20mL 2mol/L NaOH 和 50mL 水中，再加 30g 酒石酸钾钠，蒸馏水稀释定容至 100mL，保质期 7 天），并在沸腾的水浴锅中加热 5min，随即将容量瓶移至自来水流下冷却 3min。溶液因生成 3-氨基-5-硝基水杨酸而呈橙黄色，最后用蒸馏水稀释至 50mL，并在分光光度计上于 508nm 处进行比色。标准曲线制作：分别吸 1mg/mL 的标准葡萄糖溶液 0mL、0.1mL、0.3mL、0.5mL、0.7mL、0.9mL、1.1mL、1.3mL 于 50mL 容量瓶中，加蒸馏水至 2mL，再加入 DNS 试剂 3mL，摇匀，于沸水浴中加热 5min，随即将容量瓶移至自来水流下冷却 3min，以空白管调零在波长 508nm 处比色，以葡萄糖浓度为横坐标、吸光值为纵坐标绘制标准曲线。土壤蔗糖酶活性一个酶活单位(EU)以 1g 新鲜土壤在 37℃条件下培养 24h 后产生葡萄糖的毫克数表示。

(3)土壤过氧化氢酶活性测定。分别取 2.00g 新鲜土壤于具塞三角瓶中，加入 0.5mL 甲苯，摇匀，于 4℃冰箱中放置 30min。取出即刻加入 25mL 4℃ 3％ H_2O_2 水溶液，充分混匀后，再置于冰箱中。1h 后取出，迅速加入 4℃ 2mol/L H_2SO_4 溶液 25mL，摇匀，过滤，取 1mL 滤液于三角瓶中，加入 5mL 蒸馏水和 5mL 2mol/L H_2SO_4 溶液，用 0.02mol/L $KMnO_4$ 溶液滴定。根据对照和样品的滴定差，求出相当于分解的 H_2O_2 的量所消耗的 $KMnO_4$。土壤过氧化氢酶活性一个酶活单位(EU)以 1g 新鲜土壤在 4℃条件下培养 1h 消耗 0.1mol/L $KMnO_4$ 体积(mL)数表示。

(4)土壤磷酸酶活性测定。分别称取 2.00g 新鲜土壤与 50mL 容量瓶，加 1mL 甲苯摇匀，15min 后分别加 5mL 苯磷酸二钠(6.75g 苯磷酸二钠溶于 1L 蒸馏水)和 pH 为 5.0 的醋酸缓冲液，放入恒温箱 37℃下培养 24h，取出后用蒸馏水定容至 50mL(甲苯浮于刻度线上)。过滤，取 1mL 滤液于 100mL 容量瓶，加 5mL pH 为 9.0 的硼酸缓冲液、3mL 2.5％铁氰化钾、3mL 0.5％ 4-氨基安替吡啉，显色定容，待颜色稳定(20～30min)，在分光光度计上于 570nm 处进行比色。标准曲线制作：0.1％酚标准液稀释 20 倍作为工作液，分别取酚工作液 1mL、3mL、5mL、7mL、9mL、11mL 于 100mL 容量瓶，加 5mL pH 为 9.0 的硫酸缓冲液、3mL 2.5％铁氰化钾、3mL 0.5％ 4-氨基安替吡啉，显色定容，待颜色稳定于分光光度计比色。土壤酸性磷酸酶活性一个酶活单位(EU)以 1g 新鲜土壤在 37℃条件下培养 24h 产生的酚毫克数表示。

7.1.6 数据处理

应用 Excel2007、SPSS18.0 和 Origin8.0 进行数据分析处理、统计和作图，用邓肯(Duncan's test)检测法检验其差异显著性水平($P<0.01$)。

土壤酶活性激活率计算公式为

$$激活率 = \frac{A-B}{B} \times 100\%$$

式中，A——施肥土壤酶活性；

B——清水处理土壤酶活性。

7.2　连年施用沼液对水稻－油菜轮作土壤微生物数量及空间分布的影响

7.2.1　对水稻－油菜轮作土壤细菌数量及空间分布的影响

如表7-4所示，各处理条件下土壤剖面细菌数量分布一致，由上至下减少，变异系数分别为38.88％、64.33％、84.94％，但0~20cm层土壤细菌数量变异度为(548.00~1626.67)×10³CFU/g，40~60cm层土壤细菌数量变异度仅为（1.34~15.30）×10³CFU/g，综合考虑，施肥方式对耕层(0~20cm)土壤细菌活性影响较大，对深层土壤细菌生长繁育影响较小。

表7-4　不同处理土壤细菌数量及空间分布　　　　单位：×10³CFU/g

处理	细菌数量		
	0~20cm	20~40cm	40~60cm
1	548.00±107.85 D	29.80±2.51 E	1.34±0.03 F
2	555.33±180.67 D	30.53±2.25 E	1.34±0.16 F
3	694.00±199.57 CD	39.47±5.87 DE	1.66±0.42 F
4	640.67±52.17 CD	35.93±4.41 DE	1.43±0.29 F
5	642.67±50.01 CD	38.40±4.85 DE	3.07±0.06 EF
6	866.67±210.08 BCD	42.07±4.40 DE	3.07±0.18 EF
7	1133.33±174.74 ABC	58.00±31.20 DE	4.39±0.17 DE
8	1253.33±261.02 AB	64.00±9.16 CDE	5.20±0.72 DE
9	1273.33±299.56 AB	72.00±14.00 CD	5.67±1.10 D
10	1446.67±277.37 A	116.67±7.57 B	10.70±1.42 C
11	1413.33±205.26 A	90.67±23.01 BC	8.40±0.72 B
12	1626.67±280.95 A	170.00±22.00 A	15.30±2.21A
F	10.64**	27.42**	72.01**
变异度	548.00~1626.67	29.80~170.00	1.34~15.30
变异系数/%	38.88	64.33	84.94

不同处理对0~20cm层土壤细菌数量影响差异极显著（$F=10.64$**），其中常规施肥处理土壤细菌数量比清水对照增加1.3％，不同沼液施用量处理土壤细菌数量均高于对照土壤。随沼液施用量增加，耕层土壤细菌数量逐渐增加，在处理12达到最大值(1626.67±280.95)×10³CFU/g，分别比清水对照和常规施肥处理增加196.8％和192.9％。处理3~6与清水对照和常规施肥处理细菌数量差异不显著，处理间差异也不

显著，说明低沼液施用量对耕层土壤细菌数量的影响较小；处理 7~12 中高沼液施用量处理的土壤中细菌数量极显著高于其他处理，即中高沼液施用量能够有效刺激土壤细菌生长，当三年沼液施用总量为 793.09t/hm²（处理 12）时，土壤中细菌的生长繁殖最旺盛。

20~40cm 层土壤细菌数量在不同施肥方式条件下的变化差异极显著（$F=27.42^{**}$），与清水对照相比，常规施肥处理和处理 3~12 细菌数量均有所增加。经 Duncan 检验，随沼液施用量增加土壤细菌数量不断增加，处理 3~7 土壤细菌数量与对照处理及其处理间差异均不显著，处理 8~12 土壤细菌数量极显著高于清水对照和常规施肥处理，且当沼液总施用量高于 546.32t/hm² 时，土壤细菌数量极显著高于对照处理，处理 12 土壤细菌数量最多，为 $(170.00\pm22.00)\times10^3$CFU/g，是清水对照土壤细菌数量的 5.7 倍，是常规施肥处理土壤细菌数量的 5.7 倍，高沼液施用量不仅有效改善耕层土壤细菌生长环境，同时也为 20~40cm 层土壤细菌生长提供养分。

不同处理条件下，40~60cm 层土壤细菌数量差异极显著（$F=72.01^{**}$），常规施肥处理土壤细菌数量与清水对照相近且差异不显著，说明化肥施用对该深度土壤细菌生长几乎无影响。随沼液施用量增加，处理 3~12 土壤细菌数量不断增加且均高于清水对照和常规施肥处理土壤细菌数量，处理 7~12 土壤细菌数量极显著高于对照处理，说明少量沼液连年施用对深层土壤细菌活性影响不明显，而中高量沼液连年施用明显为深层土壤提供更充足的养分，促进细菌生长繁殖，当三年沼液施用总量达 793.09t/hm² 时，该层次土壤细菌数量达最大值。

7.2.2　对水稻-油菜轮作土壤真菌数量及空间分布的影响

不同处理土壤真菌数量及空间分布情况见表 7-5。施肥方式不会改变真菌在土壤剖面的垂直分布，0~20cm 层土壤真菌活性最强、40~60cm 层土壤活性弱且受施肥干扰小。通过不同深度土壤真菌数量变异系数和变异度的对比，分析得出施肥方式对耕层土壤真菌数量影响最大，变异系数达 44.92%。根据 Duncan 检验结果可以看出，不同处理对各层次土壤真菌数量影响不明显，由于真菌的抗逆性较强，不易受环境变化影响。

表 7-5　不同处理土壤真菌数量及空间分布　　　　单位：$\times10^2$CFU/g

处理	真菌数量		
	0~20cm	20~40cm	40~60cm
1	82.00±20.00 D	6.33±0.42 BC	0.70±0.17 A
2	105.30±32.02 D	5.80±0.92 C	0.67±0.08 A
3	155.30±26.10 CD	8.73±1.75 ABC	0.65±0.04 A
4	141.30±33.25 CD	6.40±1.31 BC	0.69±0.09 A
5	110.70±23.35 D	7.13±0.090 ABC	0.63±0.02 A
6	172.00±44.68 CD	7.73±1.62 ABC	0.55±0.08 A
7	226.00±35.16 BC	8.07±01.14 ABC	0.77±0.16 A

处理	真菌数量		
	0～20cm	20～40cm	40～60cm
8	384.70±61.98 A	10.07±0.90 A	0.67±0.03 A
9	300.00±62.64 AB	9.27±2.20 AB	0.69±0.10 A
10	279.30±51.39 B	6.53±0.76 BC	0.67±0.08 A
11	224.70±53.27 BC	6.13±0.81 BC	0.72±0.08 A
12	243.30±14.19 BC	7.20±0.53 ABC	0.63±0.06 A
F	14.51**	3.71**	1.00
变异度	82.00～384.70	5.80～10.07	0.55～0.77
变异系数/%	44.92	18.13	8.19

不同施肥方式对 0～20cm 层土壤真菌数量影响极显著（$F=14.51**$）。连年沼液施用处理耕层土壤真菌数量高于清水对照，其中处理 5 真菌数量为纯沼液处理最低值，高于清水对照 35.0%，高于常规施肥处理 5.13%，说明长期施用沼液的耕层土壤真菌生长环境和营养条件明显优于常规施肥处理。随沼液施用量增加，耕层土壤真菌数量先增加后减少，处理 3～6 土壤真菌数量虽高于清水对照但差异不显著，处理 7～12 沼液处理真菌数量极显著高于清水对照和处理 3～6，且于处理 8（沼液施用总量为 495.31t/hm²）达到最大值（384.70±61.98）×10² CFU/g，说明中高沼液施用量能更好地改善耕层土壤真菌生长环境，刺激真菌生长。

20～40cm 层土壤真菌数量因施肥方式不同产生极显著差异（$F=3.71**$），常规施肥处理真菌数量低于清水对照 8.4%，但差异不显著；沼液施用处理真菌数量普遍高于清水对照，但仅处理 8 极显著高于清水对照、处理 9 极显著高于常规施肥处理。随沼液施用量增加而呈先增加后减少的趋势，当沼液施用总量为 495.31t/hm² 时土壤真菌数量最多，说明三年连年施用适量沼液不仅促进耕层土壤真菌生长，同时为深层土壤真菌生长提供充足的养分，与化肥相比更有利于维护土壤真菌群落生长环境。

40～60cm 层土壤真菌数量在不同施肥制度下变化平缓，通过组间差异显著性分析得出施肥方式对该层次土壤真菌数量影响不显著（$F=1.00$），说明施肥措施不会对该深度土壤真菌生长产生影响。

7.2.3　对水稻－油菜轮作土壤放线菌数量及空间分布的影响

如表 7-6 所示，不同处理方式下土壤放线菌数量空间分布一致，由上至下减少。不同深度土壤放线菌变异系数分别为 42.59%、52.90% 和 69.41%，结合不同深度土壤放线菌数量变异度分析，不同施肥方式对耕层土壤放线菌活性影响更大。

表 7-6　不同处理土壤放线菌数量及空间分布　　　　单位：$\times 10^3$ CFU/g

处理	放线菌数量		
	0~20cm	20~40cm	40~60cm
1	323.33±28.88 E	0.23±0.06 C	0.09±0.00 DE
2	296.67±77.67 E	1.04±0.23 A	0.41±0.09 A
3	456.67±146.40 DE	0.31±0.05 C	0.30±0.07 B
4	483.33±23.09 DE	0.25±0.07 C	0.30±0.04 B
5	650.00±85.44 CD	0.25±0.07 C	0.19±0.03 C
6	680.00±156.21 CD	0.27±0.08 C	0.16±0.01 CD
7	896.67±181.48 BC	0.40±0.01 C	0.08±0.00 DE
8	950.00±117.90 ABC	0.52±0.02 BC	0.10±0.02 CDE
9	1200.00±206.64 AB	0.63±0.13 BC	0.14±0.02 CDE
10	1233.30±104.08 A	0.51±0.06 BC	0.08±0.01 DE
11	740.00±192.87 CD	0.57±0.04 BC	0.08±0.03 DE
12	820.00±121.24 C	0.85±0.14 AB	0.04±0.01 E
F	16.24**	7.71**	25.23**
变异度	296.67~1233.33	0.23~1.04	0.04~0.41
变异系数/%	42.59	52.90	69.41

不同处理 0~20cm 层土壤放线菌数量变化差异极显著（F=16.24**）。常规施肥条件下放线菌数量最少，仅为（296.67±77.67）$\times 10^3$ CFU/g，比清水对照减少 8.2%，但差异不显著；沼液施用土壤（除处理 3、4 外）中放线菌数量均极显著高于清水对照。随沼液施用量增加土壤放线菌数量呈先增加后减少的趋势，并在处理 10（沼液施用总量为 626.10t/hm²）处达最大值（1233.30±104.08）$\times 10^3$ CFU/g，沼液施用总量高于 709.60t/hm²（处理 11、12）时，土壤放线菌数量减少，说明适量的沼液施用能够显著刺激土壤放线菌生长，过多施用沼液反而起抑制作用。

20~40cm 层土壤放线菌数量通过组间差异显著性分析得出，施肥对该深度土壤放线菌活性影响极显著（F=7.71**）。20~40cm 层土壤在长期化肥作用下放线菌数量水平最高，经 Duncan 检验，极显著高于清水对照和沼液处理，说明长期化肥处理可有效刺激该深度土壤放线菌生长；沼液处理土壤放线菌数量（除处理 12 外）与清水对照处理差异不显著。随沼液施用量增加，该深度土壤放线菌数量不断增加，但处理间差异多不显著，当沼液施用总量达 793.09t/hm² 时土壤放线菌数量达最大值（0.85±0.14）$\times 10^3$ CFU/g，且极显著高于低沼液施用量（处理 3~6）。

受施肥方式的影响，40~60cm 层土壤放线菌数量变化差异极显著（F=25.23**），常规施肥条件下该深度土壤放线菌数量达最大值（0.41±0.09）$\times 10^3$ CFU/g，高于清水对照处理 3.6 倍，且极显著高于沼液处理；适量沼液（处理 3~9）连年施用可增加土壤放线菌数量，过高施用量(处理 10～12)长期处理反而抑制该层土壤放线菌生长繁殖。随沼液施用量增加，土壤放线菌数量不断减少，与 20～40cm 层土壤放线菌数量的变化趋势相反，当沼液施用量低于 339.31t/hm² 时(处理 5)土壤放线菌数量极显著大于清水对照，高于此沼液施用总量放线菌数量变化与清水对照差异不显著。

7.2.4　水稻－油菜轮作 0～20cm 层土壤细菌、真菌比值变化

土壤细菌数量与真菌数量的比值(即 B/F 值)是土壤微生物区系结构的重要特征指标，B/F 值降低预示土壤存在从高肥低害的"细菌型"转为低肥高害的"真菌型"的风险。由表 7-7 可知，清水对照 B/F 值最大，长期化肥或沼液处理均降低土壤 B/F 值，随沼液施用量增加 B/F 值先增大后减小，且处理 3～10(除处理 5 外)B/F 值低于常规施肥处理，说明较长期化肥处理连续施用沼液更不利于维护土壤微生态平衡，土壤质量受到潜在威胁[9]。

表 7-7　不同处理 0～20cm 层土壤细菌/真菌比值变化($P>0.01$)

处理	1	2	3	4	5	6	7	8	9	10	11	12
细菌/真菌(B/F)	70.18	53.74	44.23	47.84	59.17	51.87	51.76	32.78	42.29	53.47	65.21	66.73

7.3　连年施用沼液对水稻－油菜轮作 0～20cm 层土壤细菌种群多样性的影响

7.3.1　土壤总 DNA 提取与 PCR 扩增

本试验中提取土壤总 DNA 浓度见表 7-8。第一轮 PCR 扩增选用细菌通用引物 BSF8/20 和 BSR1541/20 获取 DNA 模板，将其稀释 10 倍，取 1μL 稀释液于 50μL 体系，采用 GC-968F 和 1401R 引物对进行第二轮扩增得到目标片段，取 3μL 第二轮 PCR 产物，1% 琼脂糖凝胶电泳检测(图 7-1)。由图 7-1 可知，PCR 产物片段大小均匀，特异性高，无须纯化即适合进行 DGGE 操作。

表 7-8　土壤总 DNA 提取浓度

处理	1	2	3	4	5	6	7	8	9	10	11	12
DNA 浓度/(ng/μL)	6.61	6.61	14.11	8.86	8.86	9.43	7.75	8.30	8.30	11.74	9.43	10.57

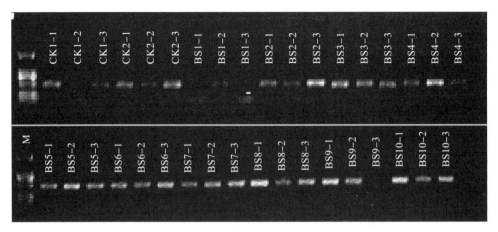

图 7-1　16S rRNA V6－V8 区扩增产物琼脂糖凝胶电泳图

7.3.2　对水稻－油菜轮作 0～20cm 层土壤细菌群落结构的影响

　　根据 DGGE 原理，每个条带大致代表群落中的一种优势菌群，条带染色后亮度越强则所代表菌种数量越多，条带数越多则该样品中生物多样性信息越复杂，生物种群越丰富，不同样品处理泳道间的共有条带说明这些条带所代表的细菌类群很稳定，不易受到土壤环境改变的影响。由 DGGE 图像(图 7-2)可以看出，不同处理样品泳道 DGGE 条带数目、位置和亮度存在差异，说明不同处理细菌类群和相对数量存在差异：与清水对照相比，常规施肥处理样品中部分条带亮度减弱或消失，即长期化肥处理使土壤细菌群落结构发生变化；沼液施用处理样品中虽有部分条带消失，但也有新的条带出现，且随沼液施用量增加条带位置和亮度逐步发生明显变化。

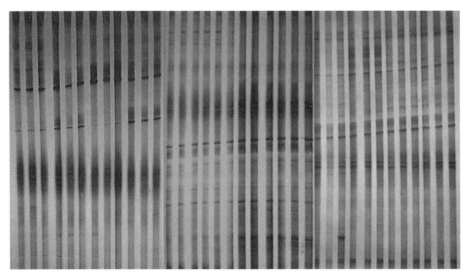

注：从左至右 Lane1～Lane36 每三条泳道代表一种处理样品，依次为处是 12～1。

图 7-2　土壤 16S rRNA DGGE 图谱

7.3.3 对水稻—油菜轮作 0~20cm 层土壤细菌多样性的影响

表 7-9 中的丰富度指数显示，常规施肥处理细菌类群数目极显著少于清水对照，说明长期施用化肥会减少土壤中细菌类群数量；长期沼液处理土壤细菌类群较清水对照发生极显著变化，多数处理土壤细菌丰富度降低，即长期不合理的沼液施用使土壤细菌种类减少；随沼液施用量增加，土壤细菌种群丰富度大体呈现先增加后减少的趋势，于处理 5 和 6 处达最大值，且极显著大于清水对照和其他沼液处理，沼液施用量高于 443.28t/hm² 时（处理 7~12，除处理 9 外）细菌种群丰富度小于常规施肥处理。

Shannon-Wiener 指数、Simpson 指数和均匀度指数是评价微生物多样性的重要指标。对 DGGE 图谱数字化处理后，以条带的光密度作为物种相对丰度计算细菌的微生物多样性指数（即 Shannon-Wiener 指数，H），结果见表 7-9。不同施肥处理土壤细菌多样性有明显变化：自然条件下（清水对照）0~20cm 层土壤细菌 Shannon-Wiener 指数水平较高，说明清水处理土壤中细菌类群繁多，功能性强，对应 DGGE 图像（图 7-2）可以观察到相同结果，但 Simpson 指数降低，即优势类群不突出，在 DGGE 图谱中表现为条带亮度减弱；经长期化肥处理的土壤细菌种群多样性指数极显著降低，同时 Simpson 指数极显著增大，即细菌类群减少，优势类群更明显；沼液施用处理细菌多样性指数水平整体优于常规施肥处理，但多小于清水对照。随沼液施用量增加 Shannon-Wiener 指数大体呈先增大后减小的趋势，当沼液总施用量低于 396.81t/hm²（处理 6）时，土壤细菌多样性极显著大于常规施肥处理，处理 5 和 6 极显著大于清水对照，当沼液施用总量为 396.81t/hm² 时土壤细菌多样性指数最大，高于此沼液施用量（除处理 9 外），土壤细菌多样性减小且低于清水对照；相应地，各处理土壤 Simpson 指数呈完全相反的变化规律，当土壤细菌 Shannon-Wiener 指数较大时，Simpson 指数较小；Shannon-Wiener 指数减少时 Simpson 指数增大。不同处理条件下细菌种群均匀度差异不显著，说明连续三年沼液处理存活的土壤细菌类群通过群落结构的不断变化来优化群落的整体功能，从而适应环境条件，降低物种奇异度。

表 7-9 不同处理耕层土壤细菌多样性指数

处理	丰富度	Shannon-Wiener 指数	Simpson 指数	均匀度
1	30 B	3.390±0.004 B	0.034±0.000 F	0.997±0.001 ABC
2	26 D	3.234±0.024 D	0.040±0.001 DE	0.997±0.000 ABC
3	27 C	3.301±0.021 C	0.037±0.001 E	0.998±0.000 A
4	26 D	3.241±0.007 D	0.040±0.001 D	0.995±0.002 BC
5	32 A	3.467±0.016 A	0.032±0.001 F	0.997±0.001 AB
6	32 A	3.470±0.018 A	0.032±0.001 F	0.998±0.000 ABC
7	24 E	3.163±0.003 E	0.043±0.000 C	0.995±0.001 BC

续表

处理	丰富度	Shannon-Wiener 指数	Simpson 指数	均匀度
8	24 E	3.154±0.021 E	0.043±0.001 C	0.997±0.001 ABC
9	26 D	3.248±0.001 D	0.039±0.000 DE	0.997±0.000 ABC
10	15 G	2.715±0.041 G	0.067±0.003 A	0.995±0.002 C
11	17 F	2.824±0.002 F	0.060±0.000 B	0.997±0.001 ABC
12	24 E	3.167±0.000 E	0.043±0.000 C	0.997±0.000 ABC

7.3.4 水稻-油菜轮作 0~20cm 层土壤细菌群落的聚类分析

通过 UPGMA 方法对不同处理土壤细菌 16S rRNA DGGE 图谱条带进行群落结构相似性聚类分析(图 7-3),Lane1~Lane36 每三条为同种处理土壤样品,依次代表处理 12~3、常规施肥处理、清水对照土壤样品。由图 7-3 可知,不同施肥处理土壤细菌群落结构有明显区别,清水处理土壤与长期化肥施用土壤细菌群落相似度在 70% 以上,而经长期沼液处理的土壤细菌群落结构变化更明显。清水对照与处理 3、4 相似度高于 67%,与处理 5~8 相似度仅为 37%,与处理 9~12 相似度仅为 34%,说明经长期不同施肥处理土壤细菌类群繁育出现差异,以适应不同的土壤环境。

随沼液施用量增加,土壤细菌群落相似度呈现规律的阶段性变化。根据相似度大小将沼液处理样品分组,沼液施用量相近的土壤细菌种群相似度较高,其中处理 3、4(Lane7~Lane12)为Ⅰ组,处理 5~8(Lane13~Lane24)为Ⅱ组,处理 9、11、12(Lane 25~Lane27、Lane31~Lane36)为Ⅲ组,处理 10(Lane28~Lane30)与其他样品相似度均不高为Ⅳ组。不同组别之间相似度范围为 34%~46%,其中Ⅰ、Ⅱ组与Ⅲ、Ⅳ组之间相似性最小,仅为 34%,说明不同沼液施用量对土壤细菌群落相似性影响很大。

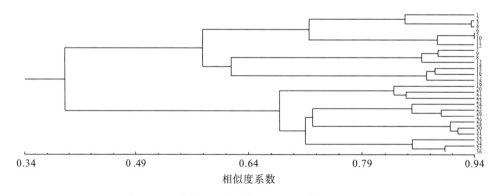

图 7-3 不同处理土壤细菌 DGGE 图谱的聚类分析

7.4　连年施用沼液对水稻—油菜轮作土壤酶活性及空间分布的影响

7.4.1　对水稻—油菜轮作土壤脲酶活性及空间分布的影响

土壤脲酶多存在于细菌、真菌及高等植物中，能促进尿素分解，为作物生长提供更多可吸收氮源，其活性可表征土壤氮素的转化速度。不同处理土壤脲酶活性及空间分布如图 7-4 所示。

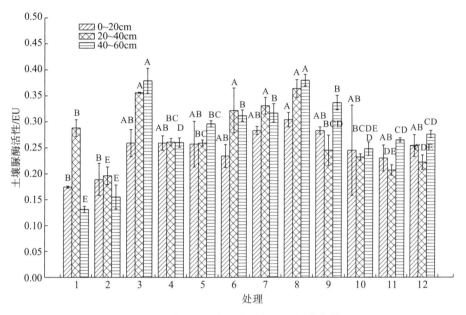

图 7-4　不同处理土壤脲酶活性及空间分布情况

常规施肥处理耕层（0～20cm）土壤脲酶活性较清水对照略有升高，激活率为 8.2%，但差异不显著；沼液处理该深度土壤脲酶活性普遍高于清水对照和常规施肥处理，处理 11 土壤脲酶活性为沼液处理中的最低值，与清水对照处理相比，激活率为 32.0%，但差异不显著。随沼液施用量增加，土壤脲酶活性呈波动性变化，但沼液处理样品间差异不显著，说明沼液施用量变化对土壤脲酶活性的影响有限；处理 8 土壤脲酶活性达最大值，极显著高于清水对照，说明适量施用沼液能有效激活土壤脲酶活性，且效果显著优于化肥，能较好地改善土壤氮素转化状况；当三年沼液施用总量高于 495.31t/hm² 时，土壤脲酶活性受到一定抑制。

20～40cm 层土壤脲酶活性在常规施肥处理条件下最低，极显著低于清水对照，抑制率为 31.9%，同时极显著低于处理 2～10；沼液施用处理土壤脲酶活性多低于清水对照，仅在处理 3、6～8 处土壤脲酶活性较高。随沼液施用量增加，该层土壤脲酶活性呈先降低后升高再降低的变化趋势，与 0～20cm 层土壤变化规律相似，其中处理 3、6～8 土壤脲酶活性极显著高于清水对照，处理 9、10 土壤脲酶活性极显著低于清水对照、高于常规施肥处理，其他沼液处理脲酶活性差异不显著，可能与土壤中微生物数量及养分含量变化有关。

40～60cm 层土壤脲酶活性在清水对照条件下最低，经过连续化肥处理后土壤脲酶活性略升高但差异不显著；沼液施用处理土壤脲酶活性均极显著高于清水对照，说明沼液施用能有效激活深层土壤脲酶活性。随沼液施用量增加，土壤脲酶活性呈先降低后升高再降低的趋势，与 20～40cm 层土壤一致，处理间变化差异极显著，在处理 3、8 处土壤脲酶活性处于较高水平。

综上所述，连续施用化肥可提高 0～20cm 和 40～60cm 层土壤脲酶活性，但 20～40cm 层土壤脲酶活性受抑制；而连续沼液施用可有效激活不同深度土壤脲酶，土壤剖面氮素转化状况良好。

通过比较不同施肥方式土壤脲酶活性在垂直剖面的分布情况发现，自然条件下 20～40cm 层土壤脲酶活性最高，其次为 0～20cm 层土壤，这可能是由于耕层土壤熟化程度较差[10]。连续化肥施用降低土壤中脲酶总活性，但在垂直空间的分布状况不改变。沼液施用处理显著提高土壤中总脲酶活性（较清水对照），且不同程度地改变土壤脲酶活性的垂直空间分布，其中处理 3、5、8 条件下土壤脲酶活性随土壤深度增加而升高；处理 4、6、7 土壤脲酶活性垂直分布情况与清水对照相同；处理 9～12 土壤脲酶活性随土壤深度增加先降低后升高，但相同处理不同土壤深度间脲酶活性差异不显著，主要是由于土壤养分迁移及微生物生长状况的变化导致土壤脲酶活性的垂直分布出现差异。

7.4.2 对水稻-油菜轮作土壤蔗糖酶活性及空间分布的影响

土壤蔗糖酶又名转化酶，可将蔗糖分解成葡萄糖和果糖，显著增加土壤易溶性营养物质，它反映了土壤中生物活性的强弱及物质转化的速度。不同处理土壤其蔗糖酶活性及空间分布情况如图 7-5 所示。

经化肥长期处理 0～20cm 层土壤蔗糖酶活性有所降低（与清水对照相比），其蔗糖酶活性抑制率为 10.3%，但差异不显著；经沼液长期连续处理 0～20cm 层土壤蔗糖酶活性极显著高于清水对照，即沼液对土壤蔗糖酶有显著的激活作用，长期施用可有效改善土壤碳素转化状况。随沼液施用量增加土壤蔗糖酶活性呈先降低后升高再降低的变化趋势，但处理间差异不显著，即不同沼液施用量对土壤蔗糖酶活性的影响作用有限，处理 8 土壤蔗糖酶活性最高，土壤生物活性最强。

20～40cm 层土壤在清水对照条件下蔗糖酶活性最低，化肥或沼液连续施用后该层土壤蔗糖酶活性有所升高，但差异不显著。随沼液施用量增加，土壤蔗糖酶活性没有明显规律性变化，仅在处理 10 极显著提高，说明沼液施用量对 20～40cm 层土壤蔗糖酶活性几乎无影响。

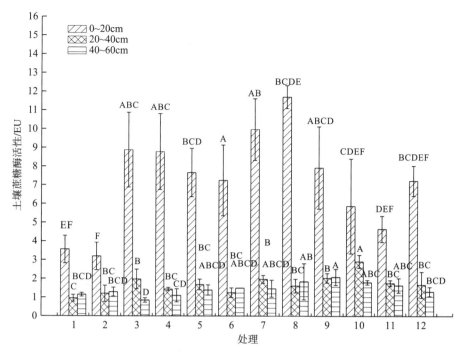

图 7-5　不同处理土壤蔗糖酶活性及空间分布情况

与清水对照相比，常规施肥处理 40~60cm 层土壤蔗糖酶活性略有提升但差异不显著，处理 3、4 土壤蔗糖酶活性较低，当沼液施用总量高于 339.31t/hm² 时，土壤蔗糖酶活性普遍升高，但处理间差异多不显著。随沼液施用量增加，土壤蔗糖酶活性呈先升高后降低的趋势，在处理 9 处达最大值，极显著高于清水对照。

综上所述，施肥对 0~20cm 层土壤蔗糖酶活性影响较大，对深层土壤蔗糖酶活性几乎无影响，可能是由于土壤蔗糖酶活性变化不仅受施肥方式的影响，而且也受到土壤湿度、土壤生物活性等因素的影响。

观察 0~60cm 垂直剖面上土壤蔗糖酶活性的分布情况发现，清水对照和常规施肥处理试验地土壤蔗糖酶活性垂直空间分布为 0~20cm>40~60cm>20~40cm，化肥的长期施用可提高土壤总蔗糖酶活性但不改变空间分布状况；沼液连续施用处理后土壤蔗糖酶总活性升高，且随土壤深度增加而降低(除处理 6、8 外)，说明沼液施用不仅改善 0~20cm 层土壤的碳素转化状况，提高耕层土壤生物活性，而且平衡深层土壤养分转化，改善土壤蔗糖酶活性的空间分布状况。

7.4.3　对水稻-油菜轮作土壤过氧化氢酶活性及空间分布的影响

土壤过氧化氢酶可酶促由生物呼吸过程和有机物生化反应产生的过氧化氢分解为水和氧，减轻过氧化氢对作物的危害。不同处理土壤过氧化氢酶活性及空间分布情况如图 7-6 所示。

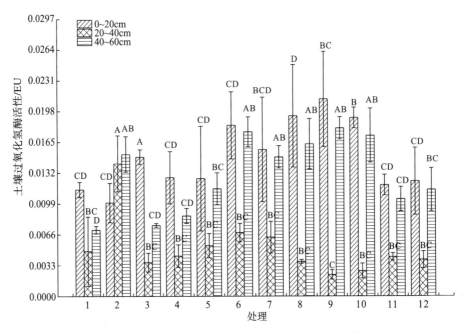

图 7-6　不同处理土壤过氧化氢酶活性及空间分布情况

各处理 0~20cm 层土壤过氧化氢酶活性差异不显著,其中常规施肥处理土壤过氧化氢酶活性较清水对照降低 12.3%,沼液处理均高于清水对照,说明长期施用化肥对 0~20cm 层土壤过氧化氢酶活性有抑制作用,而沼液的长期施用能有效激活过氧化氢酶活性,防止过氧化氢对作物的毒害。随沼液施用量增加,土壤过氧化氢酶活性大体呈先升高后降低的趋势,当三年沼液施用总量为 546.32t/hm² 时,过氧化氢酶活性达到最高,土壤解毒作用最强。

20~40cm 层土壤,常规施肥处理过氧化氢酶活性最高,且极显著高于清水对照和沼液处理;连年沼液处理土壤过氧化氢酶活性多低于清水对照且差异不显著。随沼液施用量增加该深度土壤过氧化氢酶活性基本呈先升高后降低的趋势,仅在处理 5~7 土壤过氧化氢酶活性高于清水对照,当三年沼液施用总量为 396.81t/hm² 时该层次土壤过氧化氢酶活性最高。

自然条件下供试地 40~60cm 层土壤过氧化氢酶活性较低,极显著低于常规施肥处理;沼液处理土壤过氧化氢酶活性均高于清水对照,且除处理 3、4、11、12 外土壤过氧化氢酶活性均极显著提高,处理 6、8~10 过氧化氢酶活性高于常规施肥处理。说明施用化肥能够有效刺激深层土壤过氧化氢酶的酶解作用,适量沼液替代化肥更有利于激活深层土壤过氧化氢酶活性。随沼液施用量增加,该深度土壤过氧化氢酶活性呈先升高后降低的趋势,且在处理 9 处达最大值。

综上所述,化肥长期施用对土壤过氧化氢酶活性影响较大且主要体现在 20~60cm 层土壤,而沼液施用对 0~40cm 层土壤过氧化氢酶活性影响不明显,对 40~60cm 层土壤过氧化氢酶活性影响显著。

比较不同深度土壤过氧化氢酶活性可知,与清水对照相比,长期施用化肥可明显提高土壤过氧化氢酶总活性但 0～20cm 层土壤过氧化氢酶活性降低，同时改变其土壤垂直空间分布，由上至下逐渐升高；而沼液施用提高耕层土壤过氧化氢酶活性的同时提高土壤中总酶活性，且空间分布情况未发生变化：0～20cm＞40～60cm＞20～40cm，由此可知长期施用化肥容易出现根系分泌物的累积，加重过氧化氢对作物的毒害作用。

7.4.4　对水稻－油菜轮作土壤磷酸酶活性及空间分布的影响

磷酸酶对土壤有机磷水解和磷酸活化有重要意义，由于供试土壤偏酸性，故选择酸性磷酸酶作为本次试验土壤磷循环的主要指标，见表 7-10。

表 7-10　不同处理土壤磷酸酶活性及空间分布　　　　　单位：EU

处理	磷酸酶活性		
	0～20cm	20～40cm	40～60cm
1	123.89±5.26 G	45.28±0.89 D	21.53±2.47 FG
2	309.29±8.14 C	43.26±3.13 D	16.47±3.79 G
3	350.08±16.80 B	75.61±7.70 B	35.66±2.99 BC
4	355.69±12.90 B	48.43±3.01 D	30.99±3,43 CDE
5	423.99±10.70 A	44.49±2.30 D	25.02±0.98 EF
6	337.55±16.45 B	45.53±2.33 D	27.67±4.09 DEF
7	277.41±5.19 DE	65.43±2.88 C	36.87±2.27 BC
8	289.98±15.79 CD	87.24±5.06 A	47.21±3.51 bA
9	287.53±14.25 CDE	81.52±1.02 AB	49.65±4.69 A
10	262.56±5.30 EF	75.73±2.47 B	43.09±1.66 AB
11	301.41±4.88 CD	67.23±1.33 C	42.25±2.87 AB
12	237.91±1.69 F	31.27±1.29 E	34.29±1.76 CD

0～20cm 层土壤磷酸酶活性在清水对照下最低，连年施用化肥土壤磷酸酶活性极显著升高，激活率为 149.6%；经长期沼液处理的土壤磷酸酶活性极显著高于清水对照，当沼液施用总量低于 396.81t/hm² (处理 3～6) 时土壤磷酸酶活性极显著高于常规施肥处理，即低沼液施用量替代化肥更有利于促进土壤有机磷分解和磷素循环。随沼液施用量增加该深度土壤磷酸酶活性先升高后降低，且于处理 5 (沼液施用总量为 339.31t/hm²) 处达到最大值，较清水对照激活率高达 242.2%，当沼液施用量高于 396.81t/hm² 时土壤磷酸酶活性降低且均低于常规施肥处理。

经化肥长期处理 20～40cm 层土壤磷酸酶活性略低于清水对照，但差异不显著，说明化肥对该层次土壤磷酸酶活性影响不明显；长期连续沼液处理 (除处理 12 外) 土壤磷酸酶活性均高于清水对照，同时除处理 4～6 外其他沼液施用量均极显著地提高土壤中磷酸酶的活性。随沼液施用量增加该层次土壤磷酸酶活性先降低后升高再降低，当沼液施用总量为 495.31t/hm² 时(处理 8)，土壤磷酸酶活性最高。

化肥处理 40～60cm 层土壤磷酸酶活性较清水对照降低，而沼液施用处理土壤磷酸酶活性均极显著高于清水对照，说明沼液连年施用能更有效地刺激深层土壤磷酸酶的酶解作用。随沼液施用量增加，土壤磷酸酶活性呈先降低后升高再降低的趋势，与 20～40cm 层土壤变化趋势相似，当沼液施用总量达 546.32t/hm²(处理 9)时土壤磷酸酶活性最高。

综上所述，施肥方式对不同层次土壤磷酸酶活性有不同的影响，化肥处理提高 0～20cm 层土壤磷酸酶活性却降低了 20～60cm 层土壤磷酸酶活性；沼液不同施用量处理虽有效提高各深度土壤磷酸酶活性，但各层次变化趋势不同，当 0～20cm 层土壤磷酸酶活性处于较高水平时，20～40cm 和 40～60cm 层土壤磷酸酶活性较低。

不同施肥处理土壤磷酸酶活性垂直空间分布情况一致(除处理 12 外)，由上至下降低，施肥方式不同对土壤磷酸酶活性的空间分布造成影响。与清水对照土壤相比，常规施肥处理土壤中磷酸酶总活性明显升高，但主要体现在 0～20cm 层土壤，沼液的长期施用不仅提高土壤磷酸酶总活性水平，而且显著提高各层次土壤磷酸酶活性。

7.5　本章总结

(1)施肥可有效增加 0～60cm 各层土壤微生物数量，且不影响其垂直空间分布状况，即微生物数量与土壤深度成反比；沼液替代化肥连年施用为土壤微生物生长提供更丰富的养分，微生物数量更多；随沼液施用量增加，不同深度土壤微生物数量变化各异，细菌在 0～60cm 各层土壤中活性均不断增强；真菌数量在 0～40cm 各层土壤中表现为先增加后减少且均于沼液施用总量为 495.31t/hm² 时达最大值，40～60cm 层土壤中真菌数量无明显变化；放线菌数量在 0～20cm 层土壤呈先增加后减少的趋势，于沼液连续施用总量为 626.10t/hm² 时达峰值，20～40cm 层土壤数量不断增加，40～60cm 层土壤数量不断减少。由此可见，沼液三年总施用量控制在 495.31t/hm² 以内，土壤各微生物种群生长繁育状况良好。

(2)分析土壤 DGGE 图谱可知，沼液连续施用不利于丰富土壤细菌群落多样性，当沼液施用总量控制在 339.31～396.81t/hm² 范围内时细菌群落多样性升高，细菌种群功能丰富、信息复杂、种群稳定，过高或过低沼液施用量都会显著降低细菌群落多样性；通过 UPGMA 分析可知，长期连续沼液施用后土壤细菌遗传相似性降低，细菌种群结构发生显著变化。

(3)沼液连续施用较化肥处理可更有效激活 0～20cm 层土壤酶活性，加快耕层土壤碳、氮、磷循环速率，改善土壤质量，随沼液施用量增加，土壤脲酶和蔗糖酶活性呈先降低后升高再降低的变化趋势，并于沼液施用总量为 495.31t/hm² 时同时达最大值；过氧化氢酶和磷酸酶活性呈先升高后降低的趋势，分别于 546.32t/hm² 和 339.31t/hm² 沼液施用总量时达到峰值。

(4)施肥方式对不同深度土壤酶活性影响程度不同，导致各种土壤酶活性空间分布发生变化，其中磷酸酶活性分布状况稳定，随土壤深度增加磷酸酶活性降低，不因施肥方式而改变；化肥长期施用改变土壤过氧化氢酶活性分布，随土壤深度增加而增强，加重耕层土壤过氧化氢对作物的毒害作用；沼液长期施用改变土壤脲酶和蔗糖酶活性分布，其中较高沼液施用量处理（施用总量高于 546.32t/hm²）土壤脲酶活性空间分布随土壤深度增加先降低后升高，且 40~60cm 层土壤脲酶活性高于 0~20cm 层，蔗糖酶活性与土壤深度成反比。根据沼液处理土壤脲酶和磷酸酶酶活性的空间分布状况推测长期施用沼液可能存在氮、磷养分淋失。

（5）沼液处理 0~20cm 层土壤微生物数量与酶活性水平提高，但 B/F 值降低，预示长期施用沼液可能存在土壤向低肥高害的"真菌型"转化的风险。

综上所述，三年连续施用沼液总量控制在 396.81t/hm² 左右土壤微域生态环境不受破坏，土壤微生物数量增加、土壤酶活性增强、细菌种群稳定性好。

参 考 文 献

[1]Chorover J, Kretzschmar R, Garcia-Pichel F, et al. Soil biogeochemical processes within the critical zone[J]. Elements, 2007, 3(5): 321-326.

[2]张薇，魏海雷，高洪文，等. 土壤微生物多样性及其环境影响因子研究进展[J]. 生态学杂志，2005，24(1)：48-52.

[3]刘玮琦. 保护地土壤细菌和古菌群落多样性分析[D]. 北京：中国农业科学院，2008.

[4]Liu B, Gumpertz M L, Hu S, et al. Long-term effects of organic and synthetic soil fertility amendments on soil microbial communities and the development of southern blight[J]. Soil Biology and Biochemistry, 2007, 39 (9): 2302-2316.

[5]Carpenter-Boggs L, Kennedy A C, Reganold J P. Organic and biodynamic management: effects on soil biology[J]. Soil Science Society of America Journal, 2000, 64(5): 1651-1659.

[6]姚槐应，黄昌勇. 土壤微生物生态学及其实验技术[M]. 北京：科学出版社，2006.

[7]Gu Y F, Zhang X P, Tu S H, et al. Soil microbial biomass, crop yields, and bacterial community structure as affected by long-term fertilizer treatments under wheat-rice cropping[J]. European Journal of Soil Biology, 2009, 45(3): 239-246.

[8]Heuer H, Krsek M, Baker P, et al. Analysis of actinomycete communities by specific amplification of genes encoding 16S rRNA and gel-electrophoretic separation in denaturing gradients[J]. Applied and Environmental Microbiology, 1997, 63(8): 3233-3241.

[9]费颖恒，黄艺，严昌荣，等. 大棚种植对农业土壤环境的胁迫[J]. 农业环境科学学报，2008，27(1)：243-247.

[10]刘梦云，常庆瑞，齐雁冰，等. 宁南山区不同土地利用方式土壤酶活性特征研究[J]. 中国生态农业学报，2006，14(3)：67-70.